不可思议的动物世界 1

陈之旸◎著
龙　颖◎绘

万卷出版有限责任公司
VOLUMES PUBLISHING COMPANY

图书在版编目（CIP）数据

不可思议的动物世界：全三册 / 陈之旸著；龙颖绘. -- 沈阳：万卷出版有限责任公司，2025. 1.

ISBN 978-7-5470-6666-9

Ⅰ. Q95-49

中国国家版本馆CIP数据核字第2024U830X8号

出 品 人：王维良

出版发行：万卷出版有限责任公司

（地址：沈阳市和平区十一纬路29号　邮编：110003）

印 刷 者：辽宁新华印务有限公司

经 销 者：全国新华书店

幅面尺寸：145mm × 210mm

字　　数：480千字

印　　张：15

出版时间：2025年1月第1版

印刷时间：2025年1月第1次印刷

责任编辑：李依真　王雨晴

责任校对：刘　洋

封面设计：白　冰

版式设计：徐春迎

ISBN 978-7-5470-6666-9

定　　价：118.00元

联系电话：024-23284090

传　　真：024-23284448

序
Preface

多年前，我和陈老师在网络上相识，虽然交流不多，但一直在默默关注他。

平日里，时常看到陈老师在网上耐心讲解各种动物知识，在一些和动物相关的话题下面据理力争、侃侃而谈，发一些“适时应景”的动物热点、自然观察之类的文章，抑或是各种不厌其烦地纠错。当然，他有时也会化身斗士，和偷猎、乱放生等恶劣现象“殊死斗争”。我不禁感慨，陈老师真是个“巨型能量包狂人”，精力充沛、学识渊博，实在令人佩服！

后来我得知，陈老师于海外读书期间，曾在动物园做志愿者工作。这不由得让我想起自己读书那会儿，也动过念头想去动物园当志愿者做讲解，但曾有的几次经历，让我羞愧不已。那会儿我常去动物园写生，不时有小游客想让我给他讲解下正在画的动物，我除了按标牌上的文字念，其余什么也说不出，没一会儿，小游客就听腻了转身离去。如果他们遇到的是陈老师这样的志愿者，能就园中饲养的每种动物跟他们聊透，那该有多开心啊！

六年前，我和朋友出差去南京，有幸与陈老师见面，他带着我们去红山动物园游走一番。可能是首次在现实生活中碰面，双方都有些拘谨。我隐隐感觉眼前的陈老师和之前在网络上看到的不太一样，略显古板，并不特别活跃。不过很快，动物园里的各种元素就将陈老师彻底“激活”。这是只为我和朋友两个人开的“专场”，陈老师转为“金牌志愿者”模式，在各种讲解中变得越发投入。他对动物园里的每个成员都如数家珍，介绍它们的种种日常以及不同展区馆舍的“前世今生”。一时间，感觉立于眼前的陈老师，无痕转换为网络上的“老盖仙少爷”。

前不久，陈老师突然发来消息，问我能不能为他的新书写个序，这着实让我感到受宠若惊，真的是荣幸之至。

拿到样张试读前，陈老师简单跟我介绍了这套书，我大致对其内容框架有了点儿了解。等看到电子版样张时，着实把我吓了一跳。书中内容之丰富、涉及领域之广泛，超乎想象。看来，平时陈老师在网络上的发言还是有所保留，他的信息库实在太过丰富强大。书中不但有动物本身的生物学知识，还包括和我们生活相关的话题。即便我们可能因为不喜欢或害怕某种（类）动物而将其所属篇章略过，但书中其他单元里的各种“奇闻异事”，足以勾起我们对动物世界的兴趣。读过之后，很可能会引发一系列连锁反应，让我们改掉此前对某些动物的偏见，达到“路转粉”甚至“黑转粉”的效果，进而想去了解、探知更多。可以说，它符合不同领域人群的读书口味，也几乎适合各年龄段（除低幼年龄）的读者阅读。

以前，动物园曾是我最愿意去的地方，可以说，在那里我收获了童年里最多的快乐。但随着年龄增长，再去动物园，就慢慢感觉标牌上的介绍，其体例有些过于千篇一律，内容太少且缺少亮点，很不“解渴”。当时，我就特想能找到更为充实丰满的动物类书籍，来作为逛动物园时的导览、延伸阅读。很可惜，在那个资料匮乏的年代，这些都成了奢望。我想，现在的读者朋友是很幸运的，陈老师的这套书就扮演了这个角色：既有动物园中的方方面面，又有园外的种种话题。特别令我惊喜的是，插画师龙老师在为每一个动物绘制“肖像”上是下足了功夫的。这一定会使本书的亮相，愈加抢眼。

看样张时，我就像一个虔诚的小学生一样，穿行于多姿多彩的动物世界大舞台，欣赏它们各自的风采，不断开拓眼界，收获得到新知的喜悦，不时感叹自然造化的神奇。相信大家看过此套书，也能有所共鸣。这套书背后的工作量是难以想象的，同时我注意到其编审团队的阵容也非常强大。特别感谢陈老师和为本书提供支持的各位老师，也衷心祝愿这套书能让更多读者从不同角度感受自然万物的魅力。

张瑜

生态摄影师，《博物》杂志插图主管

目录
Contents

大熊猫为了吃，多长一根手指

中国特有物种大熊猫堪称人们心中的“万人迷”，世界自然基金会（WWF）会徽就是该会创始人之一英国人皮特·斯科特爵士（Sir Peter Scott，1909—1989）在1961年以一只大熊猫为原型创作的。

大熊猫目前仅分布于我国四川省的岷山、邛崃山、大小相岭和凉山以及陕西省和甘肃省的秦岭等六大山系中海拔1200～3200米的山地森林中，根据2015年2月中国政府发布的数据，全国野生大熊猫数量为1864头，保护等级已从“濒危”降为“易危”。

大熊猫在分类上属于食肉目熊科，但长期进化后早已成为狭食性动物——90%以上的食物都是竹子。它们的前肢在五个爪趾之外又进化出了一个由腕骨特化而成的桡侧籽骨，俗称“伪拇指”，有助于熊猫更方便地抓握竹子，躺在那里美美地吃上一餐。一头成年大熊猫一天可吃掉12～35千克之多的食物。

注意！大熊猫的尾巴是白色的。

中文名：大熊猫
英文名：Giant Panda
学名：*Ailuropoda melanoleuca*
分类：食肉目熊科大熊猫属

小熊猫爱吃甜食

迪士尼动画大片《功夫熊猫》中，熊猫阿宝的师傅常常被认为是“小浣熊干脆面”的主人公，其实，浣熊是产于北美的动物，怎会来到中国四川呢？当你定睛一看，浣熊全身非灰即黑，而阿宝师傅却有一张“红里透白”的大脸盘，这明确地告诉我们：阿宝师傅的本尊绝不是浣熊，而是中国的本土物种——小熊猫。

小熊猫的学名有“火焰般光亮的猫”之意：一身深红褐色的皮毛，拖着一条厚实的大尾巴。它们的栖息地与大熊猫有着重合，但范围更大。主要分布于喜马拉雅山脉中段和西藏南部的称为喜马拉雅小熊猫；主要分布于喜马拉雅山脉东段至横断山脉和川西、川北、滇西北、藏东南的是中华小熊猫。科学家们一度以为两者是亚种关系，后发现它们在 22 万年前就已各自分化。

小熊猫也爱吃竹子，但它们更偏爱竹叶，有时候还吃昆虫和鸟蛋。它们喜欢甜食，是唯一能尝出人造甜味剂阿斯巴甜的非灵长类动物。所以饲养员们总要为动物园里的小熊猫提供水果让它们过把瘾。

中文名：小熊猫　　学名：*Ailurus* spp.

英文名：Red Panda / Lesser Panda　　分类：食肉目小熊猫科小熊猫属

四声杜鹃的叫声听起来像“光棍好苦”

《诗经》记载“维鹊有巢，维鸠居之”；汉乐府记载“布谷鸣，农人惊”；李白诗云“蜀国曾闻子规鸟”……这里的“鸠”、“布谷”和“子规”说的都是同一种鸟——杜鹃。

杜鹃是杜鹃科杜鹃属下鸟类的统称。它们的口腔黏膜呈血红色，每年春耕时节都会大声啼叫，张嘴时仿佛喉咙充血一般。无怪白居易触景生情，写下了“杜鹃啼血猿哀鸣”。

多数鸟类叫声单调，但分布于中国东北至西南及东南，栖息于森林及次生林上层的四声杜鹃却能一叫四声且韵律奇特，中国人把四声杜鹃的叫声解读为“光棍好苦”，英国人解读为“One more bottle.”(再喝一瓶)。

四声杜鹃和多数杜鹃一样有着“巢寄生”行为：它们把蛋下在其他鸟类的窝里，让“养父母”们代为照料和哺育后代。小杜鹃出生后甚至会把“养父母”的亲娃啄杀或摔死。研究出天花疫苗的英国医生爱德华·詹纳（Edward Jenner，1749—1823）是最早记录杜鹃“巢寄生”行为的学者之一。

中文名：四声杜鹃　　学名：*Cuculus micropterus*

英文名：Indian Cuckoo　　分类：鹃形目杜鹃科杜鹃属

中华绒螯蟹：请叫我的“艺名”大闸蟹

酒神有杜康，茶神有陆羽，那蟹神呢？别说，还真有！《世说新语》中记载：“毕茂世云：‘一手持蟹螯［áo］，一手持酒杯，拍浮酒池中，便足了一生。’”毕茂世，即东晋人毕卓，虽说为官没多少功绩，但由于这段高论，被后人封为蟹神。

要论螃蟹，众多人公认的美味无疑是大闸蟹——中华绒螯蟹了。栖息在中国南方众多水系中的中华绒螯蟹，因一对长满了浓密褐色绒毛的蟹螯而得名。深秋时节，大闸蟹趋向性成熟，肝胰脏日渐萎缩，积累的养分转移至性器官，母蟹的卵巢（蟹黄的主要成分）迅速膨大，公蟹的副性腺“蟹膏”也在此时发育成熟。这时的大闸蟹们纷纷抓紧时间前往河流入海口完成“婚配”，此后，雌蟹在早春于咸水中产卵，孵化后的幼蟹沿着父辈们的道路“逆流而上”进入淡水，循环往复，代代相传。

中文名：中华绒螯蟹
学名：*Eriocheir sinensis*
英文名：Chinese Mitten Crab
分类：十足目弓蟹科绒螯蟹属

鹿豚长了一口不知道干啥用的好牙

鹿豚是印度尼西亚特有物种，共有一属四种，仅分布于印度尼西亚苏拉威西岛等地，在当地土语中被称为“猪鹿”。鹿豚是猪科动物中绝对的另类，它们全身光滑，几乎无毛，还有四条“大长腿”，一看就是个“非典型猪”。它们最大的特征，莫过于雄性鹿豚那两对大得夸张的獠牙：其中一对和普通野猪一样从唇边露出，而另一对则直接从口鼻部上方“破皮而出”，向后弯曲成弧形，可达 25 厘米之长。

普通野猪的獠牙通常有两个主要作用：一是挖掘，二是打斗。但鹿豚则不然。它喜爱捡食林间落果，无须用牙刨食植物根茎；它的原产地也没有凶猛的食肉动物；雄性鹿豚在求偶期间是立起前身以前蹄互击，也无须“以牙还牙”。这四只长牙的作用，令研究者们一头雾水。

我们印象中的老母猪一窝能生一堆小猪，但鹿豚却非常节制生育，一胎只产 1 ～ 2 崽。与此适配，雌性鹿豚只有两个乳头。

中文名：鹿豚　　　学名：*Babyrousa* spp.

英文名：Babirusa　　　分类：偶蹄目猪科鹿豚属

驼鹿根本不爱吃草

驼鹿是世界上体形最大的一种鹿，肩高为 1.5 ～ 2 米，肩部明显高于臀部，这个特征与骆驼类似，因此得名。在中国东北少数民族——满族人所讲的满语里，驼鹿被称为“犴（hān）达罕”；而其英文名 moose 一词直接来自北美印第安阿尔冈昆部落土语，意思是“吃嫩枝的”。这个词完美体现了驼鹿与多数鹿科动物的不同：相较于地上的草，它们更钟情于树木与灌木的嫩枝、嫩叶、树皮、花蕾、果实之类的食物。

同时，驼鹿还是种喜爱下水、擅长游泳的鹿，爱在河流湖泊里一边泡澡一边啃食各种水生植物，之后再慢慢反刍——它们和牛一样有四个胃。

中文名：驼鹿
英文名：Moose
学名：*Alces alces*
分类：偶蹄目鹿科驼鹿属

亚洲狗獾是个土木工程小专家

鲁迅先生曾在《故乡》一文中提到少年闰土在海边遭遇的一种叫作“猹”的动物，长得“状如小狗而很凶猛”，会在海边“吃瓜”。

这所谓“猹”其实是一种叫作亚洲狗獾的小兽。亚洲狗獾肥而不笨，皮毛油滑，前肢上锋利的爪是它们挖土打洞的利器。

“安居”才能“乐业”。洞穴对于亚洲狗獾来说，就是不可或缺的“安乐窝”。它们不仅会给自己的洞穴挖出主巢穴和次级巢穴，还会在巢穴入口处挖出一个小浅坑作为“卫生间”。亚洲狗獾甚至还会把稻草撕碎后垫进窝里，利用稻草降解产生的热量提升洞穴的温度——看来，它们还会铺设“暖气”。

中文名：亚洲狗獾　　学名：*Meles leucurus*

英文名：Asian Badger　　分类：食肉目鼬科獾属

长颈鹿脖子虽长，却只有 7 块颈椎骨

明朝画作《瑞应麒麟图》中，一位外国使臣手中紧握缰绳，牵着一头身材高大、长有斑块的动物——这幅画取材自历史上的真实事件：明朝永乐十二年（公元 1414 年）秋，榜葛剌国（今孟加拉）使臣来到当时明朝的都城应天府，向明成祖朱棣（1360—1424）进贡了一头长颈鹿（有可能是埃及苏丹赠送给榜葛剌国王后被转赠）。永乐皇帝龙颜大悦，认为这就是古书中“形高丈五，鹿身马蹄，肉角”，“皮似豹，蹄类牛，无峰，项长九尺，身高一丈余”的“瑞兽”麒麟，并令朝廷官员作《瑞应麒麟颂》和《瑞应麒麟图》记录此事。于是，当年的应天府，今天的南京，就成了中国历史上最早引进长颈鹿的城市。

别看长颈鹿的“块头”大，脖子细长，身高通常在 4.3 ～ 5.7 米，但它和人类一样只有 7 块颈椎骨，只不过长颈鹿的每一块颈椎骨可长达 30 厘米。

在非洲，长颈鹿最喜欢的食物之一便是金合欢树的枝叶，一头长颈鹿一天就可以吃掉 30 多千克。虽然金合欢树上长着坚硬的刺，但这可难不倒它们。它们用可长达 45 厘米的肥厚舌头和同样厚实的上嘴唇，卷住金合欢树的枝条，塞进有着同样坚硬上颚的嘴里，大快朵颐。

中文名：长颈鹿

英文名：Giraffe

学名：*Giraffa camelopardalis*

分类：偶蹄目长颈鹿科长颈鹿属

上面的空气比较新鲜。

短尾矮袋鼠长得像耗子

1696 年，荷兰探险家威廉·德·弗拉明（Willem de Vlamingh，1640 —1698）在澳大利亚西部沿海的一个小岛上发现了一种又胖又圆、咧嘴“微笑”的可爱小萌物。当时人们不知动物分类学为何物，弗拉明干脆直接把这座小岛命名为 Rottenest ——荷兰语“老鼠窝”的意思。

如今，“老鼠窝”——西澳大利亚州州府珀斯外海的罗特尼斯岛——早已成为旅游胜地，而“呆萌大老鼠”也摇身一变成为“网红”动物，被许多人称为“世界上最快乐的动物”。它就是短尾矮袋鼠［最正式的名称应为短尾齈（bó）］，澳大利亚特有有袋类动物，与属于啮齿类的老鼠非亲非故。

短尾矮袋鼠的身形如同家猫，除了和袋鼠一样擅长蹦跳之外，它也具备一定的攀爬能力。此外，还会在食物缺乏的时候，消耗尾巴里存储的脂肪以补充体力。至于它的“微笑”，其实只是吐出舌头散热而已。

目前，短尾矮袋鼠仅存 1 万只左右。切记：根据澳大利亚法律，它们不能摸，不能喂，更不能当宠物养！

中文名：短尾矮袋鼠　　学名：*Setonix brachyurus*

英文名：Quokka　　分类：双门齿目袋鼠科矮袋鼠属

切叶蚁是蘑菇种植户

迪士尼动画片《狮子王》中有一幕“万兽朝圣”的镜头，里面一群叼着绿叶的小蚂蚁缓缓爬过，和众多“庞然巨兽”形成了“最萌身高差”。但是这里的小蚂蚁是南美洲热带地区的切叶蚁，绝不可能漂洋过海来到影片中的东非塞伦盖蒂。

所谓切叶蚁其实是蚁科下 2 属 47 种蚁类的泛称。在切叶蚁的社会中，居于顶层的是负责繁殖的蚁后，其下又细分为兵蚁和诸多不同类型的工蚁。兵蚁负责整个切叶蚁巢穴的安保工作，保护这个有数百万同伴的“大家庭”免受侵害。

切叶蚁的食谱中少不了大蘑菇，它们有十分成熟的种植流程：一部分工蚁外出割取树叶，并在另一部分工蚁的护送下运回巢中的“菌房”；另一群工蚁把树叶细细地嚼碎，制成粉末，铺在作为“菌床”的干树叶上，再将搜集来的菌株种上，施肥、控温、通气……最终收获够一大家子吃一阵子的大蘑菇。

中文名：切叶蚁

英文名：Leaf Cutter Ant / Fungus Growing Ant

学名：*Atta* spp. / *Acromyrmex* spp.

分类：昆虫纲膜翅目蚁科

古氏龟蟾喜欢雨后“同居”

古氏龟蟾仅分布于澳大利亚西澳大利亚州西南部分地区。它们喜爱开阔的林地和茂密的灌木丛，经常藏身于原木和岩石下柔软的沙土地中。

虽然确确实实是蛙类，但古氏龟蟾的外貌酷似无壳之龟，且既不会蹦跳，也不会游泳，只会龟速爬行。它们喜食白蚁，一次能吃几百只。

古氏龟蟾的繁殖季集中在每年 9 月至次年 2 月（澳洲的春季至夏末），雄性从 1 米多深的地洞中伸出脑袋，发出鸣声，吸引雌性。随后双方在地洞中共同生活 4 个月之久才开始交配。其后，雌性产下 20 ～ 40 枚卵，卵会直接孵化为小龟蟾而不经过蝌蚪阶段。

中文名：古氏龟蟾

英文名：Turtle Frog

学名：*Myobatrachus gouldii*

分类：无尾目龟蟾科龟蟾属

震旦鸦雀鸟小名头大

1871 年，时任上海徐家汇博物院负责人的法国生物学家韩伯禄（Pierre Heude，1836—1902）在南京长江流域的芦苇荡里，发现了一种陌生的小鸟。他捕捉了一只，做成标本寄回法国，另一位生物学家谭卫道（Armand David，1826—1900）将其鉴定为全新鸟种，并以韩伯禄的法语姓氏 Heude 命名了它。

1883 年，徐家汇博物院实体建筑正式落成，1930 年搬迁至新院，更名为“震旦博物院”。之后，我国学界根据博物院的名称，将这种鸟儿的中文名正式定为“震旦鸦雀”。“震旦”一词源自梵文 Cīna-sthāna，是古代印度人对中国的称呼，此鸦雀可谓大名鼎鼎。

震旦鸦雀体长约 20 厘米，是一种以湿地芦苇荡为主要生境的鸦雀，它们捕食芦苇上的昆虫，并在芦苇上做窝、产卵、育幼。

自 1871 年被发现，震旦鸦雀的存在可谓“雷声大，雨点小”，行踪稀疏，难得一见。直到 2007 年，在南京江北的芦苇荡中发现了一个近百只的震旦鸦雀种群。时隔近 140 年，震旦鸦雀，南京归来。

中文名：震旦鸦雀
英文名：Reed Parrotbill
学名：*Calamornis heudei*
分类：雀形目鸦雀科震旦鸦雀属

萤火虫提着灯笼找爱情

萤火虫，泛指昆虫纲鞘（qiào）翅目萤科下的2000多个物种。

虽然古人早就用“囊萤夜读”和“轻罗小扇扑流萤”等描述记载了萤火虫的最大特点——发光，但那时科学不发达，人们误以为“腐草为萤”。

其实萤火虫是一种完全变态的甲虫，一生历经卵、幼虫、蛹和成虫四个阶段。

夏夜，萤火虫飞入夜空，吸入氧气。它们体内的发光细胞含有荧光素与荧光酶，二者相互作用之后，与进入发光细胞的氧气产生生物氧化反应，透过透明的表皮细胞反射，发出黄绿色荧光。萤火虫的光属于转换率极高的冷光，只有10%左右转为热能，其余全部用于发光——这远胜白炽灯。

多数萤火虫靠发光寻找配偶，交配后雌虫产卵，孵化出的幼虫是肉食性的，尤其喜爱蜗牛。它们用大颚咬住蜗牛后向蜗牛体内注射消化酶，把蜗牛分解成“肉汤”后吸食。

如果你爱萤火虫，请关掉你的光源。不要让你的光，干扰了它们的“爱之光”。

中文名：萤火虫
学名：Lampyridae
英文名：Firefly
分类：昆虫纲鞘翅目萤科

其实只有两个鳃的松江鲈

《三国演义》里，神通广大的魔术师左慈从曹操的鱼池里钓出了一条产于吴地的松江鲈鱼，给宾客们做生鱼片（脍）吃，顺便还做了个科普："天下鲈鱼只两腮，唯松江鲈鱼有四腮：此可辨也。"真是出足了风头。

世界上真有四个鳃的鱼吗？并没有。

松江鲈，也称"四鳃鲈鱼"，是我国华东地区唯一一种杜父鱼科鱼类，长有左右各两条呈橘红色或血红色的鳃条骨皮膜，看上去像是四鳃外露，因而得名。当然，另有一说认为古籍中的"松江之鲈"更有可能是中国花鲈，各存争议。

松江鲈有洄游习性，栖息于近海沿岸浅水区域和与海相通的河流湖泊中：早春时节，幼鱼长到 3 厘米左右时会"降河"，即返回河口进入淡水区域开始生长；11 月入秋，长大至体长近 15 厘米的松江鲈再次来到近海区域产卵，待来年开春再降河。年复一年，周而复始。

近 50 年来，长江口流域的水污染以及河口的水泥堤岸，令松江鲈越来越难以进入河口发育。但松江鲈在中国北方沿海，仍不算罕见。

中文名：松江鲈
英文名：Roughskin Sculpin
学名：*Trachidermus fasciatus*
分类：鲈形目杜父鱼科松江鲈属

中国人命名的天行长臂猿

天行长臂猿的正式中文名为高黎贡白眉长臂猿，此前一直被划入东白眉长臂猿。

2017 年，中山大学生命科学学院教授范朋飞的研究团队经近 10 年的时间，正式确认分布于云南德宏盈江和高黎贡山南段保山隆阳、腾冲的长臂猿是一个全新的中国特有物种，根据《周易》中的“天行健，君子以自强不息”和电影《星球大战》中的卢克·天行者将它命名为“天行长臂猿”。这是中国学者命名的首个类人猿，当时，连卢克·天行者的扮演者马克·哈米尔本人都转发了这条消息。

雄性天行长臂猿的白色眉毛比东白眉长臂猿的略暗，下巴没有明显的白色胡须；雌性天行长臂猿的白色脸毛略暗，且白色脸毛覆盖脸部的面积明显少于东白眉长臂猿。

天行长臂猿名字中的“天行”有在空中移动和行走的含义，它们也相当名副其实，多数时间都是用双臂在树冠间“晃荡前进”，几乎从不下地。由于栖息地高度碎片化，天行长臂猿目前数量不足 150 只，是亟待大力保护的濒危物种。

中文名：天行长臂猿 / 高黎贡白眉长臂猿

英文名：Skywalker Hoolock Gibbon

学名：*Hoolock tianxing*

分类：灵长目长臂猿科白眉长臂猿属

蝎蝽是个小小潜水艇

从卵到若虫再到成虫，蝎蝽的三段“虫生”全部在水中度过。即使是长出翅膀之后的成虫，也很少离水而居。它与蜻蜓的稚虫水虿一样，是无肉不欢的掠食性昆虫。

蝎蝽平时全身埋伏在水下，靠尾部一根细长的呼吸管抬出水面，吸收空气中的氧气从而实现“呼吸自由”。它的一对前足已特化为弯钩状的捕捉足，将其他昆虫、蝌蚪，甚至是小鱼小虾之类的猎物牢牢钩住后，再通过刺吸式口器向其体内注入消化酶，待猎物分解成“肉汤”后吸食，堪称一部“高能水下生化武器”了。由于爱吃孑孓（jié jué，蚊子的幼虫），俗称“水蝎子”的它们对控制蚊虫数量起着关键作用。

中文名：蝎蝽　　学名：Nepidae

英文名：Water Scorpion　　分类：昆虫纲半翅目蝎蝽科

豹猫也有南北差异

豹猫是亚洲所有小型猫科动物中分布最为广泛的一种，体态大小如家猫，从俄罗斯远东，朝鲜半岛，中国东北、华北、华东、华南到台湾岛，由日本管辖的琉球群岛（西表岛、对马岛等）再到中南半岛，菲律宾和加里曼丹岛等地均有分布，亚种达 12 个之多。在中国，豹猫在 2021 年正式升级为国家二级保护动物。

豹猫双眼内侧向额头顶部长有两条灰白色纵带，耳后有黑底圆白斑，此两点是与家猫最明显的差异所在。北方亚种的豹猫体色黯淡，斑点也不明显；而南方亚种的豹猫则斑点清晰，色泽鲜明，更像一只小豹。它们主要在夜间与晨昏活动，以小型哺乳动物、鸟类、两栖爬行类、鱼、虾、蟹等为食。

豹猫是一片健康森林的指标性物种，是一个完好生态系统的体现。此外，野生豹猫不可私人饲养，所谓“孟加拉豹猫”则至少是野生豹猫和家猫经四代选育后的后裔。

中文名：豹猫

英文名：Leopard Cat

学名：*Prionailurus bengalensis*

分类：食肉目猫科豹猫属

会汪汪叫的小麂

麂（jǐ）是鹿科中相对原始的一个属，现存的麂全部产于亚洲。其中最为常见的，就是在中国大陆南方和台湾岛内广泛分布的我国特有物种——小麂（又称“黄麂”，台湾称“山羌”）。

和鹿科中的其他大个子表哥相比，小麂的块头着实迷你：从头到尾长不足 1 米，体重也只有 15 千克左右。雄性小麂有一对具一个短分叉的小角，前额毛发呈黑色 V 字形，口边露出一对小獠牙。雌性小麂没有角也没有明显的獠牙，前额中央有一个菱形黑色斑块。

小麂体单力薄，不善打斗，为了在森林中力求自保，它们进化出了一手绝活——小麂的声线完全不是那种悠扬动听的“呦呦鹿鸣”，而是又粗又哑的“汪汪汪”，乍一听完全就是标准的狗叫声。这样，在高山密林之间，“战五渣”的它们可以靠着虚张声势把敌人吓走——如果这一招不顶用，就只能迈开小短腿狂奔逃命了。

中文名：小麂　　学名：*Muntiacus reevesi*

英文名：Reeves's Muntjac　　分类：偶蹄目鹿科麂属

丹顶鹤从不上树

世界 15 种鹤类中，中国独占 9 席。名气最大，颜值最高的，当数丹顶鹤。从《诗经》中的“鹤鸣于九皋，声闻于天”，到宋徽宗赵佶的《瑞鹤图》，这嘴长、腿长、脖子长的大型涉禽在中国文化中真是占尽了风头。

但，丹顶鹤那优雅的“鹤顶红”并非什么特别的器官，而是一片裸露且长满了疣粒的头皮——这仙气飘飘的鹤竟是不折不扣的秃顶！

当然，丹顶鹤绝非生来如此。幼时的丹顶鹤“发量”可观，长大后，头顶的羽毛开始脱落，最终成了红色的秃顶。好在这秃顶面积不大，再配上优雅的身姿和求偶时曼妙的步法，反倒成了神来之笔。

画家们喜欢把丹顶鹤画在松树上，寓意“松鹤延年”，而现实中的丹顶鹤喜欢在有水有泥的湿地环境中出没，硕大的体形，结合并不适合抓握树枝的足部结构，导致它们不可能像画中那样待在树上。如果真的把一羽丹顶鹤送上松树，结果只能是“根本抓不住，一头栽下树”。松鹤延年，是艺术家们赋予丹顶鹤的行为艺术。

中文名：丹顶鹤

英文名：Red-crowned Crane

学名：*Grus japonensis*

分类：鹤形目鹤科鹤属

河蚌是高体鳑鲏的好产房

高体鳑鲏（páng pí）是鲤形目里的一种小型鱼类，常在低海拔地区的静水水域中层至底层成群活动，杂食性，主要以藻类、浮游动物以及水生昆虫等为食。

繁殖期间，完全发色的雄鱼背部为浅蓝，瞳孔周围呈红色，尾鳍中央部分呈红色，鳃盖后方有一个红色斑块，这与汉朝许慎在《说文解字》中对“鳑”字的解释——“赤尾鱼”倒是符合。雌鱼则体色相对黯淡，两性差异较为明显。

高体鳑鲏的繁殖习性极其特殊。繁殖期时，雌鱼将细长的产卵管插入淡水河蚌的鳃腔产卵后，再由雄鱼完成受精。幼鱼孵化后，仍然会在河蚌的鳃腔内停留一段时间“蹭”河蚌的氧气，之后才会离开河蚌，自己独自出去闯荡江湖。当然，若是实在没找到河蚌，它们也会在水底的石块缝隙中完成“传宗接代”，但这样的情况并不多见。

中文名：高体鳑鲏　　学名：*Rhodeus ocellatus*

英文名：Rosy Bitterling　　分类：鲤形目鲤科鳑鲏属

四斑原伪瓢虫可不是普通瓢虫

提起瓢虫，我们想到的可能都是那种矮小圆胖、大红大黄的小甲虫，不过，有一种四斑原伪瓢虫，是有“瓢”之名而无“瓢”之实的假瓢虫。

与普通瓢虫相比，四斑原伪瓢虫有一对修长得多的触角，一个更加颀长的身体，六只步足也是标准的“大长腿”，不是瓢虫那种触角短、腿短、身体短的“矮胖子”。

在食性方面，四斑原伪瓢虫和普通瓢虫也迥然有异。普通瓢虫看似可爱，但却“不是吃素的”，而是“专治蚜虫五十年”的标准食肉甲虫；而四斑原伪瓢虫，是个吃素的，喜欢在朽木上啃食树舌、木耳和蘑菇之类的真菌，难怪它们在英语中被称为“英俊真菌甲虫”。

通常，普通瓢虫遭遇敌害时会从腿关节上分泌出一种气味浓烈的黄色液体保护自己，四斑原伪瓢虫同样分泌液体，但却是乳白色的。

中文名：四斑原伪瓢虫

英文名：Four-spotted Handsome Fungus Beetle

学名：*Eumorphus quadriguttatus*

分类：鞘翅目伪瓢虫科原伪瓢虫属

华晓扁犀金龟的背上有个坑

金龟科是鞘翅目中的明星，这一科的成员，无论是双叉犀金龟（即“独角仙”）、锹甲，还是金龟子，都以帅气的造型和温和的性情招人喜爱。

但，同为金龟科的华晓扁犀金龟，却和它的大块头亲戚们有着截然不同的习性。

从体形上看，华晓扁犀金龟是个“小矮人”，即使雄性体长也只有3厘米左右，在台湾地区它们被称为“微独角仙”。这娇小的雄性也不像头顶两只大角的双叉犀金龟那样，仅在头部前端有一枚极小的角。而华晓扁犀金龟最大的特点，是在前胸背板正中有个明显的凹陷，乍看像被砸了个坑一样。

尽管个头如此迷你，华晓扁犀金龟却是个“荤素不忌，来者不拒”的“大胃王”：和多数犀金龟不同，它们除了同样喜爱树汁和腐烂果实之外，还会捡食其他昆虫的尸体。如果抓得住，甚至会直接捕杀其他昆虫和它们的幼虫打牙祭。

中文名：华晓扁犀金龟　　学名：*Eophileurus chinensis*

英文名：Rhinoceros Beetle　　分类：鞘翅目犀金龟科晓扁犀金龟属

版纳鱼螈妈妈会一路守护到孩子们孵化成螈

全世界的两栖纲物种约有 8500 种，分为无尾目（蛙和蟾蜍）、有尾目（蝾螈和鲵）和蚓螈目三类。而中国出产的唯一蚓螈目物种就是版纳鱼螈。版纳鱼螈在地球上出现已有上亿年的历史，对两栖类动物的研究，具有重要的意义。

版纳鱼螈仅分布于我国云南和两广地区以及越南北部，栖息于海拔 1000 米以下的溪流、沼泽、田穴中。身长 40 厘米左右，体侧环绕有一条浅黄色纵带。四肢早已退化，以皮肤褶皱缩放移动。眼睛也已退化，靠眼部与口鼻部间的触突感知环境。

怀孕的雌螈用脑袋在土中钻出一个用于产卵的洞穴，产卵后蜷起身体，保护刚出生的卵，直到小鱼螈们从卵中孵化而出。之后，小鱼螈们便离开妈妈，游进水中，藏于卵石之下，取食藻类和浮游生物等。之后逐渐捕食其他水生昆虫，正式“长大成螈”之后，它们就以蚯蚓为主食了。

中文名：版纳鱼螈
英文名：Banna Caecilian
学名：*Ichthyophis bannanicus*
分类：蚓螈目鱼螈科鱼螈属

长江江豚没有背鳍

唐代大文豪韩愈在《岳阳楼别窦司直》一诗中写道：“江豚时出戏，惊波忽荡漾。”一个标题，两句诗，三个要点——岳阳楼、江豚、出戏。

长江江豚在历史上曾经分布范围较广，但今天则几乎仅在长江中下游干流及鄱阳湖、洞庭湖两大湖泊分布。江苏省南京市是唯一一座在城市中心江段有野生江豚稳定栖息的省会城市。

长江江豚体长 1.5 米左右，头部圆钝，通体灰黑，最大的特征是没有背鳍，远看如同一条江中浮沉的大茄子。它们主要捕食长江中的小型鱼类。风雨来临前，因气压降低，它们会频繁出水换气，沿岸渔民称之为“江豚拜风”。

长江江豚是唯一完全在淡水环境中栖息的鼠海豚科物种，2021 年被定为国家一级保护动物。当前，部分研究人员对长江江豚是否属于独立种，仍持有不同看法。

中文名：长江江豚
英文名：Yangtze Finless Porpoise
学名：*Neophocaena asiaeorientalis asiaeorientalis*
分类：鲸目鼠海豚科江豚属

鳄蜥长得像鳄鱼

1929 年，由生物学家辛树帜（1894—1977）带队的中山大学生物系考察队在位于广西大瑶山地区的今金秀县罗香乡琼武村，采得 28 条似蜥蜴又似鳄鱼的爬行动物。它们的标本被寄到德国后，经鉴定为独科、独属、独种的全新物种，命名为鳄蜥，意思就是“像鳄鱼一样的辛的蜥蜴”。

鳄蜥是第四纪冰川后期的孑遗物种，仅分布于我国的广东省和广西壮族自治区，以及越南的东北部地区。

鳄蜥全长 35 厘米左右，背面棕黑，体侧棕黄带黑纹，腹面红黄，黄黑相间的扁平尾巴上生有两条纵脊，酷似鳄鱼，因而得名。平时，鳄蜥喜欢栖息在山间溪流或水坑等水域附近，会待在溪流旁的岩石或树枝上伏击猎物。因其日间不活跃，又被瑶族人称为“大睡蛇”或“木睡鱼”。

鳄蜥属于卵胎生物种，幼蜥出生后就能独立生活。根据 2019 年鳄蜥专项调查结果显示，目前，我国分布有野生鳄蜥 1200 条左右。

中文名：鳄蜥　　学名：*Shinisaurus crocodilurus*

英文名：Chinese Crocodile Lizard　　分类：有鳞目鳄蜥科鳄蜥属

由灰变白的中华白海豚

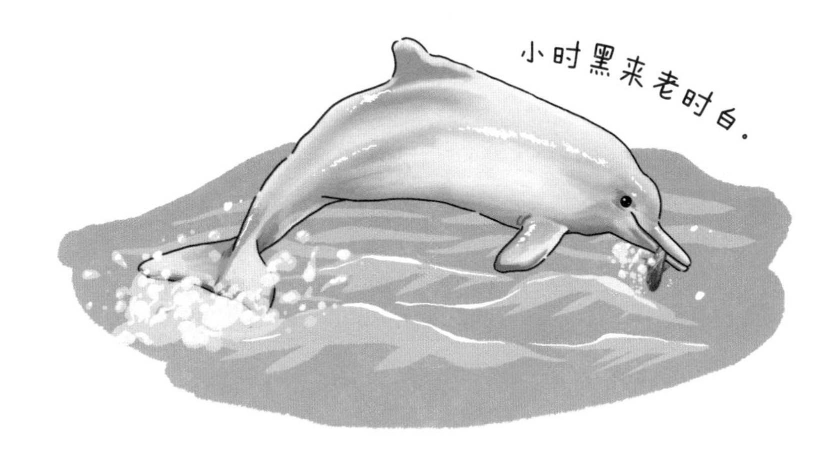

中华白海豚又称“印度－太平洋驼背海豚”（印太洋驼海豚），主要分布于印度洋和西太平洋的河口及其沿岸水域，是群居动物，根据2017年国际自然保护联盟发布的数据，预计全球总数约5700头。而我国是全球最重要的中华白海豚栖息地，国内主要分布于福建沿海厦门水域、广东沿海汕头水域、珠江口水域、雷州湾水域（含香港水域）、广西沿海北部湾水域、海南岛西南部和台湾西部。其中分布于广东的珠江口种群和湛江种群为全世界已知最大的两个种群。

中华白海豚成体的底色为白色，但它并非天生如此。初生幼豚全身呈铅灰色，之后灰色变浅，出现深色斑点且斑点逐渐增多；成年后，皮肤转为更浅的白色；进入中年期，斑点逐渐减少；到老年期，斑点只剩极少量甚至没有，皮肤完全呈白色，成为名副其实的中华白海豚。剧烈运动后，其皮下血管充血，看起来好似粉色，因此又被称为“粉红海豚”。

中华白海豚外形可爱，性情温和，在福建一带被渔民尊称为“妈祖鱼”。1997年，它被正式选定为香港回归祖国庆祝活动的吉祥物。

中文名：中华白海豚　　学名：*Sousa chinensis*

英文名：Indo-Pacific Humpback Dolphin　　分类：鲸目海豚科白海豚属

黑麂的尾巴可以“发警报”

黑麂是一种块头介于小麂和梅花鹿之间，皮毛棕黑油亮的中国特有大型麂，仅分布于华东地区浙江西部、江西东部、安徽南部和福建北部的部分山林中。黑麂行踪隐秘，极难一见。国外动物园至今没有饲养黑麂的记录，而中国国内展出黑麂的动物园也不到10家。

雄性黑麂角短小不分叉，总被一丛蓬松毛发盖住。唇边和小麂一样有着一对小獠牙。

黑麂的尾巴正面全黑，边缘配着一圈银白色“镶边”，这是逃跑时发警报用的：三五成群的黑麂，活动时如果发现了危险，会立刻竖起尾巴，相互提醒有情况，然后四下疾奔躲藏而去。

黑麂无论雌雄，在额头正中均生有一簇8～10厘米长的亮棕色冠毛。这是它们在麂中独有的傲娇之处。因此，当地人又叫它“乌金麂子”、“青麂子”或“蓬头麂子”，学界也曾经称之为“毛额黄麂”。

中文名：黑麂
英文名：Black Muntjac
学名：*Muntiacus crinifrons*
分类：偶蹄目鹿科麂属

高原的独角兽——藏羚

2005 年 11 月，以藏羚为原型的福娃“迎迎”成为 2008 年北京奥运会吉祥物之一。

藏羚，俗称“藏羚羊”。中国国家一级保护动物，分布于以羌塘为中心的青藏高原地区，少量见于印度西北部拉达克地区。藏羚的栖息地多为海拔 3700 ～ 5500 米的高寒草甸、高寒草原及高寒荒漠地带。

雄羚有一对细长挺拔的长角，侧面望去，似乎只有一只角，故又有“独角兽”之称。它们是全球少数几种具有长距离迁徙习性的大型食草动物之一，集体迁徙时，会聚集成数百只或数千只雌雄完全分离的大群。雌性可以从越冬地迁徙 300 ～ 400 千米，于 5—6 月到达产崽地生产。藏羚宝宝在出生 1 小时后便可随妈妈自如行动。

在 20 世纪中后期，藏羚因其柔软细密的底绒可制成昂贵的织物而遭到人类大量捕杀，种群数量一度急剧下降。如今随着保护力度加大，藏羚的数量已稳定回升。

中文名：藏羚　　学名：*Pantholops hodgsonii*

英文名：Tibetan Antelope / Chiru　　分类：偶蹄目牛科藏羚属

穿山甲爱挖洞

动画片《葫芦兄弟》里的穿山甲是救了葫芦兄弟和爷爷的最佳配角，但现实中的穿山甲又是一种怎样的动物呢?

穿山甲是鳞甲目穿山甲科下 9 个物种的统称，其中通过对鳞甲进行分析比较后所确定的第 9 个新种——秘境穿山甲（暂译名），目前尚未获得任何活体。顾名思义，作为鳞甲目动物，穿山甲身体背部从额头直到尾部和四肢外侧都覆盖着瓦片一样的鳞甲，呈鱼鳞状排列，因此在中国古书中又被称为“鲮鲤”。

就像动画片里一样，穿山甲的“甲生信条”就是一个字：挖。它们发达的前爪能在地面下挖出深 1 ～ 5 米的洞穴藏身，也能挖开坚硬的蚁穴，再用又黏又长的舌头舔舐蚂蚁和白蚁大快朵颐。它们通常并不会主动进攻，遭遇敌害时如来不及挖洞逃跑，就会把自己蜷缩成球状。

长久以来的偷猎和非法利用，导致包括主要分布于中国的中华穿山甲已极度濒危。幸而，台北动物园是全世界繁殖穿山甲最成功、数量最多的动物园，目前园内繁殖中华穿山甲已超过三代。

中文名：穿山甲
英文名：Pangolin
学名：*Manis* spp.
分类：鳞甲目穿山甲科穿山甲属

云豹张大嘴巴能呈直角

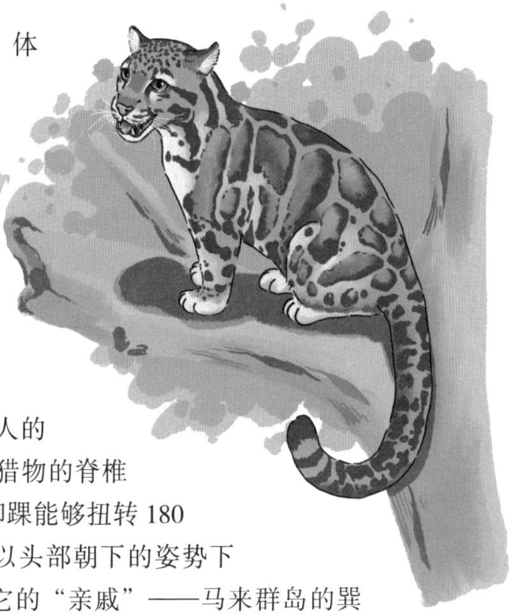

最能爬树的
小剑齿虎就是我啊！

云豹，属猫科动物，身上自带裸眼3D效果的大块斑纹，灰黑茶褐交织，给人一种华丽高贵的感觉。

云豹身长不到1.2米，体重不到40千克。虽然体形不大，但它们身怀诸多独门绝技：按照牙齿与头骨之比，云豹那长达4.5厘米，后缘锐利的上犬齿堪称“诸猫第一”；一般猫科动物的嘴只能张开约65度，而云豹的嘴可以轻松张到惊人的85度，捕猎时能一口咬穿猎物的脊椎或咬断其动脉；云豹的后脚踝能够扭转180度后紧抱树干，使它能够以头部朝下的姿势下树。除了云豹之外，只有它的“亲戚”——马来群岛的巽（xùn）他云豹，以及同样出自亚洲的云猫和中南美洲的长尾虎猫掌握了这“脚”绝活。

云豹是高度树栖的大猫，近十年来，由于所处的森林遭到严重破坏，云豹在中国的生存环境已高度恶化，在曾经活跃的安徽、江西等地区早已不见它的踪影，其分布范围只剩下云南和西藏边境的部分极小地带。留给云豹的时间真的不多了。

中文名：云豹　　学名：*Neofelis nebulosa*

英文名：Clouded Leopard　　分类：食肉目猫科云豹属

兔狲才不是个小短腿

猛一看，兔狲长得很像一只胖乎乎的小家猫。事实上，兔狲的腿并不短，但因为兔狲主要分布在中亚地区的草原、荒漠、戈壁或丘陵山地中，那里气候寒冷，条件恶劣，为适应环境，兔狲腹部的毛特别长且柔密，给人一种“小短腿”的错觉。兔狲的尾巴也差不多有体长的一半，但是非常粗。在分类学上，兔狲也与豹猫而不是家猫更为接近。

在我国，从河西走廊到青藏高原，直到新疆西部和北部，再到西南部的喜马拉雅山脉，都有兔狲的身影。它们主要以鼠类和鼠兔为食，偶尔也会捕捉鸟类。

近年来，兔狲由于眼大腿短的“呆萌”外貌而备受欢迎。但并非所有的猫科动物都像家猫一样有着一条线式的纵向瞳孔。这一点上，兔狲和它的 7 位“大哥”——虎、狮、美洲豹、豹、美洲狮、雪豹、猎豹一样，瞳孔无论如何收缩都始终保持圆形。

中文名：兔狲
学名：*Otocolobus manul*
英文名：Pallas's Cat
分类：食肉目猫科兔狲属

金猫的脸上自带“三条杠”

金猫与婆罗洲金猫共同构成了整个金猫属，但论名气，金猫在中国分布的 13 种猫科动物中，却既比不上虎，又赶不上兔狲，实在有点儿尴尬。

其实论“颜值”，金猫可不低。它们脸上那三条辨识度极高的白色条纹被某些学者认为就是汉语“彪”字的三撇，而它们全身润泽的红棕色皮毛、虬结的肌肉和一条末梢上翘的尾巴，又令它们在泰语中被称为“火虎”。

金猫可能是皮毛色型最为多变的猫科动物，除了标准色型的红棕色以外，还有体表密布斑纹的花斑色型（俗称“花金猫”），甚至还有相对少见的全黑黑化个体（俗称“黑金猫”）和极其少见的棕色个体（俗称“灰金猫”）。

与多数昼伏夜出的猫科兄弟不同，金猫更爱在白天活动。它们是典型的森林物种，主要分布在南亚东部、中国中南部和东南亚大部分地区的热带 – 亚热带山地森林中。

中文名：金猫　　学名：*Catopuma temminckii*

英文名：Asian Golden Cat　　分类：食肉目猫科金猫属

为圣诞老人拉雪橇的驯鹿

“冲破大风雪，我们坐在雪橇上……”问题来了，这雪橇是谁拉的呢？哈士奇？其实，翻开各种关于圣诞老人的资料一看，就会发现，每年圣诞时节拉着他满世界“送快递”的是一群可爱的驯鹿。

驯鹿是所有鹿科动物中唯一雌雄都长角的：角的第一分支伸向前方与鼻梁平行；主枝先往后再朝前，扭出了一个巨大的C字形，辨识度极高。

驯鹿广泛栖息在北极圈周围的欧洲北部、西伯利亚和北美洲北部这三个地区，是一种环北极分布的动物。春夏它们爱吃树叶，秋季主食蘑菇，冬季又嗜好地衣和苔藓。地衣和苔藓含有丰富的不饱和脂肪酸，能提升御寒能力。

驯鹿也是为数不多会被人类作为家畜饲养的鹿。除了圣诞老人的大本营——芬兰拉普兰地区的拉普人饲养它们以外，来自我国东北地区的鄂温克族人也饲养驯鹿作为自己的生活物资。在通古斯语中，“鄂温克”一词，就有“使鹿部落”之意。

驯鹿号洲际雪橇：
从芬兰到中国东北。
中文名：驯鹿
英文名：Reindeer / Caribou
学名：*Rangifer tarandus*
分类：偶蹄目鹿科驯鹿属

“一丘之貉”的貉

“一丘之貉（hé）”这个成语可谓人人耳熟能详，但貉究竟是一种怎样的物种呢？

在英语中，貉的名字有“浣熊狗”之意。其实它与浣熊毫无关联，而是一种广布全国的犬科动物，从东北经华北至华中、华东、华南与西南的低山丘陵及开阔的疏林地区都有分布。整体看起来，貉略似一只身体更胖、四肢更短、尾巴更粗的胖狐狸，两眼周围各有一片黑褐色斑纹，仿佛眼罩。它们有时强行霸占狗獾的洞穴，真是“貉占獾巢”了。

貉是杂食动物，卵、鱼、鼠、蛙、鸟、虾蟹、野果、根茎等都是它的盘中餐。产于中国北方和俄罗斯远东、朝鲜半岛、日本一带的貉还会进行程度较浅的冬眠。日本动画片《平成狸合战》中的“狸猫”和《花仙子》中的“波奇”其实就是在日语中被称为“タヌキ”（读如 tanuki）的貉（日本貉曾为貉的一个亚种，现已被认定为独立种）。

貉常被作为毛皮兽人工养殖，因此有时会在人类居住区内出现逃逸个体。

中文名：貉　　学名：*Nyctereutes procyonoides*

英文名：Raccoon Dog　　分类：食肉目犬科貉属

有团队精神的豺

豺（chái）是现存的犬科动物中习性较为特殊的一种。人们习惯上总把“豺狼”二字相提并论，但豺在习性上却更加类似远隔一个大陆的非洲野犬。它们的群体合作也比狼群更加高效而有韧性，战术也更加多样，而且在合作时还会发出多种叫声随时沟通。

豺群集体捕猎时，有的负责闷住猎物的口鼻，有的在猎物身边干扰它们的奔跑，有的跳上猎物的屁股直接扒出内脏——依靠团队的力量，豺甚至能够放倒野猪、鹿和牛之类比自己大得多的动物。它们也是高效的食腐动物，可以在短时间内将周边的动物尸体吃干抹净。

豺躯干部位的皮毛为砖红色，灰黑色的尾巴长而蓬松，还有一对圆圆的大耳朵，因此英语中俗称豺为“亚洲红狼”。

过去 30 年内，猎杀、犬瘟热、栖息地碎片化等原因，导致中国境内豺的数量急剧下跌。一个健康的自然生境，需要一定数量的食肉动物来控制其他动物的数量，我们期待豺早日回来。

中文名：豺
英文名：Dhole
学名：*Cuon alpinus*
分类：食肉目犬科豺属

亚洲黑熊什么都爱吃

《西游记》中，“趁火打劫”顺走了锦襕袈裟的黑风怪自称“熊罴（pí）”。其实，在中国古书里，“罴”指的是棕熊，而“熊”指的是黑熊。

亚洲黑熊胸前有一条月牙儿似的V字形白斑，因此得了个好听的名字——“月熊”。它们分布在东亚、东南亚、南亚和中亚的部分区域。在中国大陆主要见于东北、华中和西南的山林地区，在华东和华南地区分布已很稀疏；在中国台湾中央山脉也有分布。

亚洲黑熊非常爱爬树，而爬树则是为了捅马蜂窝——蜂蜜是重要的糖分来源，且蜂窝内的蜜蜂和蜜蜂幼虫富含蛋白质。此外，鱼、鼠、玉米、浆果甚至腐肉，作为杂食动物的亚洲黑熊也“来者不拒”。

10月中下旬，亚洲黑熊会找个树洞或者岩洞钻进去冬眠，一觉睡到来年3月才醒。它们是国家二级保护动物，捕捉它们用于马戏表演或摘取它们的器官做药，都是违法行为。

中文名：亚洲黑熊

英文名：Asiatic Black Bear

学名：*Ursus thibetanus*

分类：食肉目熊科熊属

你看那个
熊孩子！！！

斑鳖在全中国只剩最后一只了

斑鳖是一种巨大的鳖科动物，体长可达1米，体重近100千克，曾广泛分布于中国长江下游流域的太湖地区、滇东南地区属于珠江水系的湖泊，以及元江河谷至越南北部的红河流域中。1万年前在台湾岛与澎湖列岛之间的水道亦有记录。据史料记载，其分布范围甚至达到了黄河流域。中国国家博物馆馆藏文物“作册般黿（yuán）”就是一只青铜斑鳖的形象。

斑鳖，因其头颈部生有色彩明显的黄色斑点而得名，云南元江流域的渔民非常形象地称斑鳖为“花团鱼”。

斑鳖是对生存环境要求很高的生物，需要流动大水体、缓坡、沙地……然而近几十年来，人类的开发活动对斑鳖的栖息地持续造成破坏，又以“滋补”为由对斑鳖大肆捕杀，如今，全中国只剩下了苏州上方山森林动物世界里的最后一只雄性斑鳖。

“悟已往之不谏，知来者之可追。”但愿斑鳖的悲剧不再重演。

中文名：斑鳖

英文名：Yangtze Giant Softshell Turtle

学名：*Rafetus swinhoei*

分类：龟鳖目鳖科斑鳖属

羚牛爬上爬下就为了吃

羚牛是一种分布在喜马拉雅山东麓高山密林地区的大型有蹄类动物，有中华羚牛和喜马拉雅羚牛两种。前者分为中国特有的秦岭羚牛与四川羚牛两个亚种；后者也分为两个亚种，分别是产于高黎贡山、独龙江流域的贡山羚牛，和被不丹奉为“国兽”的不丹羚牛（关于羚牛的分类，学界仍存在争议）。

羚牛皮厚毛粗，无论雌雄，都有一对形状奇特，犹如古希腊七弦琴的犄角，角基部粗壮生长，再弯向前，扭向后，角尖端直刺向上。因此人们又称它为“扭角羚”。

羚牛有沿海拔梯度进行季节性垂直迁徙觅食的习性。夏季时上移至树线之上的高山草甸，入秋后逐渐下移至河谷与中低山森林地带，早春时则降至海拔最低的地区以觅食最早返青的植物，还爱在盐碱地舔舐泥土获取矿物质。羚牛的活动范围可纵跨海拔 1000 ～ 4000 米，它们是群居动物，常集成 10 ～ 30 只的小群进行活动。

在西藏察隅地区的土语中，羚牛被称为“塔金”，这也直接成了它们在英语里的名字。

中文名：羚牛　　学名：*Budorcas* spp.

英文名：Takin　　分类：偶蹄目牛科羚牛属

金刚狼不是狼，是貂熊！

当年澳大利亚演员休·杰克曼签下出演《金刚狼》的片约后，他兴致勃勃地告诉导演："我特地去动物园观察了狼！"没想到导演冷冷地甩来一句："哥们儿，'金刚狼'可不是狼……对了，你们澳大利亚哪儿有狼？"这个故事虽然无法考证，但它却明确无误地告诉我们，尽管有着 wolverine 的英文名，但貂熊和属于犬科的狼毫无关系。

貂熊，又称"狼獾"，是现存陆生鼬科动物中体形最大的一种，它身体结实粗壮，从头到尾长达 1.3 米，体重近 20 千克，身体两侧从肩部沿体侧到尾基部有一条浅色带。

貂熊性情凶猛，牙尖爪利，从鼠类、兔类再到麝和狍子，甚至是体形远胜自己的驯鹿与驼鹿，貂熊都敢于捕杀。为了寻找食物，一只貂熊一天可移动 35 千米。

貂熊产于北半球欧亚大陆和北美洲大陆北部的寒带 – 亚寒带地区，在中国处于边缘分布，仅见于新疆、内蒙古、黑龙江三地的北部，被东北山民称为"山狗子"。

中文名：貂熊
英文名：Wolverine
学名：*Gulo gulo*
分类：食肉目鼬科貂熊属

平胸龟当不了“缩头乌龟”

比起其他“缩头乌龟”，平胸龟着实“画风奇异”：背甲扁平得出奇，大大的三角形脑袋缩不进扁平化的龟甲里，上喙部弯弯的像鹰嘴，细长的尾巴拖在身后……无怪乎人们又称它为“大头龟”“鹦鹉龟”“鹰嘴蛇尾龟”啦！

平胸龟分布于我国华东、华南及西南部分地区和东南亚部分国家，现今仅存一属一种，根据不同地域种群特点可细分为三个亚种。

平胸龟喜凉怕热，平时藏身于清澈湍急的山涧溪流底部石缝中。看着“呆萌”，却是个擅长捕食的凶猛肉食龟，鱼、虾、蟹、螺蛳、水生昆虫、蛙类等，平胸龟“照单全收”。平胸龟有较强的攀爬能力，甚至还有它们爬上树掏蛋抓鸟的传闻。

中文名：平胸龟　　学名：*Platysternon megacephalum*

英文名：Big-headed Turtle　　分类：龟鳖目平胸龟科平胸龟属

红白鼯鼠会滑翔

民间传说里的寒号鸟是个懒惰的动物：平时既不干活又不存粮，冬天一到只能哭爹喊娘。可真实的寒号鸟是这样的吗？

答案是否定的。首先，寒号鸟并不是鸟类，而是一种叫作红白鼯鼠的啮齿类动物，是个不折不扣的兽类。其次，它们喜爱在高大乔木的树冠或树洞内筑巢，取食植物的嫩枝叶、果实以及昆虫和鸟卵等，且活动相当频繁。由此可见，它们不但不是得过且过、喜欢偷懒的反面典型，反而是一种会过日子的大老鼠。

红白鼯鼠最大的特点，就是它前后肢之间有一层长有软毛的皮褶，称为翼膜。它只需要爬到高处，将四肢向体侧伸出，展开翼膜，就可以由上向下在空中往远处滑翔，一次可滑出几十米远，因而又俗称“飞鼠”。近年来人类的翼装飞行运动，就是由模仿鼯鼠而来的。

中文名：红白鼯鼠

英文名：Red & White Giant Flying Squirrel

学名：*Petaurista alborufus*

分类：啮齿目松鼠科鼯鼠属

台湾鬣羚爱吃刺激性植物

从头到尾仅长 1.1 米，体重也仅有 30 千克左右的台湾鬣（liè）羚，是鬣羚属下 6 种（一说 4 种）物种中体形最小的一种，它们仅分布于台湾中央山脉及两侧的低山区域，在当地又被称为“台湾长鬃山羊”，但其实它们脖颈上的鬃毛既不够长，也不是山羊，而是鬣羚家族的成员。

台湾鬣羚无论雌雄，都头顶一对细而锋利的短角，角尖弯曲向后，终身不脱落。它们擅长攀爬，从海拔 200 米左右的低山到海拔 3900 多米的台湾最高峰——玉山，都是它们的活动区域。别看它们娇小可爱，口味却很独特，对山黄麻、芒草、荨麻这样的刺激性植物情有独钟。发情期间，平素独来独往的台湾鬣羚会从眶下腺分泌出带有强烈气味的分泌物，蹭在树枝、石块上，吸引同伴前来喜结良缘。

中文名：台湾鬣羚　　学名：*Capricornis swinhoei*

英文名：Taiwan Serow　　分类：偶蹄目牛科鬣羚属

爱成群结队的亚洲象

全世界共有三种大象：非洲草原象、非洲森林象和亚洲象。其中，亚洲象是我国体形最大的陆地哺乳动物，身高可达 2.2 ～ 3.1 米，体重 2.7 ～ 4.2 吨。象最大的两个特点，就是由延长的上唇与鼻子构成的象鼻，以及第二对上门齿特化前伸形成的壮观的獠牙，即平时所说的“象牙”。非洲象无论雌雄都有一对长长的象牙，但是亚洲象只有雄象的象牙突出口外，雌性和幼体的象牙一般并不明显。

亚洲象是高度社会化的群居动物，每个象群规模为 10 ～ 20 头，通常由一头成年雌象带领，群内成员还包括其他成年雌象和幼象等。成年雄象有时会临时“加群”或离开大群单独组成 5 头左右的小群。

目前，亚洲象在中国主要分布于南部的西双版纳、普洱与临沧三地，截至 2021 年底总数约 300 头。

中文名：亚洲象

英文名：Asiatic Elephant

学名：*Elephas maximus*

分类：长鼻目象科象属

黄腹角雉竖起角来吸引异性

角雉（zhì）是雉科下一属奇特的鸟类，雄性头部有一对隐藏的肉质角，发情期间会竖立起来，因此生物学家用希腊语的“山羊”和“山林之神”二词组成了它学名的属名。

这个属下共有黑头角雉、红胸角雉、红腹角雉、灰腹角雉和黄腹角雉 5 种，其中，主要分布于浙江南部乌岩岭自然保护区以及福建、湖南等省的黄腹角雉是中国特有物种。

春季，进入繁殖期的雄性黄腹角雉竖起头顶一对翠蓝色的肉角，展开喉下朱红色间有翠蓝色条纹的肉裙，发出响亮的“哇嘎”声，展开双翅，踏着碎步，吸引雌性前来交配。它们性情迟钝，行动缓慢，繁殖率较低，要做好对它们的保护，重中之重是护卫好其赖以生存的原生林。

中文名：黄腹角雉　　学名：*Tragopan caboti*

英文名：Cabot's Tragopan　　分类：鸡形目雉科角雉属

朱鹮在求偶期会把自己涂成灰色

1000 多年前，曾在大唐帝国水利部门任职的官员张籍（约 767—约 830）写下一首《朱鹭》：“翩翩兮朱鹭，来泛春塘栖绿树。羽毛如剪色如染，远飞欲下双翅敛。”这里提到的朱鹭其实就是朱鹮（huán）的一个别名。

朱鹮喜爱在湿地水源中觅食小鱼，并在高大的树木上筑巢育幼。在求偶期，朱鹮在沐浴时会将脖颈处一块皮肤上分泌的灰黑色物质抹在身上，变成“灰鹭”。繁殖期一过，再完成换羽，恢复“色如染”。

朱鹮曾在整个东亚广泛分布，后来由于环境恶化并遭遇捕杀逐渐消失。1981 年，中国科学院动物研究所在陕西洋县找到了 7 只朱鹮，这是当时全球唯一的野生朱鹮种群。后来经过数十年就地保护与迁地保护双管齐下的艰苦努力，根据陕西省政府 2022 年 11 月公布的数据，如今朱鹮的数量已超过 9000 只，这堪称动物保育史上的一个奇迹。

中文名：朱鹮　　学名：*Nipponia nippon*

英文名：Crested Ibis　　分类：鹈形目鹮科朱鹮属

白鳖豚不会咀嚼，只会吞食

《聊斋志异》中有一篇动人的爱情故事叫作《白秋练》，讲述了出身洞庭湖船家的美丽女郎白秋练与来自北方的商人之子慕蟾宫相恋成亲的故事。这爱读唐诗的“文艺才女”白秋练其实是一头白鱀（jì）豚幻化而成。可见，我们的先人早就知道了这个中国特有物种。

白鱀豚是食肉动物，它们喜爱捕食长江中下游流域中的淡水鱼，群居的白鱀豚会进行集体捕食，在捕到食物以后它们不会细嚼慢咽，而是直接吞食。它们的食量很大，每天所进食的量约占总体重的百分之十。

随着过去几十年里长江流域经济的快速发展，白鱀豚被逼得夹缝求生。2004 年，人们在南京江段（一说 2007 年安徽铜陵江段）最后一次发现它的尸体，时至今日，白鱀豚再也没有了任何消息。不由得让人惋惜一句：滚滚长江东逝水，秋水伊人何处寻。

中文名：白鱀豚
英文名：Yangtze River Dolphin / Baiji
学名：*Lipotes vexillifer*
分类：鲸目白鱀豚科白鱀豚属

黑长尾雉喜欢在雾雨中觅食

祖国的宝岛——台湾，出产两种特有的鸡形目雉科鸟类，一种是鹇属物种蓝鹇（xián），另一种便是“五彩斑斓黑”的长尾雉属物种黑长尾雉。

雄性黑长尾雉全身羽毛呈深蓝黑色，闪烁着金属光泽，尾羽上分布着十几条醒目的白色横纹，眼部周围皮肤裸露，呈血红色，这一身浓重的配色，再加上一对有着“利距”（雄性雉科鸟类脚踝上的骨质尖刺）的灰褐色脚爪，当真是气场十足。

虽然看起来很有派头，但黑长尾雉生性谨慎、行动隐秘，只见于台湾的中高海拔地区，如中央山脉、阿里山山脉和玉山山脉，它们尤其喜爱在起雾时或细雨中觅食，吃完后再悄然返回山林深处或草丛中。活脱脱是一位安静低调的山中隐者。

黑长尾雉是中国台湾的形象使者之一。千元新台币的背面，就有着它美丽的蓝黑色魅影。

中文名：黑长尾雉　　学名：*Syrmaticus mikado*
英文名：Mikado Pheasant　　分类：鸡形目雉科长尾雉属

儒艮是个素食大胃王

海牛目下，只有两科动物，一科是知名度略高的海牛，另一科就是名气稍逊的儒艮（gèn），而儒艮又是儒艮科的唯一现存物种。虽然名气不如海牛，但它们有个响当当的名号，那就是美人鱼。雌儒艮会用胸鳍抱着小儒艮喂奶以及出水换气。几百年前航行各大洋的水手目睹之后，发挥自己的想象，为儒艮起了这么一个美丽的名字。

儒艮平均体长 2.7 米左右，体重可达 300 ～ 500 千克，它们是纯粹的素食大胃王，爱吃海藻，但最爱吃的是海草，会将整株海草拔起，连茎带叶一起食用。儒艮一天可吃掉 40 千克之多的食物，为了填饱肚子，它们可以潜入约 40 米深的水底。它们性情温和，行动迟缓，也没有尖牙利爪，躲避鲨鱼等大型掠食者的唯一方法，就是游入海水深度更深的区域。

中文名：儒艮

英文名：Dugong

学名：*Dugong dugon*

分类：海牛目儒艮科儒艮属

扬子鳄可以发出弹舌音

鳄目短吻鳄科短吻鳄属下只有两个物种，然而这哥儿俩在地理位置上却是天各一方：一个是产于北美洲东南部的美国特有物种密西西比鳄；另一个就是分布于长江中下游流域的中国特有物种扬子鳄，民间俗称“猪婆龙”。

多数鳄鱼都是彪悍凶猛的巨型杀手，但扬子鳄却是个另类：它身材娇小，身长仅 1.5 米左右；性情温和，一般只以鱼、虾、蛙、螺等为食，最多会偶然捕食一些水鸟，几无主动攻击人类的前科，但若被挑逗，也能致伤人类，绝不可任意接触！

大多数爬行动物既没有两栖类的声囊声带，也没有鸟类的鸣肌鸣管，因此只能静默。而鳄类的喉部生有腭帆膜，舌根处长有横起褶皱，只需要憋足一口“真气”猛然喷出，就能带动这两处振动发声甚至激起水花。在繁殖期，雄鳄就是这样通过“弹舌音”，召唤雌鳄来到身边喜结良缘的。

经多年就地保护和迁地保护的共同努力，根据安徽省政府 2024 年 11 月发布的数据，扬子鳄野外种群的数量约为 1620 条。

中文名：扬子鳄　　学名：*Alligator sinensis*

英文名：Chinese Alligator　　分类：鳄目短吻鳄科短吻鳄属

渔猫用不同的方法抓不同的猎物

渔猫分布于南亚和东南亚，它们是昼伏夜出的独居动物，喜欢沼泽湿地环境，例如大面积的静水池塘和水稻田。

作为小型猫科动物中极少的极其喜欢捕食水生动物的成员，为了吃到心爱的河鲜，渔猫不仅演化成了唯二爪子不会完全收入脚掌中的猫科动物之一（另一种为猎豹）和唯一前爪的爪趾间长有半蹼的猫科物种，甚至还针对不同的“菜”发展出了不同的捕猎技巧。

对蛇和青蛙，采用伏击；对虾蟹等甲壳类，直接下水追击；最绝的是，对于鱼类，渔猫会直接伸出前爪在水面轻轻拍击，激起波纹，水下的鱼儿误以为有昆虫落水而浮上水面觅食，一旦鱼儿露头，渔猫便飞速出击，爪捞嘴咬，一把捞走。可怜的鱼儿还没搞明白状况，就被渔猫吃下了肚。而对一些会在水边活动的啮齿动物和水鸟，只要来得及、抓得住，渔猫也绝不放过。

渔猫是国家二级保护动物，但我国境内是否还有渔猫分布，尚存疑问。

中文名：渔猫
英文名：Fishing Cat
学名：*Prionailurus viverrinus*
分类：食肉目猫科豹猫属

普氏野马的消失和归来

1876 年，一名沙俄军官将他在新疆准噶尔盆地获取的 9 张野马皮运回了欧洲。1881 年，这种野马被确认为全新物种，根据发现者的姓氏定名为普氏野马。

当时欧洲人只认识欧洲野马，而最后一匹野生欧洲野马已在 1879 年死于乌克兰，于是诸多探险队纷至沓来抢夺普氏野马。1899 至 1903 年，共有 50 多匹普氏野马被运至欧洲进行人工饲养。

20 世纪上半叶，接连两次世界大战使得欧洲之大竟容不下一个安静的马厩。1945 年第二次世界大战结束时，全世界仅欧洲布拉格动物园和慕尼黑动物园内还有不到 20 匹普氏野马。如今全世界人工饲养的普氏野马，基本上都是这两个家族的后代。而 1969 年后，普氏野马再也没有了野外记录。

自 1985 年起，中国先后从欧美引进 18 匹普氏野马。1986 年，中国建立了新疆野马繁殖研究中心。现今，中国和蒙古国境内的普氏野马种群数量达到了 2000 多匹。

中文名：普氏野马

英文名：Przewalski's Horse

学名：*Equus ferus przewalskii*

分类：奇蹄目马科马属

豹在海拔近 5000 米的高山都能生存

美国作家欧内斯特·海明威（Ernest Hemingway，1899—1961）的名作《乞力马扎罗的雪》有一段富有禅意的开篇：“乞力马扎罗是一座海拔一万九千七百一十英尺的常年积雪的高山……在西高峰的近旁，有一具已经风干冻僵的豹子的尸体。豹子到这样高寒的地方来寻找什么，没有人作过解释。”

海明威关注的豹有两个特点：一、豹是全球分布最广、亚种最多的大型猫科动物，分布区横跨欧亚与非洲两个大陆，亚种达 9 个之多；二、豹是适应力极强的物种，在这两块大陆，它们分布于除了沙漠与苔原之外几乎所有的生境，从接近海平面到海拔近 5000 米的高山都能生存，捕食的猎物可能超过 200 种。

豹的毛色大致为棕黄底色上密布空心环状黑斑，形似中国古时的钱币，因此在中国豹又被俗称为“金钱豹”。热带雨林地带偶然出现的黑豹只是豹或产于中南美洲的美洲豹的黑化个体而不是独立物种，在阳光下仍能看出它们身上的斑纹。

中文名：豹 | 学名：*Panthera pardus*

英文名：Leopard | 分类：食肉目猫科豹属

雪豹最爱吃羊肉

在巍峨屹立的青藏高原与冰天雪地的中亚群山间，“大猫”雪豹依靠自己帅气的外表与强大的气场，当之无愧地成为“雪山之王”。

雪豹生存在从中亚至青藏高原和蒙古高原广袤的山地中，海拔可达2000～5000米。如此恶劣的环境，人类绝难接近。这样一来，反倒使它们成了中国种群最完整、数量最多的大猫。根据中国祁连山国家公园2020年10月数据，全球雪豹数量在3900～7900只，我国就有4000多只，其余则分布在哈萨克斯坦、蒙古国、俄罗斯等11个国家。

是大猫，当然要吃肉。科学家发现，雪豹的最爱，就是羊肉。青藏高原的雪豹爱吃岩羊，天山地区和中亚的雪豹喜欢北山羊，兴都库什山区的雪豹最馋捻角山羊，喜马拉雅山脉的雪豹偏好塔尔羊……这些野羊本是行动矫捷的攀岩高手，无奈“羊高一尺，豹高一丈”，雪豹比它们更加擅长在险岩绝壁间自如游走，又懂得伏击突袭，自然就成为最恐怖的“野羊杀手”了。

中文名：雪豹　　学名：*Panthera uncia*

英文名：Snow Leopard　　分类：食肉目猫科豹属

马来熊从不冬眠

马来熊是全世界 8 种熊科动物中体形最小的一种，和大家印象中五大三粗的“大笨熊”相比，它们的身长一般不超过 1.5 米，体重最重也只有 80 千克上下，算是熊家族中的“小精灵”了。

马来熊目前主要分布于印度东北部、孟加拉国、缅甸与东南亚诸国。由于身处热带，马来熊也是唯一不冬眠的熊。它们能攀善爬，口味很杂，果实、昆虫、鸟蛋……样样都吃，尤其擅长用长而强壮的脚爪扒开蜂巢，再用长长的舌头舔舐蜂蜜。在印度尼西亚语中，它们被称为 Beruang Madu，意思是“蜜熊”。

马来熊的野外寿命一般在 25 岁以内。人工饲养不易超过 30 岁。南京红山森林动物园的一头雄性马来熊“老马”于 2022 年 12 月 31 日去世，在园方的精心照顾下，“享年”33 岁，若比照人类的年龄计，是位百岁“熊瑞”了。

中文名：马来熊

英文名：Sun Bear

学名：*Helarctos malayanus*

分类：食肉目熊科马来熊属

河狸是个“水坝工程师”

欧美童话故事中，河狸常常顶着“海狸”的名头出现，但这个翻译着实跑偏，因为全世界仅存两种河狸，无论是北美河狸还是欧亚河狸，它们都生活在淡水水域中，一生也不会游进大海。

欧亚河狸的亚种——蒙新河狸，是我国体形最大的啮齿类动物，分布范围仅限于新疆乌伦古河上游流域的布尔根河自然保护区，目前数量仅有 500 只左右。

河狸是唯一熟练掌握修水坝技术的动物。它们会通过修建水坝来为自己营造适合筑窝和生活的深水区，无形中还改善了自然环境。干活时，河狸先垒砌大型石块作为地基，再用泥土填充石块缝隙，随后在石块缝隙中插入预先被自己啃倒的树干和树枝，最后又一次用泥巴封顶。如此反复，一座坚固美观又符合流体力学原理的水坝大功告成。这样的水坝，有着过滤水体的作用，形成的湿地小生境可以适应诸多动物的生存需求。

这样看来，河狸作为水坝工程师，还真是造福了不少居民呢！

中文名：河狸　　学名：*Castor* spp.

英文名：Beaver　　分类：啮齿目河狸科河狸属

狼按照家规过集体生活

狼，可能是全世界范围内最有名也最有争议的动物之一。小时候我们听过“小红帽和大灰狼”的故事，长大了之后我们又被灌输“狼性文化”的概念。那它到底是什么样的动物呢？

狼是体形最大的犬科动物，广泛分布于北半球欧亚大陆北部与北美洲大陆北部，如今在我国则主要见于青藏高原至蒙古高原及周边地区。

狼是社会性群居动物，以家族群为单位集体活动和捕食，群内有严格的等级地位。它们依靠团队合作捕食鹿、岩羊、原羚、野驴和野猪等大型猎物，但也会捕杀旱獭、野兔和鸟类等中小型动物，以及进食腐肉，为维持生态环境中的物种数量平衡起着重要作用。

狼在月明之夜发出的狼嚎，是它们用于宣示领地和相互沟通的信号。

中文名：狼
学名：*Canis lupus*
英文名：Wolf
分类：食肉目犬科犬属

海胆有五颗利牙

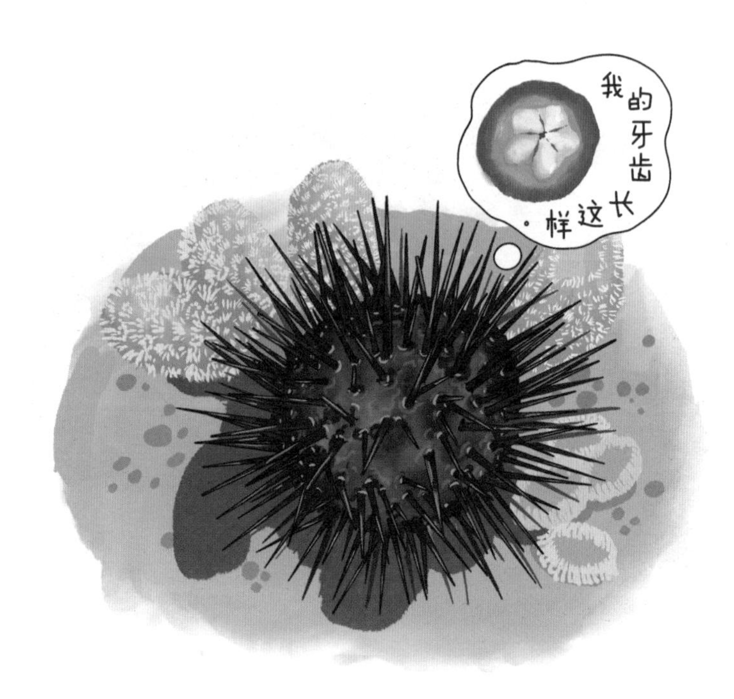

你吃过清蒸海胆吗？其实海胆的主要食用部分是海胆的生殖腺。

海胆是棘皮动物门下海胆纲物种的统称，身体呈半球形、心形或扁形，共同特征是身上都长满了由方解石构成的棘刺，因此又被俗称为“海刺猬”或“海栗子”。它的学名原意“豪猪般的动物”，用来形容“夹枪带棒”的海胆再适合不过了。有些海胆的棘刺折断后会分泌毒素，一旦被扎，虽不致命却会令人疼痛不堪。

海胆的咀嚼器是五颗锐利的牙齿，五颗牙齿簇合成梅花状长在身体底部中央。这咀嚼器有个霸气又不失优雅的名字——亚里士多德提灯。靠着这盏“提灯”，海胆能够大量取食它们最爱的食物——海藻，甚至能在岩石和珊瑚上挖洞藏身。

中文名：海胆
英文名：Sea Urchin
学名：Echinoidea
分类：棘皮动物门海胆纲

笄蛭涡虫的嘴巴长在肚子上

宋代奇书《太平广记》的昆虫卷里有一段诡异的记载："度古似书带。色类蚓。长二尺许。"

度古？这是啥？体形像根带子，颜色"黑黄配"，整体像蚯蚓。现代动物分类学告诉我们，这怪奇物种并非昆虫，而是一类叫作笄蛭（jī zhì）涡虫的扁形动物。为了区别于水里的涡虫，又俗称为"地涡虫"。

笄蛭涡虫身体细长，一般长度为 20 ～ 30 厘米，有些个体可长达 50 厘米。

它们长着个扇形脑袋，像把铲子。诡异的是，它的嘴巴不长在脑袋上而是在腹部的中段。更诡异的是它进餐时并非先动口，而是先用自己的身体覆盖缠绕住猎物，再从腹部的口中分泌出消化酶，将猎物液化后慢慢"饮用"。

如果把一条笄蛭涡虫切成两半，你就会得到两条笄蛭涡虫。

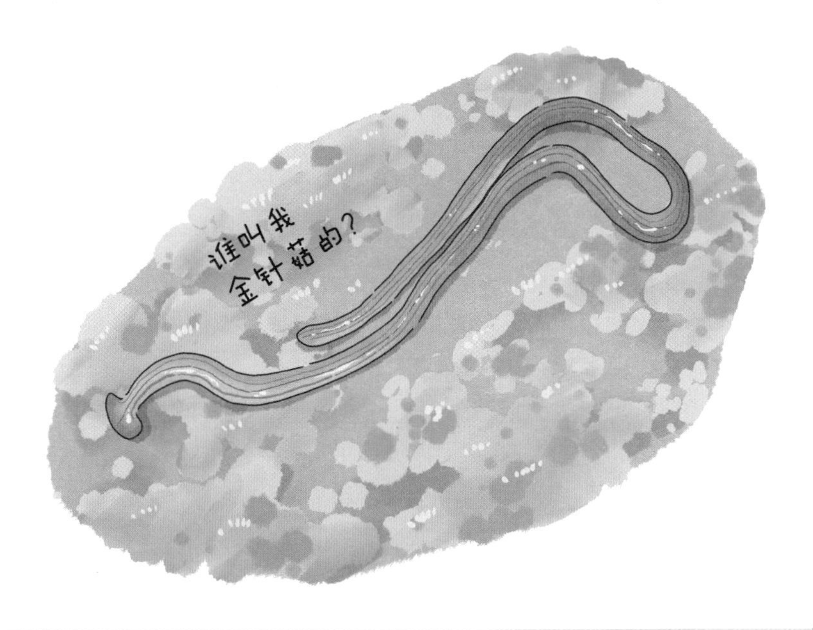

中文名：笄蛭涡虫

英文名：Land Planarian / Hammerhead Worm

学名：*Bipalium* spp.

分类：三肠目广头地涡虫科笄蛭属

蛱蝶用四条腿行走

蛱（jiá）蝶科是蝶类中数量最多的一科，学名为古希腊语“新娘”之意。全世界范围内有6000余种蛱蝶，分布范围相当广泛，除了在热带地区有着最高的多样性，在温带和寒带地区也有不同的蛱蝶出没。

蛱蝶体形通常为中型至大型，但也有体形迷你的种类。蛱蝶的翅面常常长有美丽色斑，但翅膀的背面通常颜色黯淡。这样，当这些蛱蝶静止时，可以与周边环境融为一体，不易被天敌发现。

蛱蝶与其他蝶类最大的差异，在于多数蛱蝶的两条前足已退化得又短又小，通常收缩在胸前，不能起到步行作用，蛱蝶只依靠中足和后足行走，因此又被戏称为“四条腿的蝴蝶”。

蛱蝶的卵，形状或长或圆，颜色或艳或黯，在蝶类中最为多样化。蛱蝶的“口味”也多变：一些种类以吸食花蜜为主；其他种类可能取食植物汁液、腐烂的水果，甚至是动物的排泄物与尸体。

成蝶可以存活6～11个月之久，可称得上是蝴蝶中寿命较长的一类了。

中文名：蛱蝶　　学名：Nymphalidae

英文名：Brush-footed Butterfly　　分类：昆虫纲鳞翅目蛱蝶科

蜉蝣不吃不喝，全靠“存货”续命

蜉蝣，泛指蜉蝣目下 40 余科 400 多属超过 3000 种的昆虫。它的成长史除了包括一般昆虫具有的卵、幼虫（蜉蝣为稚虫）和成虫之外，还多了一个“亚成虫”环节。亚成虫指的是蜉蝣末龄稚虫在蜕皮之后和羽化为成虫之前的状态。

蜉蝣稚虫只能生活在水中且对水质要求极高，是水质检测指标性昆虫。它们靠身体两侧的气管鳃呼吸，要经历 20 ～ 40 次蜕皮并在水下蛰伏数月甚至 1 ～ 3 年后，才能正式变身成虫。

蜉蝣成虫的口器退化，不吃不喝，只靠之前积蓄在体内的能量续命，少则几小时，多则几天。难怪中文里形容蜉蝣是“朝生暮死”，而耿直的德国人干脆把蜉蝣称为 Eintagsfliege，字面直译为“一日之蝇”。这段时间内，它们唯一需要抓紧的就是在空中集群“婚飞”交配。交尾产卵后，雌雄成虫就双双“扑街”而死。这多数发生在北半球的五月，因此英语中把蜉蝣叫作 mayfly，意即“五月的苍蝇”。

中文名：蜉蝣
学名：Ephemeroptera
英文名：Mayfly
分类：昆虫纲蜉蝣目

镇海棘螈用自己的肋骨当武器

镇海棘螈为蝾螈科棘螈属下的三个物种之一，是我国特有物种，也是浙江省独有的特色两栖动物，目前仅在宁波北仑区某林场范围内分布。

镇海棘螈全长 12 ～ 15 厘米，雌性略大于雄性。喜爱在阴暗潮湿、雨量充沛的山地阔叶林中的浅水池坑中栖息。它们白天一般隐藏在石块下躲避敌害，夜间再外出活动觅食。当受到外界刺激时，镇海棘螈会紧闭双眼，头尾翘起，四肢上翻，仅以腹部着地，露出身体下侧的橘黄色斑块，切换为假死模式。如果敌人仍不退却，它们会将肋骨末端通过身体两侧的瘰疬（luǒ lì）伸出皮肤表面进行自卫，这是棘螈属物种独有的防御机制。

根据宁波北仑区政府数据，自 2018 至 2023 年 8 月，研究人员已成功繁育镇海棘螈 1700 多尾。但保护之路依然任重道远。

中文名：镇海棘螈　　学名：*Echinotriton chinhaiensis*

英文名：Chinhai Spiny Newt　　分类：有尾目蝾螈科棘螈属

蜂猴可爱但有毒

蜂猴是懒猴科蜂猴属下的一个物种，又叫孟加拉蜂猴，属于灵长目中一个十分原始的类群——原猴类。顾名思义，原猴，就是相对原始的猴子。

蜂猴生活在中国云南部分地区、广西南部以及东南亚的热带和亚热带原始丛林中。蜂猴眼睛大，身体胖，毛茸茸，尾巴短得几乎看不见，行动起来缓慢得像是慢镜头，一分钟动不了两米远，通常在夜间活动。

虽然长着一副“呆萌”可爱、人畜无害的模样，但可千万别被蜂猴这副可爱的样子给骗了：这小家伙居然是一种有毒的灵长类动物！受惊时，蜂猴会将前肢高举过头，猛舔肘下的毒腺，毒腺分泌物与蜂猴的唾液一经混合就成为毒性很强的毒液，足以杀死一些小型动物。对于人类，这毒液虽不致死，但引起的过敏反应足够令人疼痛不已。

中文名：蜂猴　　学名：*Nycticebus bengalensis*
英文名：Slow Loris　　分类：灵长目懒猴科蜂猴属

中华虎凤蝶靠马兜铃传宗接代

中华虎凤蝶是中国特有的蝴蝶，国家二级保护动物，粗壮的身躯配上黑黄相间的翅膀，色调酷似一头猛虎。

中华虎凤蝶一年只繁殖一代，“蝶中虎”对产房特别挑剔，必须是有毒性的马兜铃科细辛属植物，如杜衡和细辛。因此，保护好这两种植物发育生长的自然环境，是中华虎凤蝶种群保持稳定的关键。

每年惊蛰前后，杜衡和细辛破土而出，中华虎凤蝶也在此时破茧成蝶；3 月下旬至 4 月初，它们被这两种植物的香气吸引，在叶片上产下晶莹剔透的淡绿色卵;4 月中上旬，幼虫破壳啃食叶片，“出生地”秒变“口中餐”；4 月下旬至 5 月初，幼虫化蛹，进入长达 300 天左右的蛹期；直到次年 3 月，下一代成虫出现，开启新一轮生命周期。

中华虎凤蝶在长江中下游地区诸多省份均有分布，其中江苏省南京市的老山、汤山、牛首山、紫金山和栖霞山都是中华虎凤蝶的优秀观测地点。

中文名：中华虎凤蝶
学名：*Luehdorfia chinensis*
英文名：Chinese Luehdorfia
分类：鳞翅目凤蝶科虎凤蝶属

中国大鲵会隐身突袭

近年来，借助先进的分子 DNA 技术，科学家们发现，产于中国的大鲵至少可分成中国大鲵、江西大鲵和华南大鲵三个独立种。而中国大鲵是分布范围最广也最为人所熟知的一种。它们是两栖动物中的“巨无霸”，体长至少能有 1 米，最大个体可为 2 米左右。

大鲵主要以蟹、蛙、鱼、虾以及水生昆虫等为食。它们常栖息于溪河深潭内的岩洞、石穴中，夏秋季节，也在白天上岸觅食或晒太阳。常趁夜间在水底潜伏不动，见猎物游过，突然张嘴捕食。唐代文人段成式在笔记小说《酉（yǒu）阳杂俎（zǔ）》中记载：鲵鱼，四足，长长的尾巴，能上树。天旱会含水上山，隐身在草叶下，张开嘴巴，等待小鸟来饮水，就一口吞了。古人的描述略有夸张，但大致如此。

中文名：中国大鲵

英文名：Chinese Giant Salamander

学名：*Andrias davidianus*

分类：有尾目隐鳃鲵科大鲵属

西藏温泉蛇冷热不侵

常规认知中，蛇是个喜暗怕明、“见不得光”的生物，虽说它们作为冷血的变温动物，确实需要晒太阳“充电”后才能“满血”，但要说一条生活在雪域高原的蛇喜欢泡热水澡和洗温泉，这不符合常理的习性只怕令人难以置信。

青藏高原形成于印度板块和欧亚大陆板块剧烈的碰撞，这给高原带来了地热资源，温泉就此出现。温泉把地心热量直接带到地表，因而温泉附近的地表、土壤等温度都普遍偏高。

温泉蛇属物种约在2800万年前青藏高原隆升早期时分化形成。如今，西藏温泉蛇主要分布在雅鲁藏布江中下游地热资源丰富的地区，包括拉萨、日喀则、林芝等地。

其实，西藏温泉蛇不会真的长时间在温泉里泡着，而是更擅长利用温泉周边较为温暖的环境如石堆、草甸等提升体温后，再进入温泉附近的冷水区域，捕食鱼、蛙等。

中文名：西藏温泉蛇

英文名：Bailey's Snake

学名：*Thermophis baileyi*

分类：有鳞目游蛇科温泉蛇属

仙琴蛙的叫声像弹琴

唐时，李白在峨眉山万年寺与精通乐理的广浚（jùn）禅师吟诗抚琴，相处甚得。大诗人赋诗曰：“为我一挥手，如听万壑（hè）松。”相传禅师抚琴时，总有位身着绿衣的美丽姑娘前来倾听。禅师便也时不时传授她两手琴技。

禅师圆寂后，寺后的水池在夏日晚间常发出悠扬的乐声。僧人们惊奇地发现，这乐声居然是蛙鸣声声。这才醒悟：那学琴的绿衣姑娘是青蛙变的！她熟记下禅师的琴韵，教给了整个蛙群。故此，这蛙儿便得了个大名——仙琴蛙。

故事虽是传说，蛙声却真实不假。仙琴蛙是中国特有蛙类，见于四川、云南和贵州。成蛙通过声带的振动和喉下一对巨大的声囊产生共鸣，发出如同拨弄琴弦一般，类似金属音“噔，噔，噔，噔”的鸣声，每次3～4声。这动听的“琴声”，正是仙琴蛙们为求得伴侣而进行的演奏。

中文名：仙琴蛙

英文名：Emei Music Frog

学名：*Nidirana daunchina*

分类：无尾目蛙科琴蛙属

高山兀鹫并不爱吃鲜肉

高山兀（wù）鹫生活在青藏高原及其临近的高海拔山系，它的属名*Gyps*一词，来自古希腊语鹰头狮身兽的名称griffin。

兀鹫，怪兽，足以令人想到高山兀鹫那巨大的身躯和将近2米的翼展是多么气场十足。确实，它们与南非兀鹫一起，共享了欧亚非大陆体形最大的兀鹫称号。

不丹和尼泊尔地区的高山兀鹫每年隆冬繁殖，来年年初产卵，春末夏初孵化。入夏，不参与育幼的个体就前往中国西北部乃至蒙古国“过暑假”。这意味着它们必须飞越喜马拉雅山脉，因而它们被藏族同胞歌唱为“披着霞光”的“神鹰”。

高山兀鹫虽是猛禽，但并不爱吃鲜肉。它们最中意的食物其实是各类动物的尸体。它们胃中的酸碱值（pH值）高达1.0，可以轻松消化尸体甚至是骨头。这个习性对维持雪域高原的环境卫生至关重要，因此，它们得了个“高原清道夫”的称号。

最佳高山清洁工

中文名：高山兀鹫　　学名：*Gyps himalayensis*

英文名：Himalayan Vulture　　分类：鹰形目鹰科兀鹫属

黑颈鹤是世界唯一的高原鹤类

“洁白的仙鹤，请把双翅借我，不会远走高飞，到理塘转转就回。”达赖六世仓央嘉措一生不曾离开青藏高原，所以这诗中的“仙鹤”正是全世界唯一的高原鹤类——黑颈鹤。

全世界共 15 种鹤类，中国就有 9 种，黑颈鹤就是其中之一。

平时，黑颈鹤生活在川西的若尔盖湿地和青海湖边。深秋后，为了追求温暖的“诗和远方”，黑颈鹤飞向海拔更低的南方越冬地。贵州草海、云南昭通、西藏林芝，都是它们的远方。在那里，养精蓄锐，修身养性。来年春天原路返回故乡，或在金黄的油菜花丛中，或在水草丰盈的湿地边，拿出十足的文艺范儿，先引吭高歌，再翩翩起舞。若是你有情我有意，便正式成为结发夫妻，过起出双入对的婚姻生活。

在传闻中，黑颈鹤一旦配对便绝无二心，终生不渝，然而传闻终究不是现实：四川大学研究人员在 2017—2020 年四年间对四川若尔盖湿地自然保护区黑颈鹤种群的观察记录显示，在同一繁殖季被记录到两枚卵的巢中，“婚外受精卵”的比例为 16.6%（30 枚卵中有 5 枚为“婚外受精”）。对待科学，严谨为要！

中文名：黑颈鹤　　学名：*Grus nigricollis*

英文名：Black-necked Crane　　分类：鹤形目鹤科鹤属

鼩鼱喜欢咬着尾巴排队走

在动画片《黑猫警长》中，黑猫警长当场逮捕了一群尾巴连尾巴的“搬仓鼠”。仔细一审，才知摆了乌龙：这群看似老鼠的小家伙叫作鼩鼱（qú jīng），跑到粮仓里不但没偷米，反而抓住了几条蛀虫。

鼩鼱是个大家族，光中国就有20余种。它们的外形很像老鼠，但老鼠只有门齿和臼齿，犬齿及前臼齿都已退化，而鼩鼱口吻较长，四齿俱全，眼睛却退化成了豆豆眼，主要靠敏锐的听觉和嘴部的胡须感知周围环境。由于眼神不好，母鼩鼱带着宝宝们外出时，干脆让它们一个接一个咬着尾巴走，难怪黑猫警长一提溜就是一串儿。

鼩鼱个头小，食量却大得惊人。由于新陈代谢奇快，吃就成了它们的首要问题。它们最爱吃蚯蚓、蠕虫和各类昆虫，种子和果实也没问题，每天吃掉的食物重量几乎与自身体重相当，甚至更多！这疯狂的胃口，再加上嘴里长着能分泌毒液的毒腺，能让虫子们“一口瘫”，让鼩鼱成为节肢动物们的终结者！

中文名：鼩鼱
英文名：Shrew
学名：*Sorex* spp.
分类：劳亚食虫目鼩鼱科鼩鼱属

马来豪猪的本质其实是带刺的鼠

马来豪猪的外形好似一只缩小版的家猪，体肥腿短，眼细耳小，可满身的棘刺，又像极了放大几倍的刺猬。它的头、颈、肩部的刺细细短短，后半身的刺又粗又长，而尾巴上的管状刺又与身体上的尖刺形态不同，顶端膨大成空心小铃铛，走起路来互相撞击，咔嗒作响。

身上长“豪”，体形如“猪”，谓之“豪猪”。巧合的是，英语中“豪猪”一词，也由拉丁语“猪”“刺”二词的词根组成：porcupine。虽然处处有“猪”，但三瓣嘴和大板牙却暴露了它的本质：不是一头扎人的小猪，而是一只带刺的鼠！从分类上更接近豚鼠！

友情提醒：豪猪攻击敌人时是直接掉转身体撞击，而不是像传闻那样将刺射向对手。豪猪的棘刺本质上是一簇簇硬化的体毛——世上哪有能够任意发射体毛的兽类呢？

中文名：马来豪猪　　学名：*Hystrix brachyuran*

英文名：Malayan Porcupine　　分类：啮齿目豪猪科豪猪属

黄喉貂热衷于吃蜂蜜

《西游记》中的黄风怪看似无能，实则却靠着“吹风机”将孙悟空和猪八戒逼得节节败退，这妖怪便是“黄毛貂鼠”幻化而成。

“黄毛貂鼠”究竟是貂还是鼠？老鼠打洞还行，“放风”可没听过。所以，这是个貂？有眉目了：貂属于鼬科动物，鼬科动物多半都有发达的肛门腺，一旦大事不妙，就从腺体中放出刺激性液体（注意不是从消化道中施放臭气），熏晕对手，自己借机逃脱。

中国的貂很多，但几乎遍布全国、身带黄色又最有名气的，应该就是黄喉貂了。它们长着标志性的黄色喉斑，喜欢集成三两只的小群活动。通常捕食鼠类和小鸟，但集体出猎时，能猎杀比自己大的猎物，如小鹿，甚至猕猴。虽然是性情凶狠的食肉动物，但除了肉，黄喉貂还爱吃甜的东西，比如蜂蜜，因此人们又叫它“蜜狗子”。

中文名：黄喉貂　　学名：*Martes flavigula*

英文名：Yellow-throated Marten　　分类：食肉目鼬科貂属

亚洲小爪水獭喜欢带壳的，不喜欢带鳞的

亚洲小爪水獭是水獭中体形最小的一类，身长连头带尾也不过 75 厘米左右，体重不超过 5 千克。比起欧亚水獭，当真称得上迷你。

亚洲小爪水獭的爪退化明显，几乎已经只剩下了肉乎乎的“手指头”，而手指之间的蹼也不如其他水獭发达。正因为指甲太秃，不太容易和其他水獭一样抓着滑溜溜的鱼用牙咬，所以亚洲小爪水獭在选择食物上也是另辟蹊径。鱼不是难抓吗？那就主攻虾、蟹、蚌、螺、蛙，甚至水生昆虫这些手拿把攥的呗！更喜欢甲壳类而不是鱼类，这是除了体形之外，亚洲小爪水獭与其他“獭兄獭弟们”的重大区别。

亚洲小爪水獭曾经在我国南方与西南多个地区分布，但如今只在云南西部与海南个别地点还有确认记录。它们喜爱的湿地与沼泽小水体遭到破坏，可能是它们数量变少的一个重要原因。

中文名：亚洲小爪水獭
学名：*Aonyx cinereus*
英文名：Asian Small-clawed Otter
分类：食肉目鼬科小爪水獭属

熊狸闻起来很像奶油爆米花

在东南亚的热带雨林里，有时会忽然闻到一股浓郁的奶油爆米花味道。可是周围绝对没有零食摊，那这味道是从何而来呢？再一抬头，高高的树上有个奇怪的动物，一身灰黑色的粗厚皮毛，一张少了花纹的浣熊脸，四条壮实的粗腿，一条长长的尾巴。这是个什么动物？

东南亚当然没有浣熊，这种“大杂烩”式的怪奇物种，叫作熊狸。它是灵猫科动物，和果子狸是一家人。英语中又叫它 bear cat，意思是“熊一样的猫”。

熊狸虽然粗壮但并不凶猛，你完全可以把它当成一条会爬树的大猎狗。它们的尾巴能够缠绕盘卷，这可是灵猫家族独一份的功夫。

至于丛林里的爆米花气味，其实来源于熊狸的体腺分泌物和尿液。科学家也确实通过分析发现，熊狸尿液中的某些成分也同样存在于真实的爆米花之中，所以，叫熊狸一声“天然的爆米花制造机”也不过分吧！

中文名：熊狸
英文名：Binturong
学名：*Arctictis binturong*
分类：食肉目灵猫科熊狸属

野牦牛脾气大得很

沿青藏公路自驾时，当地牧民常会牵着一头眼大毛长犄角尖的牛，举着“收费合影”的牌子，等待大家下车拍照。若问这个是啥，他们会告诉你：“毛牛！”

毛牛？长着长毛的牛？所谓“毛牛”，实为“牦牛”。家养的牦牛称为家牦牛。在平均海拔 4000 多米的青藏高原，家牦牛是畜力以及皮、毛、奶、肉的来源，连牛粪都是燃料。家牦牛真是牧民之宝。

与家牦牛迥然有别的是野牦牛。野牦牛通常在青藏高原人迹罕至的高山草原间集群活动，靠着又大又圆的蹄子发力，靠从颈部到胸腹部下垂的粗厚长毛保暖。它们甚至可以迁徙到海拔 5000 米左右的雪线附近，取食其他食草动物难以获得的植物。

家牦牛温良恭俭，野牦牛却狂放不羁，若被刺激，它们绝少当逃兵，反而挺起利角，发力猛追。曾有过野牦牛把骑马的科学工作者连人带马掀翻的记录，尤其是“单身牛”更加危险。

中文名：野牦牛　　学名：*Bos mutus*

英文名：Wild Yak　　分类：偶蹄目牛科牛属

赤狐基本上见啥吃啥

要说最有存在感的中小型犬科动物，那一定是俗称“狐狸”的赤狐了。中国经典小说《聊斋志异》和法国民间故事集《列那狐传说》中的赤狐形象均深得人心；20世纪的电影《佐罗》中，法国影星阿兰·德龙饰演的大侠“佐罗”的名号来自西班牙语“狐狸”（zorro）一词；2016年，英格兰足球超级联赛冠军莱斯特城队的标志也是赤狐……

在几乎整个欧亚大陆，从炙热的沙漠到极寒的冻土层，从海拔4000多米的高地到人类居住的城镇，赤狐都能生存。它们智力高，体格强，身手健，视力、听觉、嗅觉均很发达，尤其听觉更为敏锐，甚至能听见鼠类在地下挖洞的声响。

论吃，赤狐是典型的杂食性机会主义者，基本见啥吃啥，靠近城市的赤狐甚至学会了翻垃圾箱找吃的。吃肉的时候，赤狐并不细嚼慢咽，而是用裂齿（肉食动物上颚每侧的第四前臼齿和下颚每侧的第一臼齿构成的一对用来切剪食物的特化牙齿）把肉撕成小块后直接吞下。

中文名：赤狐　　学名：*Vulpes vulpes*

英文名：Red Fox　　分类：食肉目犬科狐属

獐无论雌雄都不长角

全世界鹿科动物中，鹿角几乎是所有雄鹿的专享。只有两个例外：高调的驯鹿，无论雌雄都生有一对美丽的大角；而獐，是一个反其道而行之的低调特例——无论雌雄都不长角。

李时珍在《本草纲目》中写道："獐，秋冬居山，春夏居泽。似鹿而小，无角，黄黑色，大者不过二三十斤。雄者有牙出口外，俗称牙獐。"

李大夫这段话，把獐的习性全写清楚了。它是个既喜欢山地森林，又喜爱沼泽湿地的"两栖鹿"。南京紫金山，近年就有不少獐的目击记录。但其实老南京们的另一句话"八卦洲的獐，紫金山的狼"讲得更明白：獐们对临近水域、有草有泥的湿地，情有独钟。尤其喜欢在水里一边泡澡一边吃饭。英语中都直接叫它 Chinese water deer ——但千万别望文生义翻译成"中国水鹿"，那是另一种鹿！Chinese water deer 必须翻译为"獐"。

雄獐的一对獠牙可长达 8 厘米，但完全没法用以御敌，也就只能在求偶时竖起来和其他情敌打一架罢了。

中文名：獐　　**学名**：*Hydropotes inermis*
英文名：Chinese Water Deer　　**分类**：偶蹄目鹿科獐属

麋鹿是个“四不像”

《封神榜》中姜子牙的坐骑是一头“四不像”，而麋鹿也因为脸似马、蹄似牛、角似鹿、尾似驴而被称作“四不像”。

麋鹿作为中国特有的物种，数量曾一度可观，但后来由于气候变迁与人类活动等因素逐渐减少，时至晚清，只有北京南海子的皇家猎苑里还养着最后一群麋鹿了。

1866 年，法国生物学家谭卫道神父将取得的麋鹿皮张和头骨寄回法国，经鉴定其为一个全新的鹿种。麋鹿被喜好者引入欧洲的园林，在祖籍地中国竟然消失殆尽。1898 年，英国十一世贝德福德公爵将流散在欧洲各地的麋鹿全部购回，放养于自己家族的乌邦寺，挽救了麋鹿的血脉。20 世纪 80 年代，贝德福德家族分三期向中国送回了近 80 头麋鹿，先后放养于北京南海子麋鹿苑。

麋鹿不爱山林爱湿地，喜欢在泥水中打滚，食用水生植物。求偶期间，雄鹿会把水草等杂物挑在角上对雌鹿展开热烈追求。

中文名：麋鹿
英文名：Père David's Deer / Milu
学名：*Elaphurus davidianus*
分类：偶蹄目鹿科麋鹿属

红腹锦鸡的尾羽超过体长一倍多

中国陆地疆域的形状酷似一只傲立东方的雄鸡，而我国也的确是出产 60 余种雉类的世界雉类王国。其中近 20 种中国特有雉鸡都是鸟中“大咖”。红腹锦鸡，就是“巨星天团”成员之一。

红腹锦鸡俗名“金鸡”，产于中国中西部多个地区 2500 米以下山区的阔叶林、针阔叶混交林和针叶林中，陕西南部的秦岭是它的核心分布区，陕西省宝鸡市的名字就得于此。

雄性红腹锦鸡头顶大背头式的鲜黄色羽冠，后颈上长有橙褐色镶黑边的披肩状扇形羽，从喉到胸再到腹部鲜红，上背铜绿，下背金黄，黑色带斑点的尾羽超过体长一倍多。春暖花开时，雄鸡面向雌鸡展开“披肩”，展示出背部的金色羽毛，踏着舞步围绕雌鸡急速行走。若雌鸡对它一见钟情，双方就此喜结良缘。

中文名：红腹锦鸡　　学名：*Chrysolophus pictus*

英文名：Golden Pheasant　　分类：鸡形目雉科锦鸡属

雄林麝有香，雌林麝无

《聊斋志异》里有一篇《花姑子》，讲的是花姑子为报答有救父之恩的书生安幼舆，在书生身患重疾时，以奇香之药和按摩理疗相救。故事里的花姑子姓章，她自述书生五年前放生一头被猎的獐就是她的父亲。美丽的花姑子“无处不香”。看来，花姑子是香獐子现身了。

麝香传家宝！
传男不传女！

香獐子是民间的叫法，中文名为“麝”。麝是麝科麝属7个物种的统称。雄麝腹部的香腺分泌物干燥凝结后，就是麝香。雄麝有香，雌麝无。花姑子应该是取老父亲的麝香，救书生起死回生的。麝没有角，有着圆耳朵、短尾巴、小长腿和小獠牙。外形和属于鹿科的獐极为相近，常被俗称为“香獐子”。

七麝中最娇小的林麝，身居密林，性情胆怯，谨小慎微，擅长“跑酷”，能依靠蹄子灵活地攀岩上树。

中文名：林麝

英文名：Dwarf Musk Deer / Chinese Forest Musk Deer

学名：*Moschus berezovskii*

分类：偶蹄目麝科麝属

姬猪是全世界最小的猪

姬猪是当今全世界体形最小的猪科物种，成年个体肩高只有40厘米，体长不过80～100厘米，体重仅仅在6～10千克，尾巴连3厘米都不到。虽然雄性姬猪和“庞然大猪”一般的北方“亲戚”欧亚野猪一样有着突出口外的獠牙，但从块头上看，活脱是个娇小可爱的迷你小猪了。

英国博物学家布莱恩·霍奇森（Brian Hodgson，1800—1894）于1847年在当时的锡金王国（现印度锡金邦）正式发现姬猪，并认为它是猪属的成员。但直到2007年，通过分子鉴定，生物学家才为姬猪确立了全新的分类单元——姬猪属。

姬猪曾一度分布于印度东北部的北方邦、阿萨姆邦，以及尼泊尔、孟加拉国等国，但现在只有阿萨姆邦的玛纳斯国家公园还有不到300头的姬猪分布。它们喜欢在靠近湿地的高草丛中活动觅食，还会给自己在草丛中挖出小壕沟，铺上干草和植物作为卧室。

中文名：姬猪
英文名：Pygmy Hog
学名：*Porcula salvania*
分类：偶蹄目猪科姬猪属

鸳鸯是个浪得虚名的伪爱情鸟

从古至今，以鸳鸯为主题的诗词歌赋不计其数，大致都是两个主题：“翠翘红颈覆金衣”，赞叹容貌美丽；“滩上双双去又归”，颂扬忠贞爱情。

鸳鸯在古书中最早叫作“鸂鶒”（xī chì）或“紫鸳鸯”。鸳鸯本是另一种鸭科鸟类赤麻鸭。鸂鶒随着“紫”色而人气见长，民间逐渐省去“紫”字而直呼“鸳鸯”。如今，鸳鸯之称，早已是将错就错，习以为常了。

鸳鸯是候鸟，在中国东北地区繁殖，会在华南地区越冬。雌鸟一生羽色灰褐，没有光彩。雄鸳鸯在繁殖期间羽色五彩斑斓，华丽动人。可繁殖期一过，立马和伴侣“分手”，进入蚀羽期。此时，无论雌雄，都是羽色灰白，黯淡无光。安能辨我是雄雌？看嘴——雄鸳鸯是红嘴，雌鸳鸯是灰嘴。无论羽毛怎么变，嘴巴不会变。

既没有一生只爱一个的痴情，也不是永远“高颜值”的华丽，这才是鸳鸯的“真我”。

中文名：鸳鸯
英文名：Mandarin Duck
学名：*Aix galericulata*
分类：雁形目鸭科鸳鸯属

长着奇怪脚丫的小䴙䴘

小䴙䴘（pì tī）是中国最为常见的水鸟之一，在我国东部大部分开阔水域中都能见到，但人们往往叫不准它们的名字：小䴙䴘。它们羽毛蓬松，体形娇小，身长一般只有 25 ～ 30 厘米，嘴巴末端带着一个小弯钩。

小䴙䴘擅长潜水，为了躲避天敌或捕捉鱼、虾、水生昆虫等，它们会一个猛子扎进水里，在水下停留十几秒再一头露出水面。老百姓看它像王八（即中华鳖）一样会潜水，又戏称它为“王八鸭子”。

小䴙䴘的足部很特别，趾上有蹼，便于游水，但却不是鸭子脚上那种全蹼，把趾与趾之间完全连接起来，而是每个趾上分别有蹼，呈叶瓣形状分开，叫瓣蹼足。

初春时节，小䴙䴘们在水上用水草建筑起浮动的巢穴用于育雏。破壳而出的小小䴙䴘天生就会游水，但爸爸妈妈有时还是会把它们背在身上。

中文名：小䴙䴘　　学名：*Tachybaptus ruficollis*

英文名：Little Grebe　　分类：䴙䴘目䴙䴘科小䴙䴘属

东北虎的食量大得惊人

全世界原有 9 个虎亚种，而中国也曾拥有东北虎、华南虎、孟加拉虎、印支虎和里海虎 5 个虎亚种，堪称世界第一产虎大国。但如今华南虎已野外灭绝，孟加拉虎和印支虎也鲜有记录，产于我国东北和俄罗斯远东地区的东北虎也就成了国人印象最深的一种虎。

最大的雄性东北虎体长可达 2.2 米，体重在 300 千克以上。它们是领地性极强的动物，野外的活动范围可能超过 100 平方千米。东北虎最偏好的猎物是马鹿和梅花鹿之类的大型有蹄类动物，它们常采用伏击策略捕猎，往往在隐秘跟踪、接近猎物后迅速出击，一爪击倒后咬住喉咙令它们窒息。东北虎的食量极大，一次可以吃下 30 千克的肉。

位于吉林和黑龙江两省交界处的东北虎豹国家公园建立以来，中国的东北虎监测保护工作颇见成效。根据 2024 年的数据，我国现存野生东北虎已有 70 只左右。

中文名：东北虎
英文名：Siberian Tiger
学名：*Panthera tigris altaica*
分类：食肉目猫科豹属

伊犁鼠兔看着像鼠，其实是兔

美国《国家地理》官方社交媒体曾发布过一张动物图片，收获了高达 19 万次点赞，这是何等神物，竟有这般人气？点开图片细看，只见里面出现了一只圆圆胖胖的“大老鼠”，一脸“呆萌”地趴在高山之巅。如此憨态可掬的外形，难怪收获了世界人民的喜爱。

虽然看起来像老鼠，但它们可是货真价实的兔子。伊犁鼠兔属于兔形目鼠兔科，是中国 20 余种鼠兔中耳朵最大、后足最长的一种，也是中国特有的一种鼠兔。

1983 年，时任新疆伊犁地区防疫队成员的学者李维东老师在尼勒克县吉里马拉勒山发现了它，但随后由于栖息地丧失等原因，伊犁鼠兔的数量日益减少，甚至曾经近 10 年未见。目前，只在新疆精河县和天山一号冰川两处海拔 3000 ～ 4000 米、总面积不到 2 万平方千米的高山裸岩区域，还有不到 1000 只可爱的小家伙每日来回奔走，寻找山崖上的天山雪莲、红景天、金莲花等补充营养，艰难求生。

中文名：伊犁鼠兔

英文名：Ili Pika

学名：*Ochotona iliensis*

分类：兔形目鼠兔科鼠兔属

白头叶猴是首个由中国人科学描述的灵长类动物

1952 年，当时任职于北京动物园的生物学家、动物工作者谭邦杰（1915—2003）先生在广西崇左出差时，无意发现了一张头部和尾尖呈白色，而其余身体部分均为黑色的猴皮。他意识到这可能是一种从未记录过的动物，便一边设法捕捉活体，一边全力查阅资料并写成报告递交世界自然保护联盟（IUCN）。5 年后，谭先生的发现终于被肯定：这确实是一个全新物种，中文名正式定为“白头叶猴”，是首个由中国人科学描述的灵长类动物。

白头叶猴是中国特有物种，分布地仅限于广西左江以南和明江以北的崇左市 4 个县的喀斯特地貌岩溶山地间，活动范围几乎从不离开山体间的峭壁和石洞。目前总数 1400 多只。

初生和幼年时期的白头叶猴遍体金黄，闪烁耀眼。长大后，毛色转变为和父母一样的黑白两色。

它们是素食主义者，主食植物的叶片和嫩枝，而不太爱吃水果。

中文名：白头叶猴
学名：*Trachypithecus leucocephalus*
英文名：White-headed Langur
分类：灵长目猴科乌叶猴属

缅甸蟒可以吞下比自己的头大很多的猎物

缅甸蟒分布于中国南方多个省份与东南亚各国，是中国唯一出产的蟒蛇，也是中国境内最大的蛇类。大部分成年蟒体长 3 ～ 4 米，体重可达 90 千克。

缅甸蟒栖息于植被茂密的山林中，白天常潜伏在水中或趴伏于树上，夜间在地面活动。捕猎时，它凭借强大的缠绕能力将猎物紧紧盘卷至窒息，随后通过上下颌之间以上颞骨和方骨相连接的“悬器”将嘴张开到最大约 130°，再将下颌两端分离，同时辅以上下颌的牙齿做出的铰链式交替动作，将食物“左一把，右一把”拉进食道，以唾液润湿之后，收缩体壁的肌肉，完成整个吞咽动作。如果猎物够大，一条缅甸蟒可能一年之内都不用再进食。

缅甸蟒在中国俗称为“蟒”或“蟒蛇”，古称“巴蛇”“南蛇”，俗语中就有“贪心不足蛇吞象”一说。虽是极尽夸张，但也说明了蟒蛇那强大的缠绕力和惊人的吞咽力。

中文名：缅甸蟒
英文名：Burmese Python
学名：*Python bivittatus*
分类：有鳞目蟒科蟒属

个旧盲高原鳅的眼睛不见了

中国西南地区的云南、贵州、广西三地，分布着众多的岩溶洞穴，充斥着大量的地下水，其中生活着约 150 种洞穴鱼类，全部为我国特有物种。

这些鱼类生活史的全部或部分，需要在黑暗的洞穴或地下水环境中完成，它们具备明显的洞穴适应性特征，被称为典型洞穴鱼类。由于长年在暗无天日的岩溶洞穴这种极端环境中生存，它们的眼部高度退化，身体色素也褪去，但触须和侧线等其他感官进化得更加发达，成了鱼中“夜魔侠”——盲鱼。

1978 年在云南个旧市卡房乡芭蕉箐溶洞地下暗河中发现的个旧盲高原鳅，体长仅 4 ～ 5 厘米，全身无鳞，鱼鳍透明，眼部已完全退化，对光照毫无反应，只靠口部的触须感知外界振动，以浮游生物和水生昆虫为食。如果你拍击水面，它便会迅速逃窜。

中文名：个旧盲高原鳅
英文名：Gejiu Blind Loach
学名：*Triplophysa gejiuensis*
分类：鲤形目条鳅科高原鳅属

白鲟：灭绝的长江鱼王

四川渔民们有句俗话，“千斤腊子万斤象”。“腊子”指的是长江中的巨型鱼类中华鲟，“象”指的是什么呢？

长江曾是众多巨型淡水鱼的家园，其中包括匙吻鲟科的物种之一——白鲟。早在《礼记》中便记载了一种“鲔”（wěi），其中特大者“谓之王鲔”，鲔就是全世界最大的淡水鱼之一——白鲟。

白鲟，性情凶猛的肉食性鱼类，平均体长 2～3 米，体重 200～300 千克。动物学家曾记载体长 7 米，重量 908 千克的白鲟个体。它们是洄游性鱼类，栖息于长江中下游，每年 3—4 月，回到长江上游进行产卵。

近数十年来，由于水体污染、过度渔捕、航运发展、栖息地遭破坏、大量水电工程修建等因素，白鲟生存环境日益恶化，2003 年后再未见野生个体。2022 年，白鲟被世界自然保护联盟正式宣告灭绝。

中文名：白鲟
英文名：Chinese Paddlefish
学名：*Psephurus gladius*
分类：鲟形目匙吻鲟科白鲟属

川金丝猴不能吃甜食

全世界目前共有 5 种金丝猴：川金丝猴、滇金丝猴、黔金丝猴、怒江金丝猴和越南金丝猴。其中前 3 种仅在中国特有境内分布——但其实除了川金丝猴，剩下的 4 种并没有"金丝"。

当年，法国学者惊叹于川金丝猴美丽的金色毛发和俏皮的朝天鼻，遂将奥斯曼帝国在位最久的苏丹苏莱曼一世的金发翘鼻夫人罗克塞拉娜的芳名加入了它的学名。除了金色的皮毛，川金丝猴最大的特征便是一张蓝色的面孔和由于鼻梁骨退化形成的朝天鼻。正是由于特别的鼻子，金丝猴才被分入了仰鼻猴属——严格来说，"×× 仰鼻猴"才是更加正确的称呼。

金丝猴是典型的森林树栖物种，长年集成大群生活在湖北、四川、陕西、甘肃几省交界处海拔 1500～3300 米的森林中。它们的消化系统对树叶、松萝、枝芽等更容易接受，而并不适应人类的食物。如果遇到金丝猴，请千万不要用手中的甜食投喂！

中文名：川金丝猴　　学名：*Rhinopithecus roxellana*
英文名：Golden Snub-nosed Monkey　　分类：灵长目猴科仰鼻猴属

下口蝠鲼长得像大蝙蝠

蝠鲼（fèn）有着宽大的菱形风筝状身体，在海中伸展游弋时如巨大的蝙蝠，又像披开的斗篷，而头部前端两个由胸鳍特化而成的角状头鳍更让人联想到恶魔——它的俗称“魔鬼鱼”也正是由此而来。

下口蝠鲼仅分布于大西洋西部从美国北卡罗来纳州经加勒比海到南美洲阿根廷北部的沿海地带及大西洋东部的西非海域，是蝠鲼家族中的小个子，一般体宽仅有 1.3 米左右，体重也只有 100 千克上下。

下口蝠鲼外形吓人，其实却是种毫无攻击性的滤食性鱼类：它们会张着嘴在浮游生物中来回游动后“连菜带汤”一口喝下，再通过细密的鳃耙过滤水分，吃掉美食。

下口蝠鲼们多数时间安静优雅地在海中畅游，但有时也会见到它们鼓动胸鳍奋力一跃，“横空出世”跳出海面。究其原因，据说是为了甩脱身上的寄生虫和死皮，也有说法是纯粹为了锻炼身体。

中文名：下口蝠鲼

英文名：Lesser Devil Ray / Atlantic Devil Ray

学名：*Mobula hypostoma*

分类：鲼形目蝠鲼科蝠鲼属

绿孔雀和蓝孔雀不是一回事儿

“孔雀东南飞，五里一徘徊”，这里描述的“孔雀”是一种怎样的孔雀呢？

在中国，能见到的孔雀只有两种：蓝孔雀和绿孔雀。蓝孔雀是多数人认知中的孔雀，在全国广为饲养，但它们原产于印度、巴基斯坦、斯里兰卡等南亚次大陆国家，并非中国“土著”。绿孔雀才是唯一在我国分布的本土原生孔雀，目前主要分布于云南省元江流域的原生态季雨林河谷，在国外见于东南亚的缅甸、泰国、印度尼西亚等地。身为国家一级保护动物，绿孔雀“法相庄严”，曾在古代诗画中频繁出镜，它最大的特点是头顶的冠羽呈簇状，而不是蓝孔雀的扇状。

当前因栖息地遭到人为破坏等原因，绿孔雀在中国境内云南地区的野生种群数量仅为 550 ～ 600 只，已属极度濒危。是“孔雀东南飞，五里一徘徊”，还是“多谢后世人，戒之慎勿忘”？这是个问题。

中文名：绿孔雀　　学名：*Pavo muticus*

英文名：Green Peafowl　　分类：鸡形目雉科孔雀属

绿尾虹雉喜欢挖中药给自己吃

虹雉属虽只有三种，却是雉科鸟类中一个“颜值爆表”的类群，其中体形最大的便是中国特有鸟类——绿尾虹雉。绿尾虹雉分布于我国四川西部海拔 3000 ～ 4900 米的山地针叶林和高山灌丛，并边缘性见于云南西北部、西藏东部、青海东南部与甘肃南部。

成年雄性绿尾虹雉通体呈深蓝紫色，颈部呈金棕色，头部是金属光泽的绿色，顶部蓝紫色羽冠呈美丽的凤头状，在天空飞翔时光芒四射，如一道彩虹。相比之下，雌性绿尾虹雉则通体灰白，黯淡无光。

绿尾虹雉喜欢单只或结小群在高山草甸上用锐利的喙翻找食物。而它们最爱的一道菜，竟然是中药川贝枇杷膏里主要原料之一的百合科植物川贝母！也正因为这个独特的口味，当地老百姓形象地把它们称为“贝母鸡”——请注意断句：不是贝 / 母鸡，是贝母 / 鸡。

中文名：绿尾虹雉
英文名：Chinese Monal
学名：*Lophophorus lhuysii*
分类：鸡形目雉科虹雉属

东方白鹳不会叫，只能靠击打嘴壳发声

童话大师安徒生的《鹳鸟》生动记述了欧洲人认为鹳鸟是“送子神鸟”的民俗，还把鹳鸟如何筑巢，喜欢吃青蛙，会飞去埃及过冬等习性都写了出来，称得上是一篇科普性极高的文学佳作。

鹳鸟的大名叫白鹳。其中欧洲人喜爱的“送子鸟”长着红嘴巴，是西方白鹳；而在我国东北三江平原、松嫩平原和俄罗斯远东地区繁殖，冬天成群结队飞到渤海湾和长江中下游湿地越冬的“鹳雀”长着黑嘴巴，是我国国家一级保护动物东方白鹳。

常有人“鹤鹳不分”，两者都是嘴长、脖子长、腿长的大型涉禽，乍一看这哥儿俩着实挺像。但再细看，鹳比鹤矮一点儿，头上不红，嘴巴更宽，脚更红。最大的区别是鹳没有鹤的鸣管，根本不会叫，只能靠击打嘴壳发声，就像《鹳鸟》里写的那样：“把嘴弄得啪啪地响，像一个小拍板。”

中文名：东方白鹳　　学名：*Ciconia boyciana*

英文名：Oriental Stork　　分类：鹳形目鹳科鹳属

多齿新米虾是水族缸里的“清道夫”

“多齿新米虾”并不是个为人熟知的名字，但要说它的俗称“黑壳虾”，大家可能就恍然大悟了。黑壳虾其实是对匙指虾科尤其是米虾属和新米虾属成员的泛称，这其中多齿新米虾最为常见。

多齿新米虾广泛分布于东亚地区，长得极其袖珍，体长不过 2 ～ 3 厘米。雄虾的触须比雌虾长，雌虾的块头比雄虾大。它们生活在砂石质底的河流湖泊和水库里，常常躲藏在水草丛中、落叶堆内和石块下，一被惊扰就四散奔逃。

多齿新米虾很好养活，只要水里有足够的藻类和浮游生物，它们就能填饱肚子。如果实在没食物，那么其他水生动物的尸体和排泄物，也能让它们凑合一顿。因为这个“清道夫”的特性，多齿新米虾常被人们放在水族缸中作为清洁员使用。不过，热衷于清理的多齿新米虾自己也常常成为水螅、涡虫、一些水生昆虫、虾虎鱼、龟鳖和水鸟们的口中餐。

中文名：多齿新米虾
学名：*Neocaridina denticulata*
英文名：Japanese Swamp Shrimp
分类：十足目匙指虾科新米虾属

海星从不按常理吃饭

海星是对棘皮动物门海星纲下近2000个物种的统称，从潮间带到几千米深的海底，海星们几乎遍布世界各大海洋。

大多数海星有着5个角，当然也有长8个角甚至更多角的海星。这角的正式名称叫作管足，靠海星体内的水管系统驱动。海星利用一个叫作罍（léi）的器官改变水管中体液压力，以此完成管足的伸展和收缩并实现移动，原理类似液压机。海星的生命力极其顽强，被截肢甚至被切成两半后都能完整再生。

海星的肛门长在它们身体顶部的正中，而它们的嘴反而长在身体的底部。进餐时，海星不是用管足抓住食物往嘴里塞，相反，它们把胃从口中翻出来，包住猎物，再分泌消化液，把猎物“液化”之后大快朵颐。

海星能够吃掉大量的蛤蜊等贝类，甚至是珊瑚，令渔民颇为头疼。

中文名：海星　　学名：Asteroidea

英文名：Starfish　　分类：棘皮动物门海星纲

食蟹獴准时“上下班”

我国境内只产两种獴：小个子的是在中国边缘分布的红颊獴，大块头的是分布于南亚、东南亚（泰国、缅甸、越南）、中国华南地区和台湾岛内的食蟹獴。

食蟹獴全身体毛刚硬却蓬松，长长的尾巴配上硬挺张开的毛，远看活像一把移动的鬃毛刷子。在台湾地区，人们又称它为“膨尾狸”或“棕蓑猫”。顾名思义，食蟹獴嗜吃螃蟹，尤其是它们赖以生存的中低海拔常绿阔叶林间小溪中的各种溪蟹。同时，鱼、虾、螺、蛙、蛇，也都统统位列食蟹獴的“菜单”。

食蟹獴的生活离不开水，它们通常以家庭为单位生活，作息表与人类几乎同步：黎明即起，在林间溪涧和河岸边寻找早餐；午后少休片刻；黄昏前再次出动寻觅晚餐；吃饱了，天黑了，回到林间洞穴睡觉。日出而作，日落而息，十分规律。

中文名：食蟹獴

英文名：Crab-eating Mongoose

学名：*Herpestes urva*

分类：食肉目獴科食蟹獴属

竹节虫唯一的防御措施就是静止不动

竹节虫，大名䗛（xiū），它们最为拿手的好戏，就是模拟植物的枝叶，形态逼真，惟妙惟肖。若是它们静止不动，简直无法辨识。

竹节虫是一种柔弱的昆虫，它们既没有锹甲那样有力的大颚，也没有蜜蜂那样的毒刺，更不像气步甲那样会施放“毒气”，换言之，完全没有主动进攻的手段，所以它们唯一的自我防御措施，就只能是“以静制动”了。虽然竹节虫整天奉行“以不变应万变”的求生策略，但其实多数竹节虫有两对短小的翅膀，甚至有些竹节虫的翅膀展开后颜色还很鲜明，飞行时耀眼夺目，降落后翅膀一收，立即“虫间蒸发”。刚才还在追捕它们的鸟类，突然之间，除了“树叶”和“树枝”，一无所见。若真被抓住，它们还能殊死一搏，断足求生。如果顺利逃脱，脚还能长回来。

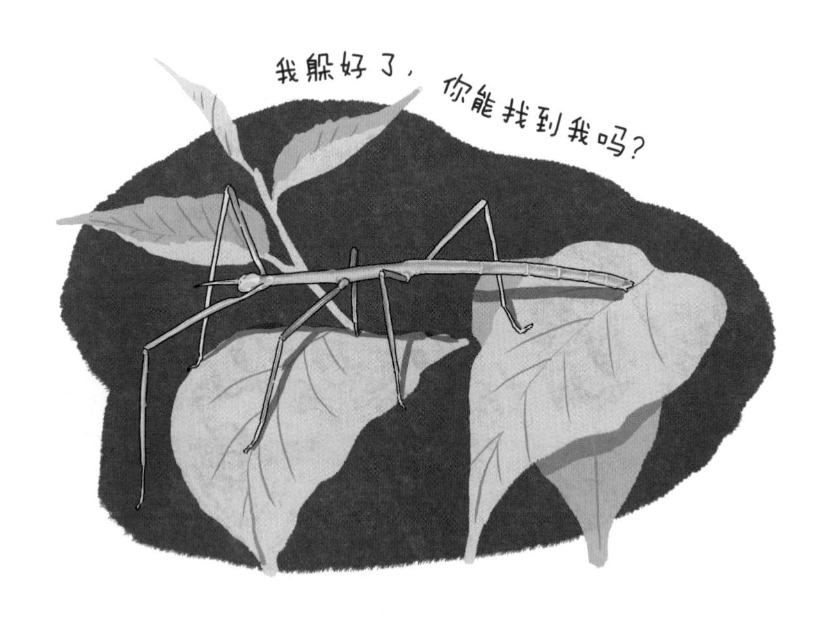

中文名：竹节虫 / 䗛
学名：Phasmatodea
英文名：Walking Stick
分类：昆虫纲竹节虫目

豆娘看似纤弱，实则“强悍”

豆娘，或统称螅（cōng），看起来酷似一只小型蜻蜓，但进一步细致观察，就会发现它们的不同。

蜻蜓体形硕大，豆娘体形娇小；蜻蜓的一对复眼合生或只是短距离分开，豆娘的两对复眼分得很开；蜻蜓的腹部相对粗而扁平，豆娘的腹部比较细瘦圆长；蜻蜓属于差翅亚目，两对翅膀形状不同，停栖时平展在身体两侧，豆娘身为均翅亚目，前后翅形状近似，憩息时叠合直立于背上；蜻蜓和豆娘的稚虫都生活在水中，也都叫水虿，但蜻蜓的水虿“土肥圆胖”，没有尾鳃，而豆娘的水虿则“纤细瘦长”，腹部长有三片尾鳃。

豆娘和蜻蜓一样，都是擅长“空战”的食肉昆虫，由于体形所限，它们更多捕食蚊、蝇、蚜、蚧壳虫、木虱等小飞虫，但饥饿的时候，豆娘甚至会直接捕食刚刚羽化、飞行力较弱的小豆娘和体形更小的同类。

中文名：豆娘 / 螅

英文名：Damselfly

学名：Zygoptera

分类：昆虫纲蜻蜓目均翅亚目

在猴王挑战中失败的猕猴会被彻底边缘化

不含我们人类，中国有 28 种灵长类动物。这一数据高居北半球第一，全世界第七。

灵长类包括猿和猴两大类。中国的 28 种猿猴里，有 7 种猿和 21 种猴。其中最有存在感的，就是猕猴了。猕猴在国外见于南亚次大陆和东南亚部分地区，在我国南方各省均有分布，几乎能适应各种气候条件与生态环境。《西游记》中，猪八戒到花果山时发现“面前有一千二百多猴子，分序排班，口称‘万岁！大圣爷爷！’”虽是戏说，但猕猴之多却是实实在在的。

一座花果山只有孙悟空一个头领，一个猴群也只有一只雄猴带头。雄猴用餐时有优先权，全群的雌猴都归属猴王。权力极大，但责任不小，若遭遇敌群伤害，猴王必须身先士卒、率先迎战。群内其他壮年雄猴想要挑战“群主”，必须硬碰硬地打上一架。挑战的结局是残酷的：胜者荣登王位，接管群内全部资源；负者将被永久“踢出群”或彻底“边缘化”。

中文名：猕猴　　学名：*Macaca mulatta*

英文名：Rhesus Macaque　　分类：灵长目猴科猕猴属

爱吃菌子的毛冠鹿

中国是全世界出产鹿类动物最多的国家，从巨大的驼鹿到迷你的小鹿都有出产。其中，鲜为人知的毛冠鹿是毛冠鹿属下的唯一一种，广泛分布于中国西南至东南大片区域的高山林区，现基本上可认为其是中国特有鹿种，中国境外只在缅甸东北部靠近中缅边境的地方有过数次历史记录。

毛冠鹿通体灰黑，四肢毛色比身体更深，头部正中有一簇明显的浓密黑色冠毛，因此英语中它被称为“毛簇鹿”。成年雄性的两只小短角被这簇冠毛遮挡，角尖通常露出冠毛不足 2 厘米，成年雄性上犬齿突出口外的部分也不长，近距离才能看到。

和其他鹿类一样，毛冠鹿爱吃草本植物，不同的是，它更爱吃菌类，还喜欢寻找天然或人工的盐矿，通过舔盐来补充矿物质。

中文名：毛冠鹿　　学名：*Elaphodus cephalophus*

英文名：Tufted Deer　　分类：偶蹄目鹿科毛冠鹿属

猞猁在厚厚的积雪上也能行走自如

猞猁（shē lì）属下共有欧亚猞猁（即通常所说的“猞猁”）、伊比利亚猞猁、加拿大猞猁和短尾猫4个物种，其中在中国有分布的为欧亚猞猁。欧亚猞猁广泛分布于欧亚大陆北部，从欧洲有森林分布的山系到俄罗斯远东的北方针叶林，再延伸至中亚。在中国，猞猁出没于从西北经华北至东北的北方地区和青藏高原。

相比于其他猫科动物，猞猁的耳尖有着明显的黑色毛簇，两颊长有明显的“络腮胡”，尾巴极短，很少超过20厘米，而四肢与身体相比，显得极长，绝对是个高辨识度的大长腿野猫。猞猁的脚掌宽大，爪趾之间长有较长的浓密绒毛，这样的结构使得它们能在厚厚的积雪上行走自如，不至下陷，甚至能够撒腿飞奔，捕捉猎物。有趣的是，调查结果显示，无论在欧洲还是在亚洲，机灵的猞猁最爱的美餐都是“傻狍子”（狍）。

中文名：欧亚猞猁
学名：*Lynx lynx*
英文名：Eurasian Lynx
分类：食肉目猫科猞猁属

藏野驴会挖井

藏野驴是青藏高原上唯一的野生奇蹄目物种，也是全世界野生驴类中体形最壮硕的一种：藏野驴的体长 1.8 ～ 2.15 米，体重 250 ～ 400 千克。

藏野驴多分布于我国西藏北部和西部、新疆南部、青海大部、四川西北部以及甘肃西南部，国外可见于印度、尼泊尔和巴基斯坦。

藏野驴的视觉、听觉、嗅觉均很灵敏，适应在海拔 2700 ～ 5400 米的高原上求生。耐久力强、奔跑速度快，遭遇险情时能够以 50 千米的时速狂奔不止。藏野驴好胜心强，还有个“驴脾气”：常常会追着汽车、火车跑，非要一决高下。

它们在秋冬季会集成数百头的大群，在地下水水位较高的地方用蹄子刨出水坑，当地牧民戏称为“驴井”。一口驴井不仅能解决藏野驴自家的饮水问题，还能造福其他动物。

中文名：藏野驴

英文名：Kiang / Tibetan Wild Ass

学名：*Equus kiang*

分类：奇蹄目马科马属

龙虱是自带“氧气罐”的潜水员

鞘翅目的龙虱在英语中被称为“潜水甲虫”，这完美描述了它们的最大特征。

其一，龙虱的后足已特化成游泳足，扁平而生有较长的缘毛，用于划水。

其二，龙虱身体里有气孔，入水时可以排气，在厚厚的鞘翅和腹节之间形成一个气泡，携带下潜，在水下就消耗气泡中的氧气。而周围水中的可溶性氧分子会逐渐扩散自动进入气泡，龙虱便利用这气泡中不断补充的氧气完成呼吸。这个神奇的气泡就像一个可持续自助氧气罐。

不过，若是一只龙虱吃得太饱，浮不上水面呼吸，又挤不出气泡，周围也没有可以攀爬的水生植物，那这只倒霉的龙虱也会因为窒息而惨遭溺毙。

龙虱的成虫和幼虫都爱“喝肉汤”：它们用大颚钳住其他水生昆虫、蝌蚪、鱼类后，注入消化酶，将食物消化成液体后，吸进肚里。

中文名：龙虱

英文名：Diving Beetle

学名：Dytiscidae

分类：昆虫纲鞘翅目龙虱科

可以化身为产房的背角无齿蚌

背角无齿蚌，在中国大部分地区均有分布，尤其在长江流域一带的菜市场常年广泛供应，俗称“歪歪”，是少不了的重要河鲜。它肥厚的斧足与咸肉炖汤，口感细腻，味道鲜美，实乃人间至品。

背角无齿蚌在水中稍微张开蚌壳，滤食水中的有机物碎屑、轮虫、鞭毛虫和藻类等。它具有极高的淤泥耐受性，每天经过蚌体循环过滤后的水可达 40 升之多。同时，它也是高体鳑鲏等“鲤科生”的理想产房：每当雌雄鳑鲏找到了一只蚌，雌性鳑鲏便将细长的产卵管插入蚌的入水管中，雄性鳑鲏则利用入水管的吸水作用使卵子受精。其后，受精卵会移动到河蚌的鳃腔中孵化。约一个月后，孵化的小鳑鲏便会离开蚌壳独自求生去也。

由于背角无齿蚌的血液中不像我们人类一样含有血红蛋白，而是含血青蛋白，因此，它的血液呈蓝色。

中文名：背角无齿蚌　　学名：*Sinanodonta woodiana*

英文名：Chinese Pond Mussel　　分类：蚌目蚌科中华无齿蚌属

青鱼的嗓子眼里长牙齿

看过《新白娘子传奇》的观众都以为白娘子的好闺密小青是一条青蛇，但若是翻开冯梦龙《警世通言》中《白娘子永镇雷峰塔》的故事，就会发现原著中的小青是“西湖内第三桥下潭内千年成气的青鱼”——得，跟小青蛇也差太远了。

青鱼在英语中为“黑鲤鱼”之意，是中国淡水鱼中第一大家族——鲤形目的一员。

青鱼是中国“四大家鱼”——青鱼、草鱼、鲢鱼、鳙鱼中个头最大的。野生青鱼通常体长 1 米左右，较大的会达到 1.4 米以上。在南京金牛湖，曾有捕获长 1.86 米、重 114 千克青鱼的记录。

青鱼是四大家鱼中唯一的肉食性鱼类。它通常栖息在水域的中下层，以河蚌、河蚬、螺蛳等底栖动物为食，吞入口中后靠咽喉内的一排咽齿将食物碾碎，吐出外壳，吃掉肉质，因此又得了个俗名“螺蛳青”。

中文名：青鱼
英文名：Black Carp
学名：*Mylopharyngodon piceus*
分类：鲤形目鲤科（一说鲴科）青鱼属

乌鳢几乎见鱼就吃

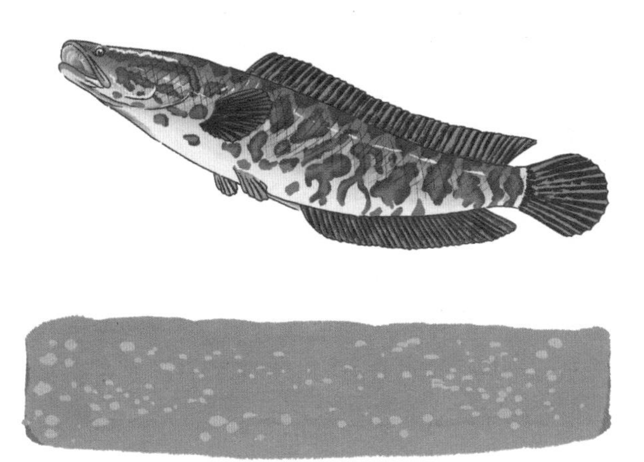

初听“乌鳢（lǐ）”，令人不解。但一说它的俗名，大家就豁然开朗了：可不就是菜场里卖的“黑鱼”或“乌鱼”嘛！

乌鳢原产中国、俄罗斯和朝鲜半岛，中国各大水系均有分布，江河、湖泊、水库、溪流中都能见到它们如蟒蛇一般粗壮的身影。

乌鳢喜欢栖息在水草丰茂、底泥细软的缓流水域中，常埋伏在水草丛中伏击周边的水生动物。冬季和早春居于水体底层或潜入泥中停食越冬；夏季水温回升时在水体中上层摄食。乌鳢对水质的要求并不严格，除了能用鳃呼吸外，还可以依靠发达的鳃上器官直接呼吸空气，所以即使在含氧量极低的水体，甚至完全离水的环境中也可以存活较长时间。

乌鳢是凶猛的“大胃王”，几乎见鱼就吃，所谓“两条乌鱼吃光一个鱼塘”并非夸张之词。虽然如此贪吃，但乌鳢个大、好养、肉细、刺少，本身又是绝佳的食用鱼，做成酸菜鱼尤其美味。

中文名：乌鳢
英文名：Northern Snakehead
学名：*Channa argus*
分类：鲈形目鳢科鳢属

金头闭壳龟是“缩头乌龟”

闭壳龟是淡水龟类中一个有趣的类群，与其他身体缩进龟壳之后仍然有一部分肢体暴露在外的龟类不同，闭壳龟的背甲与腹甲间、胸盾与腹盾间以韧带相连接，腹甲与背甲可以完全闭合，闭壳龟是真正的“缩头乌龟”，英语中又称为“盒龟”或“箱龟”。

当前全世界已知的 13 种闭壳龟中，有 10 种分布在我国，其中一半仅在我国有发现，金头闭壳龟就是其中之一。金头闭壳龟分布范围极其狭小，只限于安徽皖南地区青弋江流域的泾县、黟（yī）县、广德市、南陵县等地不足 120 平方千米的范围内。它们喜欢水质清澈的砂石底溪流，捕食水中的溪蟹、小鱼虾和水生昆虫等，在岸边由溪水冲刷堆积而成的河滩中产卵，并在水深处越冬。

金头闭壳龟正遭遇生境被破坏与非法宠物贸易的双重困境，挽救我国特有的这一极危龟种，任重而道远。

中文名：金头闭壳龟
英文名：Yellow-headed Box Turtle
学名：*Cuora aurocapitata*
分类：龟鳖目地龟科闭壳龟属

普通翠鸟吃鱼会计算光线折射

“瑶池近、画楼隐隐，翠鸟翩翩。”苏轼大笔一挥，一只艳丽水鸟跃然而见：体长 15 ～ 18 厘米，透亮灵活的眼睛，又尖又长的嘴，颈侧有白色斑点，前额至后颈是黑色与淡蓝色相间的横纹，自背部至尾羽呈亮翠蓝色，对应的是一双红色的脚爪。这就是普通翠鸟。

普通翠鸟分布于中国大部分地区，在沿岸灌丛疏林，水流清澈而平缓的小河、溪涧、湖泊以及灌溉渠等水域出没。普通翠鸟常在水边的芦苇和树枝上栖息，瞄准猎物，迅疾扎入水中，叼起一条小鱼飞回岸上。它们捕鱼技术高超，因为有准确计算光线折射偏差的本领。食鱼时从头向尾吞咽，这样，鱼鳍就会顺滑地入口而不会“逆行卡刺”。

普通翠鸟筑巢可谓“因地制宜”，往往在傍水之处的河堤斜坡上挖出小而深的洞穴安家。傍水而居，会不会遭遇水患呢？有趣的是，它们的巢穴总能建在当年的最高水位线以上。

中文名：普通翠鸟
英文名：Common Kingfisher
学名：*Alcedo atthis*
分类：佛法僧目翠鸟科翠鸟属

双角犀鸟“闭门造娃”

犀鸟是一种大型鸟类，多数种类头上长有一个形似犀牛角的骨质盔突，所以被称为犀鸟。

中国出产5种犀鸟：双角犀鸟、白喉犀鸟、棕颈犀鸟、冠斑犀鸟和花冠皱盔犀鸟。双角犀鸟是其中的大块头，在林间飞翔时颇似一架小型滑翔机。它的食性很杂，浆果、昆虫、两栖爬行类，甚至小型鸟类它都会吃。进食时，一口咬住食物，抬头抛起，接住吞下，有如杂耍，一气呵成。

双角犀鸟的繁殖行为十分特殊。它们在巨大的树洞中铺上羽毛等，筑成巢穴。雌鸟产卵后不再离巢，而雄鸟用泥将巢穴洞口糊住，只留下一个可让雌鸟伸出嘴尖的开口。之后，雌鸟独自在洞内孵卵，雄鸟负责觅食并从洞口“投喂”雌鸟，雌鸟则定时将洞内的污物叼出洞口以保持清洁。28～40天后，待雏鸟破壳孵化，雌鸟再啄开洞口，与雄鸟共同抚育子女。

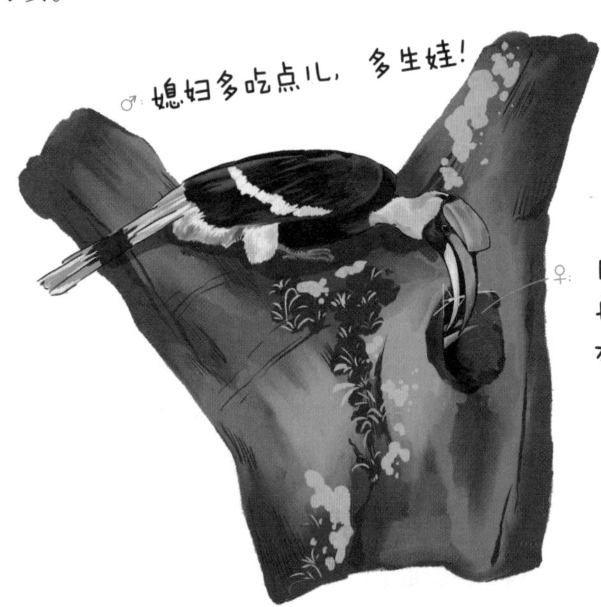

中文名：双角犀鸟
英文名：Great Hornbill
学名：*Buceros bicornis*
分类：犀鸟目犀鸟科角犀鸟属

黑水鸡其实既不是鸡也不是鸭

黑水鸡是一种几乎遍布全世界的常见水禽，在我国，它们也几乎遍布大江南北。

黑水鸡头顶着“鸡”的名头，又能像鸭子一样游泳，但其实它既不是鸡，更不是鸭，在分类上属于鹤形目秧鸡科。因为有着鲜红色的额甲，因此又被称为“红骨顶”——就这个特征来看，它和同门亲戚丹顶鹤倒也有一些相似。

黑水鸡适应能力极强，广泛栖息于水草丰富的河流、湖泊、池塘、沼泽等各种浅水湿地中，即使是人类活动密集的公园人工湖和水库这样的区域也能见到它们集成小群活动的身影。

黑水鸡长着一双脚趾细长的大脚，泳技了得，竞走能力也不差，飞行技术却一般。它们很好养活，只要有足够的水生植物再加点儿小鱼小虾和水生昆虫，就可以相当惬意地生活。

中文名：黑水鸡

英文名：Common Moorhen

学名：*Gallinula chloropus*

分类：鹤形目秧鸡科黑水鸡属

褐马鸡自带马鬃一样的尾羽

马鸡是雉科下的一属，共有白马鸡、藏马鸡、蓝马鸡和褐马鸡 4 种。它们脸部生有两簇高高翘起的角状白色耳羽，体后有一对长而蓬松、末端下垂的中央尾羽，奔跑时披散身后，犹如马鬃，故名。

蓝马鸡和褐马鸡是中国特有鸟类，而褐马鸡是马鸡属中产地最北的一种，见于山西吕梁山、陕西黄龙山、河北小五台山和北京东灵山等地海拔 1700 ~ 2500 米的山地落叶林与针叶混交林中。1984 年，褐马鸡被正式定为山西省省鸟。

每年 4—6 月，在褐马鸡繁殖期间，一对褐马鸡会占领一片区域共筑爱巢。一旦其他雄鸡贸然闯入意欲抢亲，原配护“妻”心切，秒变“战斗鸡”，奋起直击。战况通常相当激烈，有时甚至至死方休。

中文名：褐马鸡　　学名：*Crossoptilon mantchuricum*

英文名：Brown-eared Pheasant　　分类：鸡形目雉科马鸡属

蜾蠃会给孩子准备宝宝餐

《诗经》云：“螟蛉有子，蜾蠃（guǒ luǒ）负之。”意思是说，蜾蠃这种细腰蜂，会主动帮螟蛾“带娃”。由于颂扬了美好的仁爱精神，从先秦到南朝，人们对此深信不疑。

直到南朝齐梁年间，梁武帝萧衍的“高级顾问”，人称“山中宰相”的陶弘景（456—536）才发现好像不是这么回事儿。陶弘景在《本草经集注》中生动地描绘了蜾蠃的习性：用泥巴做个巢，将像一颗花生米大小的开口罐子，粘在草叶上。把被它们麻醉后捕捉来的虫子如蜘蛛、青虫之类装进小罐，准备作为自己娃儿的口粮。接着在食材身上直接产下小米大小的卵，再把巢口封上。小蜾蠃从虫子身体里孵化出来，又以爸妈早已预订的虫子开始自己的第一顿宝宝餐。

中文名：蜾蠃
英文名：Potter Wasp
学名：Eumeninae
分类：昆虫纲膜翅目胡蜂科蜾蠃亚科

黑掌树蛙自带“降落伞”装置

和其他树蛙一样，产于马来半岛、苏门答腊、婆罗洲等地茂密热带雨林中的黑掌树蛙已经完全特化成高度树栖的蛙类，不像其他的蛙们一样爱下水。它的最大特征是四肢修长，脚掌宽大，脚蹼异常发达。

在需要交配产卵或躲避敌害时，黑掌树蛙会从高大的树上一跃而下，紧绷四肢，张开脚蹼，好似趴在空中一般。虽然它下落时基本身体垂直，但宽大的脚掌和发达的脚蹼共同起到了降落伞的作用，减缓了降落速度，稳妥地实现了“软着陆”，最远的滑翔距离可达 15 米。

1856 年，一位华裔工人在马来西亚砂拉越首次将一只黑掌树蛙赠送给英国博物学家阿尔弗雷德·拉塞尔·华莱士（Alfred Russel Wallace，1823—1913）。华莱士当时就得出了结论：它的脚蹼一定有在空中活动的功能。但直到 1964 年，才有人首次拍摄到黑掌树蛙在空中滑翔的照片。今天，在英语中，黑掌树蛙被称为“华莱士飞蛙”。

中文名：黑掌树蛙
学名：*Rhacophorus nigropalmatus*
英文名：Wallace's Flying Frog
分类：无尾目树蛙科树蛙属

南方鹤鸵是登上了皇家绘本的海外怪鸟

清朝乾隆年间（1736—1796），乾隆皇帝令臣下绘制了12册图文并茂的《鸟谱》，记载了鸟类361种。乾隆似乎对其中的“额摩鸟”特别感兴趣，亲自题诗：“性善弗为猛，喜炎最畏寒。通身毛作绛，垂嗉肉标丹。”诗中描述的“额摩鸟”就是产于澳大利亚北部和巴布亚新几内亚热带雨林中的巨型走禽——南方鹤鸵，俗称“食火鸡”。

乾隆的眼光还算准确，南方鹤鸵生长在南方，喜热怕寒，通身长着黑色的羽毛，喉下长有一对红色的肉垂。但是还有两大特点诗里没提到：一是南方鹤鸵头顶的角质“盔”，二是南方鹤鸵的粗壮脚爪。这“头盔”的作用，至今仍然众说纷纭；而那双脚爪，则是南方鹤鸵的重要“武器装备”，尤其是最内侧的第三个脚趾，长达12厘米，锋利如刀刃。如被它一脚踹中，轻则皮开肉绽，重则开膛破肚。皇帝说它温顺，可能是一只被人当宠物养大的个体吧。

中文名：南方鹤鸵
英文名：Southern Cassowary
学名：*Casuarius casuarius*
分类：鹤鸵目鹤鸵科鹤鸵属

苏门答腊犀是唯一长有双角的亚洲犀牛

苏门答腊犀（简称“苏门犀”）是全世界6种犀牛中体形最小的一种，苏门犀长不过3米，高不过1.5米，“吨位”也就500～1000千克，属于“轻量级”。苏门犀的身体两侧生有一层绒毛，在泥塘里打滚过后格外明显。

1793年，西方动物学界首次发现，在遥远的东方居然也有两只角的犀牛。苏门犀，就是亚洲三种犀牛中唯一的双角犀。

中国国家博物馆馆藏的青铜酒器“西汉错金银云纹铜犀尊”与美国旧金山亚洲艺术博物馆内的商代晚期青铜器“小臣艅（yú）犀尊”，都是苏门犀的模样。由此可知，千余年前，中国还可能是出产犀牛的国度。

随着人类深入开发东南亚热带森林，苏门答腊犀逐渐失去了大片家园，加之人类对犀牛角的追求，本就繁殖率较低的种群数量从20世纪60年代的170头左右暴跌至不足80头，而在马来西亚境内已完全灭绝。这毛茸茸的小犀牛，已经走到了生死存亡的最后关头。

中文名：苏门答腊犀

英文名：Sumatran Rhinoceros

学名：*Dicerorhinus sumatrensis*

分类：奇蹄目犀科双角犀属

成年雄猩猩的年龄可以靠“颊垫”判断

猩猩又叫红猩猩、红毛猩猩，是亚洲地区体形最大的类人猿，也是唯一一类独居而不合群的类人猿。猩猩出产于东南亚地区的马来西亚与印度尼西亚两国，目前分为苏门答腊猩猩、婆罗洲猩猩和2017年才被确认为新种的达班努里猩猩三种。

猩猩与人类基因相似度极高，达到95%以上。它们身材矮胖，喜爱树栖，嗜吃水果，手脚都能抓握，很少下地活动，其英文名orangutan直接来自东南亚当地语言，意为“森林之人”。猩猩与猴类不同，没有尾巴和颊囊，但成年雄性猩猩脸部长有被称为“颊垫”的肥厚肉垫，是判断个体年龄的重要标志。

在印度尼西亚婆罗洲西部约3.5万年前的人类活动遗迹中，曾发现有被火烧烤并食用过的猩猩遗骸。因人类砍伐森林造成栖息地碎片化而逐渐失去生存空间，是现如今猩猩面对的最大困境。

中文名：猩猩　　学名：*Pongo* spp.

英文名：Orangutan　　分类：灵长目人科猩猩属

马来貘一生有两套障眼法

全世界共有马来貘（mò）、中美貘、南美貘和山貘 4 种貘，其中后三种都产于中南美洲，唯有马来貘产于缅甸南部、泰国、马来半岛和苏门答腊岛等地。

马来貘性情温和，对人无害，视觉较差，但嗅觉和听觉发达。长年生活在东南亚热带密林深处，爱吃植物的嫩枝叶。它们的水性也很好，会潜在水里，只伸出鼻子换气。

初生的幼马来貘呈深褐色，带有茶色斑点和条纹，被映入林间地面上的日光或月光一照，几乎无法辨认。成年之后，马来貘全身的毛色黑白分明，在夜晚的森林里，昼伏夜出的它躲藏在茂密的植被中，头、肩和四肢看起来显得模糊不清，光看白色的身体中部和臀部，根本看不出这是一头完整的动物。

马来貘没有尖牙，也没有利爪，但它依靠这两套障眼法成功地躲避了猛兽的袭击，顺利生存直到今天。

中文名：马来貘
英文名：Malayan Tapir
学名：*Tapirus indicus*
分类：奇蹄目貘科貘属

合趾猿吼叫起来的样子活像大青蛙

合趾猿是长臂猿科合趾猿属下的唯一一个物种，也是体形最大的长臂猿，因此台湾地区又称之为“大长臂猿”。

合趾猿主要分布于马来半岛、印度尼西亚苏门答腊岛的热带雨林中，喜爱树栖，极少下地，用长而有力的手臂在树间荡行，一荡的距离可达 3 米之远。

合趾猿与其他长臂猿外形上最大的差异有两点：第一是它的第二和第三个脚趾被一层皮膜连在一起，故称合趾猿——其学名种加词 Syndactylus 为古希腊语“并在一起的手指”之意；第二是它们喉部长有一个巨大的声囊，发声时声囊鼓起产生共鸣，活像个大青蛙。也因为这个声囊，合趾猿在宣誓领地和联络家庭成员时的鸣叫声非常响亮持久，可传达至 1 千米之外，连续鸣叫 30 分钟之久。

中文名：合趾猿
英文名：Siamang
学名：*Symphalangus syndactylus*
分类：灵长目长臂猿科合趾猿属

短吻针鼹是唯二产卵的哺乳动物之一

全世界的哺乳动物大体可分三类：单孔目动物，有袋类动物，以及这两种动物之外的全部动物——胎盘动物。

顾名思义，单孔目动物没有单独分开的尿道、肛门和产道，全部由一个统一的器官——泄殖腔取代。这一类动物非常古老，也是唯一产卵的哺乳动物，目前只有针鼹和鸭嘴兽两科三属五种。

产于澳大利亚的短吻针鼹是针鼹属下的唯一物种，全身布满短而尖的棘刺，体形介于刺猬和豪猪之间。它的口鼻部突出，长约 5 厘米，嘴巴却只能张开不到 1 厘米大小，所以它通常用锋利的前爪把蚁穴和朽木等扒开之后，再用长而黏的舌头舔食蚂蚁和白蚁。

每年 6 月到 9 月初（澳大利亚的冬季），雄性针鼹排成“小火车”式的队形追逐“火车头”位置的雌性。交配后，雌鼹在育儿袋内产下一枚葡萄大小的软壳卵，10 ～ 22 天后孵化。雌鼹没有乳头，乳汁像出汗一样从皮肤渗出，破壳新生的小针鼹吮吸这渗出的乳汁以获得养分。

中文名：短吻针鼹

英文名：Echidna

学名：*Tachyglossus aculeatus*

分类：单孔目针鼹科针鼹属

金花蛇擅长在丛林中扁平化滑翔

想在茂密的热带雨林中生存，除了日常基本操作还得有点儿非同一般的高招儿，分布于我国南方多省和南亚、东南亚的金花蛇便是如此。

金花蛇是体长 1 米左右的大型后沟牙毒蛇，后沟牙位于上颌中后段，在咀嚼吞咽时才分泌毒液，毒性发作慢，杀伤力较弱。中毒的猎物可能苟延而逃，金花蛇必须穷追不舍。

金花蛇基本在树上活动，捕食蜥蜴和树蛙等。有些蜥蜴和树蛙的弹跳力极强，甚至能够在空中滑翔。而作为一条没有四肢的蛇，金花蛇当然无法蹦跳，但它也掌握了独门绝技：准备出击时，它先收缩起后半身，抬起前半身，紧收腹部，展开肋骨，身体变得扁平并扭成 S 形，把自己猛然弹射到空中，这样就可以增大自己与空气的接触面积，实现滑翔。曾有人观察到一条金花蛇从高达 12 米的树上落下，在空中滑翔了 50 米之远。

中文名：金花蛇
英文名：Golden Tree Snake
学名：*Chrysopolea ornata*
分类：有鳞目游蛇科金花蛇属

大独角犀和非洲的兄弟们很不一样

全世界犀科动物共6种，其中双角犀有4种，独角犀有2种，而独角犀中体形最大的一种，就是又被称为印度犀的大独角犀。

大独角犀在历史上曾经从巴基斯坦到缅甸广泛分布，甚至在中国西藏境内也能见到，但由于人类活动的影响，加之犀牛角被认为是名贵药材，大独角犀的栖息地急剧缩小且被大量捕杀，数量一度暴跌至不足200头。经过近一个世纪的复育工作，目前约有4000头大独角犀，生活在喜马拉雅山脉南麓的印度以及尼泊尔境内。

大独角犀有一只长约25厘米的锋利犀角，这角并不是头骨的一部分，而是由角蛋白构成，主要成分与人类的指甲无异。由此可知，从医学角度而言，犀角应非灵丹妙药。

与非洲兄弟们相比，大独角犀有三点最大的不同：皮肤表面褶皱明显，有很多犹如门钉的疣状突起；遇敌时常用尖锐的下门齿撕咬，而不是用犀角攻击；更喜欢泡在水里纳凉，而不是在泥潭里打滚。

你和我心有灵犀吗？
中文名：大独角犀 / 印度犀
英文名：Indian Rhinoceros
学名：*Rhinoceros unicornis*
分类：奇蹄目犀科独角犀属

招潮蟹的两只螯完全不一样还会变色

全世界的招潮蟹超过 90 种，产于热带海洋的潮间带区域。双眼长在细长的眼柄顶端，一遇危险，它们便把眼柄一折，叠放入壳前端的凹槽中，钻入自己挖的洞穴中保命，必要时还能爬树。

和所有的螃蟹一样，招潮蟹也有两只大螯，但不同之处是，雄性招潮蟹的两只螯长得完全不对称：一只体积巨大，色彩鲜明，仅用来与其他雄蟹打斗并吸引雌蟹；另一只则小而脆弱，仅用于进食。若是失去大螯，小螯便长成大螯，再另长出一个新的小螯。

招潮蟹挥动大螯的动作在欧美人看来像是拉小提琴，所以在英语中它们被称为“小提琴手蟹”。它们对潮汐的到来有着神奇的感知，总是在涨潮前钻入洞穴，落潮时外出活动。招潮蟹还会在一天内多次变色：夜里颜色最浅，黎明日出后逐渐变深，出洞活动时最为艳丽。

中文名：招潮蟹　　学名：*Uca* spp.

英文名：Fiddler Crab　　分类：十足目沙蟹科招潮蟹属

中华鬣羚是个自带披风的“攀岩家”

安徽古籍《黄山志》中记载：“……犀山峰顶有天马，银鬃金毛，四足皆捧以祥云，须臾跃过数十峰，每峰隔越数十丈，一跃便过。”这仙气飘飘的天马，其实是全世界6种鬣羚中主要产于我国南方诸多省份的一种——中华鬣羚。

中华鬣羚的每只足趾由两瓣紧靠在一起的蹄瓣组成，前端窄尖而后端宽大，四周环以坚硬的角质，中央部分则为柔软的肉垫，这样的结构就像一个吸盘，能够牢牢地抓住山岩。这精良的攀岩装备使得它能够在崇山峻岭之间上蹿下跳、闪转腾挪，来去自如却又如履平地、四平八稳。

中华鬣羚肩颈部两侧那浓密的银白色鬣毛长而下披，长20厘米左右，奔跑时飞扬拉风，潇洒飘逸，无怪古人要认为它就是“行空”的“天马”啦！

中文名：中华鬣羚

英文名：Chinese Serow

学名：*Capricornis milneedwardsii*

分类：偶蹄目牛科鬣羚属

云猫看起来就像是高仿低配版云豹

在中国出产的 13 种猫科动物中，云猫可能是外貌最为讨喜却最不为人所知的一种。

云猫一眼看上去就像一只缩小版的云豹，体长 45 ～ 62 厘米，也就与一只家猫相当或略大，但它有一条几乎与身体等长的粗大尾巴和一身厚而柔软的毛发，看起来似乎很大，其实它的平均体重不过 5 千克左右。

云猫身上的大理石状斑纹也类似云豹的云块状斑纹，其英文名“大理石纹猫”或许更为贴切。甚至云豹那扭转脚踝，头向下下树的高招，云猫也运用自如，可谓是形似神也似了。

云猫分布于中南半岛、马来西亚和印度尼西亚的常绿森林，中国是云猫分布的北限。但也因为与云豹过于“撞脸”，云猫在国内的正式记录既迟且少：20 世纪 70 年代在云南丽江记录到毛皮，1984 年在哀牢山有了标本，2014—2015 年才在高黎贡山和西藏墨脱、察隅地区有了正式影像记录。对于这总是翘着大尾巴的小猫，我们的了解还远远不够。

中文名：云猫

英文名：Marbled Cat

学名：*Pardofelis marmorata*

分类：食肉目猫科纹猫属

我不是小云豹，
我就是云猫。

小科莫多巨蜥会爬上树以避免被同类吃掉

产于印度尼西亚小巽他群岛（努沙登加拉群岛）中的科莫多岛、弗洛勒斯岛、林卡岛等岛的科莫多龙更准确的称呼是科莫多巨蜥。这是全世界体形最大的蜥蜴，身长可达 3 米，平均体重在 70 千克左右。通体呈灰黑色，四肢粗壮，尾巴长而有力。行走时会吐出顶端分叉的黄色舌头，通过舌尖的化学感受器感知周围环境中的气味。

科莫多巨蜥是纯肉食性动物，捕食时会用强壮的尾巴将野猪、水牛和鹿等动物一把扫倒，随后再将猎物一口咬住。它们口中长有毒腺，分泌出的毒液混合着唾液进入其他动物体内，能够加速死亡。除了活食，它们也会食用腐肉。

繁殖期间，雄性科莫多巨蜥用后腿支撑，立起身体互相打斗，获胜者便赢得与雌性交配的权利。怀孕后的雌性在沙地上挖洞产卵，一次所产可多达 25 枚。卵约在 9 个月后孵化。科莫多巨蜥也被发现存在孤雌生殖的情况。科莫多巨蜥有同类相食的习惯，因此在 5 岁左右成熟之前，它们都有在树上栖息躲避的自我保护习惯。

中文名：科莫多巨蜥
英文名：Komodo Dragon
学名：*Varanus komodoensis*
分类：有鳞目巨蜥科巨蜥属

鲸鲨的嘴巴虽然巨大但吃的食物却很小

“必也正名乎”——一言以蔽之，鲸鲨是像鲸鱼一样大的鲨鱼。

鲸鲨是现存的世界最大鱼类，广泛分布于全球的温带与热带海域。它们的体长为 12 ~ 18 米，体重可达 34 吨，嘴巴一张就有 1 米宽，确乎是海洋中的庞然大物。雌性鲸鲨体形略大于雄性。它们是长寿的动物，可以活到近 80 岁的“高龄”。

虽然外貌如此威猛，鲸鲨却是个“温和的巨人”，它们从不伤人，毫无攻击性，甚至连平日的菜谱都以小之又小的海洋浮游生物为主，加上一点儿小鱼小虾和甲壳类，再配上海藻而已。

进食的时候，鲸鲨张开大嘴猛吸一口海水，随后闭上嘴巴，把水从鳃盖中排出，食物就留在排列在鳃与咽喉的皮质鳞突之间。这个类似过滤器的器官可以阻止任何大于 3 厘米的物体通过，液体则会被排出。一条鲸鲨在 1 小时内能够过滤 6800 升的海水。

中文名：鲸鲨
英文名：Whale Shark
学名：*Rhincodon typus*
分类：须鲨目鲸鲨科鲸鲨属

东北刺猬其实不会把果子扎在身上背起来

“小刺猬”是中国民间的高人气动物，而中国也确实是当之无愧的刺猬大国。从科学层面上说，刺猬一词泛指猬科下的 26 个物种，中国出产其中的 9 种，其中最常见的小刺猬有个正式大名叫东北刺猬，在北方还被称为“白大仙”。

名字里虽然带着“东北”，但东北刺猬的分布范围其实遍布东北、华北和长江中下游地区。它们能高度适应各种生境，从山地、森林、草原、灌丛、荒地到农田，乃至人类居住的小区都有记录，冬季时会在落叶堆、柴堆和草垛中冬眠。

刺猬的菜单上多数都是昆虫和蠕虫，它的刺也很短，起不到多少负重的作用，故而很多人误以为的“小刺猬背果子”其实是个美好的想象。相比之下，刺猬的另一个习惯倒是鲜为人知：它们喜欢咀嚼某些食物一直嚼到“口吐白沫”，再把泡沫状的唾液舔在自己的刺上。降温？御敌？不得而知。

中文名：东北刺猬
英文名：Amur Hedgehog
学名：*Erinaceus amurensis*
分类：劳亚食虫目猬科刺猬属

柏氏中喙鲸是个热爱深潜的“社恐”患者

喙鲸是鲸类大家庭里一个极其独特的类群，它们最大的特点是嘴部形状非常特殊：窄而长的嘴部向前伸出，像是巨大的鸭嘴。雄性喙鲸的嘴角两侧分别有一个隆起的肉瘤，从下颌骨生出一颗大长牙，穿瘤而出。这怪异的牙口，又令喙鲸得了个称呼——剑吻鲸。

喙鲸虽然遍布全球几乎所有海洋的温带和热带水域，但它们是种性情害羞，几近“社恐”的鲸，长年在远离大陆架，水深 700 ～ 1000 米的海域活动，绝少露出水面，以至人类对喙鲸的行为观察记录和分类信息都掌握得极其有限，个别种甚至至今没有见过活体，仅能根据搁浅在海岸上的尸体进行研究。

柏氏中喙鲸是列入中国《国家重点保护野生动物名录》的喙鲸。它们能在水深 500 ～ 1000 米的区域停留 20 ～ 45 分钟。2006 年，有记录显示一头柏氏中喙鲸下潜到了 1400 米的深度。和海豚一样，它们使用回声定位技术捕食，最爱吃的“菜”是鱿鱼之类的头足类动物。

中文名：柏氏中喙鲸　　学名：*Mesoplodon densirostris*

英文名：Blainville's Beaked Whale　　分类：鲸目喙鲸科中喙鲸属

弹涂鱼能在陆地上行动自如自有高招儿

"我们沙地里，潮汛要来的时候，就有许多跳鱼儿只是跳，都有青蛙似的两个脚……"

——鲁迅说的

弹涂鱼是擅长水陆两栖的弹涂鱼族鱼类的统称，常见于中国东南地区、珠江三角洲和东南亚等地的红树林湿地区域。

弹涂鱼在水中和其他鱼类一样用鳃呼吸，上岸活动的时候则会双管齐下：先将一口水盛在鳃腔里带着上路，当水用完又没来得及补充时，它们还能使用皮肤表层以及口腔、鳃腔的内壁上分布的细密毛细血管网直接获取氧气。

大多数鱼儿靠甩动尾巴的"后轮驱动"模式游动，一旦离水就寸步难行，弹涂鱼则用两只发达的胸鳍像拄着拐杖一样撑起上半身"走"动，这种"前轮驱动"模式再辅以腹鳍掌握方向，令它们在滩涂上行动自如。

记得鲁迅《故乡》里的少年闰土是这么说的："……就有许多跳鱼儿只是跳，都有青蛙似的两个脚……"没错，在快速逃跑或求偶竞争时，弹涂鱼收起"拐杖"，挺起背鳍，靠强健的尾鳍将自己弹向空中，一蹦能跳起 1 米多。

中文名：弹涂鱼　　学名：Periophthalmini

英文名：Mudskipper　　分类：虾虎鱼目背眼虾虎鱼科弹涂鱼族

水雉的求偶和繁殖与其他鸟类相比完全颠倒

水雉是一种中等体形的涉禽。在东南亚和南亚，它们属于常见留鸟，而在中国华北至南方地区则属于夏候鸟，在冬季会迁徙到热带地区越冬。

水雉栖息于挺水植物和漂浮植物丰茂的淡水湖泊、池塘和沼泽地带。以昆虫、软体动物、甲壳动物和水生植物的种子等为食。水雉脚趾发达，步履轻盈，善于在芡实、菱角、荷花等水生植物的叶片上行走，远观飘然若仙，便有了“凌波仙子”之称。

水雉的羽毛在常态下主要为棕色和灰白色，尾羽较短；而繁殖期的羽色会丰富多变，出现黑色、金黄色、亮白色，甚至泛出紫光。奇特的是尾羽会变得修长秀丽。

水雉的“婚配”是鸟类中少见的一雌多雄型。繁殖期间，雄鸟先筑巢等待。雌鸟们会为争夺雄性而打斗，获胜者可与多只雄性交配，分别在不同的巢里产卵，完成任务便转身离去。雄性负责孵卵并抚育雏鸟。

中文名：水雉
英文名：Pheasant-tailed Jacana
学名：*Hydrophasianus chirurgus*
分类：鸻形目水雉科水雉属

高冠变色龙全身都是“高科技”

高冠变色龙原产阿拉伯半岛的沙特阿拉伯、阿曼和也门等地。体长为 30 ~ 60 厘米，是变色龙大家族中的大块头。它们头顶上高高的肉冠中长有与头骨相连的高耸骨板，因而得名。

高冠变色龙的两只眼睛可以上下转动 180° ，分别看向不同的方向。它们在锁定昆虫等猎物后，以 1/25 秒的速度从口中吐出比身体还要长的舌头，闪电般粘住昆虫缩回口中，大快朵颐。它们的四肢很长，指和趾合并分为相对的两组。前肢前三指形成内组，四、五指形成外组；后肢一、二趾形成内组，其余三趾形成外组，这样的结构和细长能盘卷的尾巴，利于它们握住树枝。

高冠变色龙会根据包括周围环境和自身心情等多种因素改变自己的体色。例如：当它们被绿叶环抱时会展现出黄绿色；当它感受到压力时，体色就会变得黯淡……这种改变体色的神奇技能，是通过调节皮肤中色素细胞的颜色和晶体排布来实现的。

中文名：高冠变色龙
英文名：Veiled Chameleon
学名：*Chamaeleo calyptratus*
分类：有鳞目避役科避役属

克氏原螯虾就是人尽皆知的小龙虾

克氏原螯（áo）虾原产北美洲墨西哥湾密西西比河河口一带，尤其是在密西西比河入海的美国路易斯安那州，当地人有食用它们的传统，因此它们又被称作路易斯安那螯虾。

不过要说把这种甲壳动物吃出了名堂的，那还得是中国的美食家们。自从克氏原螯虾于 20 世纪三四十年代被引进国内并在 20 世纪五六十年代被当成美食大力推广以来，麻辣、蒜蓉、盐水、蛋黄、火锅、十三香，乃至小龙虾味薯片、棉花糖……克氏原螯虾在中华大地一炮而红，席卷全国，据统计国人一年要吃掉近百万吨。“吃货们”亲切地送了它一个爱称——小龙虾。

虽然被安上了“龙虾”的名头，但克氏原螯虾和海里的那种大块头海螯虾毫无关系。在中国，它们是生活在淡水中的外来入侵物种，很容易破坏当地水域的生态平衡甚至毁坏田埂堤坝。若在野外遇到它们，如非人工养殖，请直接人道消灭。

中文名：克氏原螯虾　　学名：*Procambarus clarkii*

英文名：Red Swamp Crayfish　　分类：十足目螯虾科原螯虾属

亚洲狮曾经是亚洲两大猫科猛兽之一

若问狮子产于哪里，只怕大多数人都会回答：非洲。殊不知，玄奘法师（《西游记》里唐僧的原型）在《大唐西域记》里记载了“狮子国”（今斯里兰卡）的故事：公元635年（贞观九年），西域康国（今乌兹别克斯坦）向唐太宗进贡了一头狮子，太宗当即命书法家虞世南作《狮子赋》；公元719年（开元七年），吐火罗国（今阿富汗、塔吉克斯坦和乌兹别克斯坦交界地带）的使者又代表拂林国（今叙利亚地区）向唐玄宗进贡了两头狮子。这些国家都与非洲相去甚远，当时的航运和饲养技术也不足以把一头食肉猛兽从非洲送到中国，所以，这里的狮子应该是今天鲜为人知的亚洲狮。

在古代亚洲，如印度、波斯、巴比伦、小亚细亚地区，亚洲狮是常见的动物，其分布范围甚至到达了古希腊，但如今，全世界只剩下500多头的亚洲狮，全部被印度政府集中保护在印度古吉拉特邦的吉尔森林公园。

中文名：亚洲狮
英文名：Asiatic Lion
学名：*Panthera leo persica*
分类：食肉目猫科豹属

懒熊没有大门牙

英国作家约瑟夫·鲁德亚德·吉卜林（Joseph Rudyard Kipling，1865—1936）的传世名著《丛林之书》，记叙了发生在印度的“狼孩”莫格利的故事。莫格利自幼在动物中长大，有个叫作“巴卢”的“熊叔叔”。生活在印度的是什么熊呢？

全世界的熊科动物共有 8 种：产于北极的北极熊、见于欧亚大陆和北美的棕熊、来自北美的美洲黑熊、家在南美的眼镜熊、中国宝贝大熊猫、东南亚热带的马来熊，亚洲黑熊在印度只是蹭了个“擦边球”，而在中国藏南、印度和斯里兰卡安居乐业的，是懒熊。

懒熊并不懒，但最早发现它的动物学家把它错当成了一种“树懒”，这个名字将错就错地用了下来，印度的熊就被动地变“懒”了。

懒熊和除了北极熊以外的其他 6 种熊一样都是杂食动物，但它们更喜爱各种昆虫，尤其是白蚁。吃昆虫省力，不需多加咀嚼，所以懒熊连门牙都退化了。这样就可以在扒开白蚁丘后翘起嘴唇，直接把白蚁吸进嘴里“哧溜”下肚。

中文名：懒熊
英文名：Sloth Bear
学名：*Melursus ursinus*
分类：食肉目熊科懒熊属

长鼻猴的大鼻子可能是为了给自己加“印象分”

长鼻猴的主要栖息地是东南亚婆罗洲沿海的红树林沼泽及河口的热带雨林。它们集成家庭群活动，一个家庭群包括一只雄性、6～10只雌性以及数只亚成体和幼体。雄性担任“群主”，负责保卫全群的安全。

长鼻猴以树叶和种子为主食，有着复杂的消化系统和一个圆滚滚的啤酒肚，甚至还有反刍的习惯，它们也是目前所知的唯一会反刍的灵长类动物。它们的脚趾间长有不完全的蹼，因此在情势所迫时，长鼻猴可以泅水求生，并且泳技相当不错。

雌性长鼻猴的鼻子向前翘起，而雄性长鼻猴则有一个茄子形状的巨大鼻子从脸中间垂下，甚至挡住了上嘴唇，这样它们在进食时就需要用手把鼻子掀起来。这个如同木偶匹诺曹一般的大鼻子有什么具体作用，尚没有定论。其中说法之一是在雄性吼叫时起到共鸣器的作用以放大音量，以便吸引更多的雌猴“进群”。

中文名：长鼻猴　　学名：*Nasalis larvatus*

英文名：Proboscis Monkey　　分类：灵长目猴科长鼻猴属

中华大扁锹长着一对“大牙”却是个吃素的

中华大扁锹是完全变态的昆虫，一生历经卵、幼虫、蛹和成虫四个阶段。从卵中孵化的幼虫会在朽木中越冬，三次蜕皮后化身为蛹，来年夏天，成虫逐渐从蛹中爬出，经过一段时间，逐渐充液、定色、硬化，正式羽化为成虫。

和双叉犀金龟一样，中华大扁锹也是典型的性二型昆虫，雄性成虫头部前方长有一对孔武有力的夹子状大颚，体长可达 5 ～ 7 厘米，最长可长到 9 厘米；而雌性成虫只有一对短小的颚，身长一般也只有雄性的一半左右。但可别被外形欺骗了，雌性大扁锹这对“小牙牙”能夹破树皮产卵，也能把你的手夹得皮破血流。

中华大扁锹是相当常见的大型甲虫，每年 6—8 月，它们白天躲在树洞中休息，晚间日落后便会在壳斗科、胡桃科、杨柳科等汁液丰盈的树木上出现，寻找有破口的地方，用生有绒毛的口器吸吮树汁。对于腐烂的水果，它们也会沉迷其中不能自拔。

中文名：中华大扁锹

英文名：Giant Stag Beetle

学名：*Dorcus (Serrognathus) titanus*

分类：鞘翅目锹甲科扁锹属

后记
Epilogue

或许是从儿时第一次在家中那台破旧的黑白电视机上看到《动物世界》开始，我和动物们的缘分就已注定。

至今清楚地记得，那时家住城东，当时的南京玄武湖动物园（红山森林动物园的前身）却在城北。虽然周末只休息一天，我也多半是缠着外公外婆，求他们带我坐上一个多小时的公交车，绕过紫金山，走进动物园。外公拉着我的手，指着华南虎，教我说："Tiger..."。

长大了，进了小学，逢年过节，家人送的礼物，多半都是动物类的书籍。

再后来，去了美国，读高中，念大学，吃惊地发现：动物园可以做得这么美！普通人也能为动物园做点儿事！

终是等到18岁的那一天，急不可待地报名做了当地动物园的志愿者。穿上志愿者工作服的那一天，我骄傲得像一只绿孔雀。

毕业回国，进了职场，却还一直想为家乡的动物园和中国的动物做点儿事。

于是做了红山森林动物园的志愿者，开始在网络上时不时地分享一点儿自己觉得有趣的动物知识和拍得不算太丑的动物照片。

家乡的动物园越变越好，认识的老师越来越多，跟朋友们也时不时地跑出去看大山、钻林子、拍自然……突然某一天，出版社的编辑老师在网上问：写书吗？

非专业出身，无科班背景，可是如古道尔奶奶所说："唯有了解，才会关心；唯有关心，才会行动；唯有行动，才有希望。"咱不是专家，但至少可以讲讲故事吧。

查资料、读论文、求专家、请画师、上网站……平时还得“搬砖”，写书只能偷空。好在，一年多过去，终于走到此刻。

忽然想起了鬼才乔布斯对大学毕业生们说的那句话：“你不可能充满预见地将生命的点滴串联起来；只有在你回头看的时候，你才会发现这些点点滴滴之间的联系。”——这些点滴终于串联出了一本书，就请大家多多指教吧！

感谢张瑜老师，向为拙文添彩，今又拨冗赐序。

感谢杨毅、陈江源、葛致远博士三位审读老师，若没有你们，这书就是不可能完成的任务。

感谢张劲硕博士、孙戈博士、顾有容博士、冉浩老师、姚军老师不吝赐教于我。

感谢李依真、王雨晴二位编辑和最棒的画师龙颖，你们始终是那样耐心。

感谢全国所有优秀动物园的团队，向我们展示了生机勃勃的动物们。

感谢阿杜、阿萌、安娜、白菜、宝螺哥、半夏、陈超、陈辉、陈默、陈瑜、谌燕、刺儿、电动车、董子凡、豆豆、二猪、赶尾人、何长欢、何鑫、后浞、胡彦、花蚀、巨厥、开水哥、可可、老徒、李健、李墨谦、李维东、李洋洋、林业杰、刘粟、楼长、卢路、鹿酱、麦麦、猫菇、猫妖、梦帆、咩、明月、齐硕、乔梓宸、青青、扫地僧、沈遂心、瘦驼、甜鱼、豚豚、蚌蚌、王世成、小豺、小狐、小马哥、小贤、徐亮、萱师傅、雅文、杨薇薇、夜来香、一鸣、乙菲、应急哥、圆掌、仔仔、章叔岩、章鱼哥、郑洋、朱倩（以上按音序排列），Cici（王朦晰）、Gracie、Johny（周麟）、Kelly、NJ 水虎鱼、Thomas Jegor、Harry Phinney，以及众多无法一一列出的良师益友。你们，都是这本书的作者。

感谢我的家人们，你们永远陪伴在我身边，你们从不曾反对我的爱好。

特别致谢：六朝青志愿服务社亲如家人的小伙伴们。

再多说一句：学识浅薄，错漏必多，尚祈读者，不吝指正。如有新消息，欢迎各位交流指正，谢谢！

2024 年秋，南京东郊

索引
Index

主要参考书目

Biblography

1. 刘少英，吴毅，李晟 . 中国兽类图鉴 [M]. 海峡书局 .3 版 . 福州：海峡书局，2022.

2. 讲谈社 . 少年科学知识文库 [M]. 北京：中国科学普及出版社，1980.

3. 罗杰・托里・彼得森 . 生活自然文库 [M]. 北京：科学出版社，1982.

4. 谭邦杰 . 珍稀野生动物丛谈 [M]. 北京：科学普及出版社，1995.

5.《南京动物园志》编纂委员会 . 南京动物园志 [Z]. 内部资料，2014.

6. 约翰・马敬能 . 中国鸟类野外手册 [M]. 李一凡，译 . 北京：商务印书馆，2022.

7. 熊文，李辰亮 . 图说长江流域珍稀保护动物 [M]. 武汉：长江出版社，2021.

8. 让 – 雅克・彼得 . 人类的表亲 [M]. 殷丽洁，黄彩云，译 . 北京：北京大学出版社，2019.

9. 菊水健史，近藤雄生，泽井圣一 . 犬科动物图鉴 [M]. 徐蓉，译 . 武汉：华中科技大学出版社，2020.

10. 周卓诚，张继灵 . 餐桌上的水产图鉴 [M]. 福州：海峡书局，2023.

11. 冉浩 . 物种入侵 [M]. 北京：中信出版社，2023.

12. 杨毅 . 我是超级饲养员 [M]. 北京：人民邮电出版社，2022.

13. 张瑜 . 那些动物教我的事 [M]. 北京：商务印书馆，2023.

14. 沈志军 . 走进南京红山森林动物园 [M]. 南京：江苏凤凰科学技术出版社，2020.

15. 张巍巍 . 常见昆虫野外识别手册 [M]. 重庆：重庆大学出版社，2007.

16. 齐硕 . 常见爬行动物野外识别手册 [M]. 重庆：重庆大学出版社，2019.

17. 史静耸 . 常见两栖动物野外识别手册 [M]. 重庆：重庆大学出版社，2021.

18. 张志钢，阳正盟，黄凯等 . 中国原生鱼 [M]. 北京：化学工业出版社，2017.

19. 张晓风 . 台湾动物之美 [Z]. 台北市立动物园，2013.

20. 李健 . 动物园中的中国珍稀哺乳动物 [M]. 北京：人民邮电出版社，2018.

21. 小林安雅 . 海水鱼与海中生物完全图鉴 [M]. 李瑷祺，译 . 台北：台湾东贩出版社，2016.

22. 法布尔 . 昆虫记大全集 [M]. 王光波，译 . 北京：中国华侨出版社，2012.

23. 长风，黄建民 . 植物大观 [M]. 南京：江苏少年儿童出版社，2002.

24. 白亚丽 . 小红山生物多样性手册 [Z]. 南京市红山森林动物园内部资料，2022.

25. 李墨谦 . 有趣的鲸豚：图解神秘的鲸豚世界 [M]. 北京：电子工业出版社，2019.

26. 亚里士多德 . 动物志 [M]. 吴寿彭，译 . 北京：商务印书馆，1979.

27. 刘昭明，刘棠瑞 . 中华生物学史 [M]. 台北：台湾商务印书馆，1991.

28.С.И. 奥格涅夫 . 哺乳动物生态学概论 [M]. 李汝祺，郝天和，杨安峰等，译 . 北京：科学出版社，1957.

29. 张劲硕 . 蹄兔非兔，象鼩非鼩 [M]. 北京：中国林业出版社，2023.

30. 吴海峰，张劲硕 . 东非野生动物手册 [M]. 北京：中国大百科全书出版社，2021.

31. 吴鸿，吕建中 . 浙江天目山昆虫实习手册 [M]. 北京：中国林业出版社，2009.

32. 吴孝兵，鲁长虎 . 黄山夏季脊椎动物野外实习指导 [M]. 合肥：安徽人民出版社，2008.

33. 果壳网 . 物种日历 [M]. 北京：北京联合出版公司，2014—2021.

34. 张率 . 那些我生命中的飞羽 [M]. 北京：商务印书馆，2021.

35. 谢弗 . 唐代的外来文明 [M]. 吴玉贵，译 . 北京：中国社会科学出版社，1995.

36. 厉春鹏，徐金生 . 中国的金鱼 [M]. 北京：人民出版社，1985.

37. 林业杰，余锟 . 知蛛 [M]. 福州：海峡书局，2020.

38. 刘明玉 . 中国脊椎动物大全 [M]. 沈阳：辽宁大学出版社，2000.

39. 倪勇，伍汉霖 . 江苏鱼类志 [M]. 北京：中国农业出版社，2006.

40. 中华人民共和国濒危物种进出口管理办公室，中华人民共和国濒危物种科学委员会 . 濒危野生动植物种国际贸易公约 [R/OL].（2023-2-23）[2023-09-19].http://guangzhou.customs.gov.cn/customs/ztzl86/302310/5366122/gjmylyflgf/gjmyzbpgsjdgjtxxdx/5383132/index.html

41. 谭邦杰 . 野兽生活史 [M]. 北京：中华书局，1954.

42. 马克・西德 . 毒生物图鉴：36 种不可思议但你绝不想碰上的剧毒物种 [M]. 陆维浓，译 . 台北：脸谱出版社，2018.

43. 弗·克·阿尔谢尼耶夫．在乌苏里的莽林中 [M]. 黑龙江大学俄语系，译．北京：商务印书馆，1977.

44. 葛致远，余一鸣．寻鸟记 [M]. 上海：上海科技教育出版社，2021.

45. 何径，钱周兴．舌尖上的贝类 [M]. Harxheim: ConchBooks,2016.

46. Beolens B,Watkins M,Grayson M.The eponym dictionary of mammals[M].Baltimore: The Johns Hopkins University Press,2009.

47.Hunter L,Barrett P.A Field Guide to the Carnivores of the World[M].Baltimore:Princeton University Press,2018.

48. Hunter L, Barrett P.Wild cats of the world[M].London:Bloomsbury Publishing,2015.

49.Wallace A R.The Malay Archipelago[M].London:Penguin classics ,2014.

50.Burnie D,Wilson D E,Animal[M].New York:DK Publishing,2005.

51.The concise animal encyclopedia[M].Sydney:Australian Geographic,2012.

52.Alderton D.The complete illustrated encyclopedia of birds of the world[M]. London:Lorenz Books,2017.

53.Hellabrunner:Tierpark-F ü hrer[Z].M ü nchener Tierpark Hellabrunn AG, 2018.

54. Bierlein J and the Staff of HistoryLink.Woodland:The story of the animals and people of Woodland Park Zoo[M].Seattle:HistoryLink and Documentary Media,2017.

55. Hearst M.Unusual creatures[M]. San Francisco:Chronicle Books LLC, 2014.

56. Lewis A T.Wildlife of North America[M].London:Beaux Arts Editions, 1998.

57.Dr. Blaszkiewitz B.ZOO BERLIN [M].Berlin:Zoo Berlin, 2004.

58.Dr. Blaszkiewitz B.TIERPARK Berlin-Friedrichsfelde[M].Berlin:Tierpark Berlin-Friedrichsfelde, 2017.

59.Mishra R H, Ottaway Jim Jr.Nepal’s Chitwan National Park[M].Kathmandu:Vajra Books, 2014.

60.Prof Patzelt E.Fauna del Ecuador[M].Quito:IMPREFEPP, 2004.

61. Ebert A D, Dando M,Fowler S.Sharks of the world[M].Princeton:Princeton University Press,2021.

万卷出版有限责任公司
VOLUMES PUBLISHING COMPANY

序
Preface

多年前，我和陈老师在网络上相识，虽然交流不多，但一直在默默关注他。

平日里，时常看到陈老师在网上耐心讲解各种动物知识，在一些和动物相关的话题下面据理力争、侃侃而谈，发一些“适时应景”的动物热点、自然观察之类的文章，抑或是各种不厌其烦地纠错。当然，他有时也会化身斗士，和偷猎、乱放生等恶劣现象“殊死斗争”。我不禁感慨，陈老师真是个“巨型能量包狂人”，精力充沛、学识渊博，实在令人佩服！

后来我得知，陈老师于海外读书期间，曾在动物园做志愿者工作。这不由得让我想起自己读书那会儿，也动过念头想去动物园当志愿者做讲解，但曾有的几次经历，让我羞愧不已。那会儿我常去动物园写生，不时有小游客想让我给他讲解下正在画的动物，我除了按标牌上的文字念，其余什么也说不出，没一会儿，小游客就听腻了转身离去。如果他们遇到的是陈老师这样的志愿者，能就园中饲养的每种动物跟他们聊透，那该有多开心啊！

六年前，我和朋友出差去南京，有幸与陈老师见面，他带着我们去红山动物园游走一番。可能是首次在现实生活中碰面，双方都有些拘谨。我隐隐感觉眼前的陈老师和之前在网络上看到的不太一样，略显古板，并不特别活跃。不过很快，动物园里的各种元素就将陈老师彻底“激活”。这是只为我和朋友两个人开的“专场”，陈老师转为“金牌志愿者”模式，在各种讲解中变得越发投入。他对动物园里的每个成员都如数家珍，介绍它们的种种日常以及不同展区馆舍的“前世今生”。一时间，感觉立于眼前的陈老师，无痕转换为网络上的“老盖仙少爷”。

前不久，陈老师突然发来消息，问我能不能为他的新书写个序，这着实让我感到受宠若惊，真的是荣幸之至。

拿到样张试读前，陈老师简单跟我介绍了这套书，我大致对其内容框架有了点儿了解。等看到电子版样张时，着实把我吓了一跳。书中内容之丰富、涉及领域之广泛，超乎想象。看来，平时陈老师在网络上的发言还是有所保留，他的信息库实在太过丰富强大。书中不但有动物本身的生物学知识，还包括和我们生活相关的话题。即便我们可能因为不喜欢或害怕某种（类）动物而将其所属篇章略过，但书中其他单元里的各种“奇闻异事”，足以勾起我们对动物世界的兴趣。读过之后，很可能会引发一系列连锁反应，让我们改掉此前对某些动物的偏见，达到“路转粉”甚至“黑转粉”的效果，进而想去了解、探知更多。可以说，它符合不同领域人群的读书口味，也几乎适合各年龄段（除低幼年龄）的读者阅读。

以前，动物园曾是我最愿意去的地方，可以说，在那里我收获了童年里最多的快乐。但随着年龄增长，再去动物园，就慢慢感觉标牌上的介绍，其体例有些过于千篇一律，内容太少且缺少亮点，很不“解渴”。当时，我就特想能找到更为充实丰满的动物类书籍，来作为逛动物园时的导览、延伸阅读。很可惜，在那个资料匮乏的年代，这些都成了奢望。我想，现在的读者朋友是很幸运的，陈老师的这套书就扮演了这个角色：既有动物园中的方方面面，又有园外的种种话题。特别令我惊喜的是，插画师龙老师在为每一个动物绘制“肖像”上是下足了功夫的。这一定会使本书的亮相，愈加抢眼。

看样张时，我就像一个虔诚的小学生一样，穿行于多姿多彩的动物世界大舞台，欣赏它们各自的风采，不断开拓眼界，收获得到新知的喜悦，不时感叹自然造化的神奇。相信大家看过此套书，也能有所共鸣。这套书背后的工作量是难以想象的，同时我注意到其编审团队的阵容也非常强大。特别感谢陈老师和为本书提供支持的各位老师，也衷心祝愿这套书能让更多读者从不同角度感受自然万物的魅力。

張瑜

生态摄影师，《博物》杂志插图主管

目录

contents

南象海豹
是体形最大的食肉动物

提起体形最大的食肉动物，大家一般会想到熊、虎、狮，那是因为我们比较了解陆地猛兽，却忽略了海洋巨兽。

海生食肉目动物包括海象、海狮与海豹三个科下的 30 多个物种，其中体形最大的一种，便是海豹科下的南象海豹。

南象海豹产于南大西洋南乔治亚岛、马尔维纳斯群岛、麦夸里岛等地。其体形硕大无朋，是食肉动物中高居榜首的“巨无霸”：雄性平均身长 5 米，体重可达 3 吨，而雌性仅长约 2.8 米，体重 600 千克左右，具有相当大的两性差异。

雄性南象海豹长有一个巨大臃肿的鼻子，因而得名“象海豹”。它们最爱吃鱿鱼等头足类动物，科学家曾记录到一头南象海豹为了捕食下潜到了近 2390 米的深度。深潜时，为保证安全，它们会暂时切断对非重要器官的供血和供氧，而将血液和氧气优先提供给心脏和大脑这样的关键部位。

中文名：南象海豹　　学名：*Mirounga leonina*

英文名：Southern Elephant Seal　　分类：食肉目海豹科象海豹属

北美豪猪的刺是软刀子

仅次于美洲河狸，北美豪猪是北美洲体形第二大的啮齿动物，从头到尾体长 1 米左右，体重可达 18 千克。它们擅长爬树，喜欢吃树皮和嫩枝。

与产于亚非两大洲，统称为旧大陆豪猪的 11 种豪猪相比，北美豪猪的刺不是那种“直来直往”的硬刺，而是夹杂在背部和尾部的体毛中的棘刺，被称为“针毛”。北美豪猪的针毛多达 3 万余根，锋利柔韧并且带有倒刺，一旦戳中，这些倒刺会倒逆翻卷，反“抠”皮肉，不经手术绝难去除。在美国和加拿大，常有不幸“中招”的猫狗被北美豪猪扎成了“针插”，因无法救治，被迫安乐送归。只有产于北美的渔貂不怕针毛，它会直接攻击北美豪猪的头部，将它们咬死吃掉。

产于旧大陆的豪猪，棘刺光滑锐利，并无倒刺，若被这样的刺扎伤，虽然痛苦，但终究是能够清理救治的。

中文名：北美豪猪
英文名：North American Porcupine / Canadian Porcupine
学名：*Erethizon dorsatum*
分类：啮齿目美洲豪猪科美洲豪猪属

二趾树懒的生活原则就是一个字——懒

二趾树懒属共有霍氏二趾树懒和二趾树懒两种，前者产于中美洲和南美洲西北部，后者分布于南美洲北部。它们是动物界中的“佛系节能高手”，一生大部分时间都倒挂在热带丛林中的树上，奉行“能不动就不动”的原则，一天要睡上十几个小时。

为了适应这种“上下颠倒”的“慢生活”，二趾树懒演化出了诸多独特构造：从腹部向背部反向生长的毛发方便雨水顺流而下；毛发上居然有凹槽，其中长出绿藻作为保护色；前后肢都长有用于紧抓树枝的钩状长爪……就连它们的内脏都被纤维组织固定在骨骼上，这样即使总是倒挂也不会压迫到肺部。

二趾树懒几乎只吃树叶。由于它们消化树叶的速度极慢，因此树懒几乎要等到粪便存储量达到自身体重的 30% 时才会下树排便，通常一星期才会拉上一回。此时“埋伏”在它们皮毛内的树懒蛾就在粪便中产卵，开启一轮全新“蛾生”。

中文名：二趾树懒

英文名：Two-toed Sloth

学名：*Choloepus* spp.

分类：披毛目二趾树懒科二趾树懒属

大食蚁兽一天可以舔食 3 万只蚂蚁

大食蚁兽产于从中美洲洪都拉斯到南美洲大查科地区的开阔草原和冲积平原上，是一种长相和食性都异常奇特的动物。

大食蚁兽从鼻尖到尾端，体长将近 2.1 米，体重却只有 30 ～ 40 千克。皮毛呈黑白灰三色，整个头部比脖子还细，前腿上的斑纹像是刺了个“熊猫文身”。一条毛发蓬松的大尾巴像毛刷子一样，睡觉时可以当成“毯子”盖住头部。前爪上长有五趾，其中第二、三趾的爪子异常发达。它们走路时爪子向后弯曲，趾关节着地。

大食蚁兽的主要食物是蚂蚁和白蚁，它们依靠发达的嗅觉找到蚁穴和蚁丘后，伸出巨爪扒开，再从口中伸出长约 60 厘米（伸出体外的部分约 45 厘米）直连胸骨的长舌，靠舌头上的黏液将蚂蚁和白蚁舔走。大食蚁兽没有牙齿，它们直接将食物吞进胃里消化，一天可吃掉 3 万只蚂蚁。雌性大食蚁兽对宝宝关怀备至，在幼崽发育成熟前，会把它们背在背上活动。

中文名：大食蚁兽

英文名：Giant Anteater

学名：*Myrmecophaga tridactyla*

分类：披毛目食蚁兽科大食蚁兽属

2014 年世界杯足球赛吉祥物就是巴西三带犰狳

2014 年巴西世界杯足球赛吉祥物 Fuleco 由葡萄牙语的“足球”（futebol）与“生态”（ecologia）两个单词组成，它的原型是巴西特有动物，被当地人称为 Tatu-bula 的巴西三带犰狳（qiú yú）。

巴西三带犰狳背上长有一层由角质化硬壳构成的盔甲，身体中段长有 3 条环形条带，连接着身体前后段，以便于身体活动。敌人来袭时，它们就把身体蜷缩成一个球形来保护自己——也正是因为能够秒变“足球”，才顺理成章地当上了世界杯吉祥物。这一点上，它虽与穿山甲有异曲同工之妙，但穿山甲口中完全无牙，只靠长舌舔食蚂蚁，而巴西三带犰狳却长有多颗结构简单的同型齿，是杂食动物。

犰狳家族中，仅有巴西三带犰狳和与它同列一属的拉河三带犰狳会靠“变球大法”保护自己，而其余的成员如六带犰狳和九带犰狳等都无此技能，遇敌时全靠挖洞逃生。

中文名：巴西三带犰狳

英文名：Brazilian Three-banded Armadillo

学名：*Tolypeutes tricinctus*

分类：带甲目犰狳科三带犰狳属

白面僧面猴是一种雌雄长相不同的新大陆猴类

白面僧面猴是南美洲的猴类中两性异形极为明显的一种：雄性面部为浅黄白色，像戴着白色面具一样，且周身黢黑；而雌性全身发灰，只是眼下有两条白色的小条纹。无论雌雄，都有一条又长又粗、毛发蓬松但并不能缠卷或抓握的大尾巴，因此它们又被称为“狐尾猴”。

咱没戴面具，
这脸天生的。

白面僧面猴看似表情怪异，体态笨重，殊不知却是亚马孙丛林中“身法一流”的“轻功高手”：靠着这条大尾巴平衡身体，它们能在相距十多米的树枝间上蹿下跳，来去自如，当地人又戏称其为“飞猴”。它们下地不多，雄猴与雌猴终身配对，雌猴会把幼猴背在背上。

白面僧面猴主要取食果实和种子，也吃树叶、花蕾和一些鸟卵以及昆虫等，有时还会食用白蚁丘中富含铁质的土壤。当前它们遭受的威胁之一是非法宠物贸易。

中文名：白面僧面猴　　学名：*Pithecia pithecia*
英文名：White-faced Saki　　分类：灵长目僧面猴科僧面猴属

赤秃猴的大红秃脑袋是魅力的关键所在

赤秃猴很可能是南美洲乃至全世界最有“辨识度”的猴子，它披着一身金光闪耀的浓密皮毛和一条又粗又短的尾巴，体形和一只家猫差不多，却长了个“寸草不生”的猩红色脑袋。因为这脑袋实在太过抢眼，巴西当地的原住民都戏谑地称赤秃猴为“英国人猴”。或许是因为不少英国人的“地中海”发量吧。

当然，除去这个无比吸睛的秃脑袋，赤秃猴依然只是亚马孙河沿岸雨林中的一种普通猴。它们结成 15 ～ 30 只的群体生活，雨季时主要以树栖为主，旱季时则回到雨林地表上活动。赤秃猴强有力的下颚能够嗑开其他灵长类不易咬开的外壳——它们的食谱中，约有 67% 都是长有各种硬皮的植物种子。

对于雄性赤秃猴而言，脑袋越红，长相越帅，也越容易找到配偶。雌性赤秃猴怀孕半年后产崽，赤秃猴宝宝小时候不红也不秃，越长大才越像父母。

中文名：赤秃猴

英文名：Red Uakari

学名：*Cacajao calvus rubicundus*

分类：灵长目僧面猴科秃猴属

食蟹海豹几乎不食蟹

食蟹海豹是当前全世界数量最多的海豹，预计种群达数千万头之多。它们没有固定繁殖地，在整片南极辐合带以南的海域都有分布，但主要集中在南极半岛西部和罗斯海海域。

食蟹海豹的学名来自希腊语，意思是"用锯齿状的牙齿吃螃蟹"，然而这却是科学家在当初命名时犯下的错误：因为南极并没有足够的螃蟹，食蟹海豹几乎没有机会"食蟹"，而是以南极磷虾为主食。

食蟹海豹长有一口与其他的海豹截然不同的"花式美牙"：它们的上、下颌各有5颗颊齿，每颗颊齿的主尖头前有1个、后有3个齿冠尖头，作用有如过滤器。当饥饿的食蟹海豹把嘴巴一张一闭再用舌头一挤，透过这10颗互相咬合的颊齿，把水过滤出去，便能把磷虾留在口中吃掉。

中文名：食蟹海豹
英文名：Crabeater Seal
学名：*Lobodon carcinophaga*
分类：食肉目海豹科食蟹海豹属

红脸蜘蛛猴的尾巴就是它们的第五只手

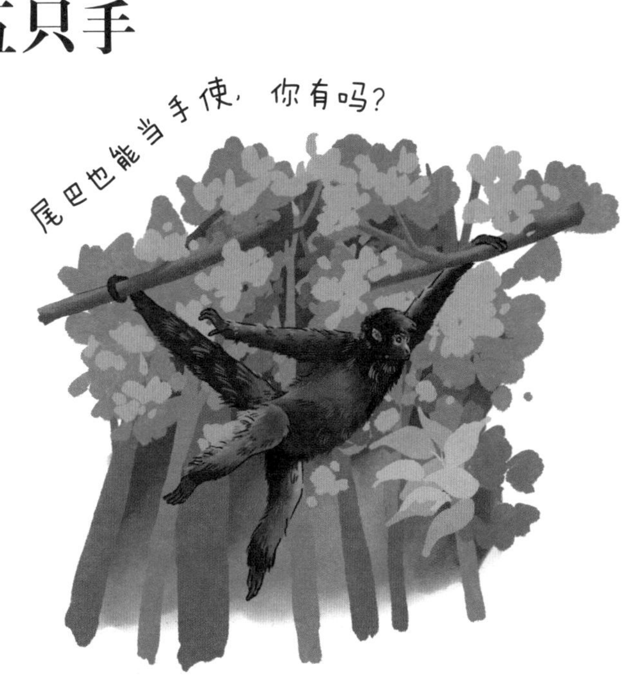

分布于中南美洲的新大陆猴类比起产于亚非两洲的旧大陆猴类，最大的不同就是多数种类都有一条长而灵活、能够盘绕缠卷，甚至具备抓握功能的尾巴，而这种“万能尾巴”则在红脸蜘蛛猴身上发展到了极致。

红脸蜘蛛猴产于亚马孙河以北的巴西、圭亚那等地，它们脸颊通红，身材纤细，四肢瘦长，而尾巴甚至比四肢还要细长，乍看像一只毛茸茸的大蜘蛛，因而得名。它们的尾巴末端下方的皮肤无毛而布满敏感的神经末梢，并长有隆起的皮嵴（jí），起到指纹的作用。靠着这灵活的“第五只手”，蜘蛛猴不仅能倒吊在树上，甚至能用尾巴尖儿捡起一粒蚕豆。反倒是它们的大拇指已经退化得几近消失，只剩一个残肢状的小突起。

就体形而言，红脸蜘蛛猴的大脑占身体比例明显较大，因此它们的智力也相对较高。

中文名：红脸蜘蛛猴　　学名：*Ateles paniscus*

英文名：Red-faced Spider Monkey　　分类：灵长目蜘蛛猴科蜘蛛猴属

南浣熊怀了孕就离开群体自己带娃

除了产于北美的圆圆胖胖的银灰色小浣熊，在南美大陆上还生活着另一属与北美小浣熊外观迥然有别但同属浣熊家族的成员，它们就是南美浣熊属，又称“山豽（gǒu）”。

南浣熊是南美浣熊属中最常见的一种，广泛分布于除智利之外的几乎所有南美洲国家。它们的体形大小与北美的“兄弟”不相上下，习性也相差不多，但南浣熊的尾巴要长得多，还有一个细长而伸缩自如的口鼻部，能够帮助它们在落叶、朽木和岩缝里嗅出落果、昆虫和鸟卵，之后再用擅长挖掘的前爪挖出来吃掉。

南浣熊是群居动物，但它们的群仅包括雌性和幼体，两岁以上的雄性独居，只在繁殖期临时“进群”。怀孕的雌性临时“退群”，单独在树上筑巢、分娩、育幼，在 2 ～ 3 个月的哺乳期过后，再带着宝宝重新“加群”。

中文名：南浣熊
英文名：South American Coati
学名：*Nasua nasua*
分类：食肉目浣熊科南美浣熊属

亚马孙河豚喜欢被洪水淹没的森林

亚马孙河豚（亚河豚）是全世界体形最大的淡水豚类，体长可达 2.5 米，体重 150 千克左右，因为体色呈粉红色，又称“粉红河豚”。它们生活在南美洲，根据分布水系的不同，分为亚马孙盆地、马德拉河和奥里诺科河三个亚种。

当亚马孙河及其支流的河水在春季泛滥，将大片亚马孙森林淹没成洪泛林的时候，最容易见到亚河豚在水中游弋。它们喜爱在黄昏时分捕猎红尾鲶、脂鲤、水虎鱼、虾蟹甚至小型的河龟。由于长年在浑浊黑暗的河水中生活，眼部逐渐退化，因此亚河豚的视力极差，靠能够灵活转动 90° 的脖子和回声定位功能辨识方向和捕食。

亚马孙河当地原住民将亚河豚称为 Boto。在他们的传说中，雄性亚河豚在夜间会幻化成英俊的男子离水上岸，寻找美丽的女子约会，但需要一直戴着一顶帽子，以掩盖头顶无法消失的出气孔。

中文名：亚马孙河豚　　学名：*Inia geoffrensis*
英文名：Amazon River Dolphin / Boto　　分类：鲸目亚河豚科亚河豚属

鬃狼更爱吃水果而不是肉

走路顺拐大长腿，
爱吃水果住南美。

鬃狼是南美洲最大的犬科动物，主要分布在巴西南部、巴拉圭、安第斯山脉东侧以及阿根廷北部。

尽管名中带“狼”，但其实鬃狼的外形更像是一只放大版的赤狐。它们肩高可达 1 米，全身披着柔软的红棕色皮毛，还有四条瘦长纤细、看起来像是穿着“黑丝袜”一般的大长腿。因为腿太长，所以鬃狼走起路来是“同手同脚”的“顺拐”。

鬃狼不像普通的狼那样成群结队跟踪追击猎物，而是用那双大耳朵捕捉草丛中隐藏的老鼠和蜥蜴等小动物的动静，一跳一扑，将猎物一口咬死。而这些“荤菜”并不是它们的主食——鬃狼的食谱中，水果占到了将近一半，吃得最多的是一种被当地居民俗称“狼苹果”的茄科植物洋茄的果实。鬃狼是“社恐”型动物：即使是“共享”同一片领地的两口子也只在繁殖期间见面，其余时间分头行动，各自安好。

中文名：鬃狼　　学名：*Chrysocyon brachyurus*

英文名：Mancd Wolf　　分类：食肉目犬科鬃狼属

水豚君是最大的啮齿动物

近年来，“水豚君”“卡皮巴拉”以其憨态可掬的外貌和“百搭”的“社交”能力成为动物中的“网红”，但水豚的真实情况，我们又了解多少呢？

水豚分布于南美洲，栖息范围包括巴西、乌拉圭、委内瑞拉和哥伦比亚的大部分地区，向南延伸到阿根廷的潘帕斯草原，向西延伸到安第斯山脉。它们是目前世界上最大的啮齿类动物，体重在 35 ～ 65 千克，肩高可达 0.6 米，身长约 1.2 米，差不多等于一条成年拉布拉多犬的大小。水豚的前腿比后腿略短，脚趾间有不完全的蹼。眼、耳、鼻孔都在头部长成一条直线，使得水豚非常适应半水栖生活——如果情况紧急，水豚也能上岸以每小时 35 千米左右的速度奔跑逃命。

水豚是完全的食草动物，尤其喜爱各种水生植物。它们的英文名 capybara 来自南美图皮语中的 Ka'apiûara 一词，意思为“食嫩草者”。

就是你的卡皮巴拉，
南美交际花。

中文名：水豚
英文名：Capybara
学名：*Hydrochoerus hydrochaeris*
分类：啮齿目豚鼠科水豚属

中美刺豚鼠通过嗑坚果帮助树木成长

中美刺豚鼠又称“蹄鼠”，是中美洲和南美洲常见的啮齿类动物，在落叶林、常绿阔叶林、天然次生林、灌木丛，以及花园和种植园中都能见到。它们前半身较细，后半身较粗，遇到惊吓时会体毛竖立，看上去酷似一只大刺猬，因而得名。

中美刺豚鼠占据着中南美洲的云雾森林和热带雨林下层的生态位。它们长着坚固而锐利的大门牙，牙上的珐琅质厚度也远超一般动物，能够咬裂雨林中一些外壳厚实的种子或坚果，这其中就包括南美最为坚硬的果实之一——巴西坚果。

巴西坚果的外壳极其结实，即使从高处掉落地面也不会破损，而这样种子就无法与土壤接触生长。此时，中美刺豚鼠便“挺身而出”把巴西坚果嗑开，能吃掉的当场吃掉，吃不下的就埋在地里留着下一顿再吃，但它们经常忘了吃“回头餐”，于是就会有很多种子在不同位置发芽，成长为新的树木。

中文名：中美刺豚鼠　　学名：*Dasyprocta punctata*

英文名：Central American Agouti　　分类：啮齿目刺豚鼠科刺豚鼠属

巨巴西骨舌鱼的鳞片刀枪不入

骨舌鱼是一类较为原始的热带淡水河鱼，目前分布于热带南美、非洲、东南亚及澳大利亚的部分水域，被称为“金龙鱼”的亚洲龙鱼就是我们较为熟悉的一种，而骨舌鱼中知名度最高的一种，是分布于南美亚马孙河流域的巨巴西骨舌鱼。

成年巨巴西骨舌鱼体长 2.5 ～ 3 米，体重有 100 余千克，甚至有体长 4.5 米，体重 200 千克的个体记录，是全世界体形最大的淡水鱼。它们的鱼鳔能起到类似于肺的作用，帮助它们进行呼吸。巨巴西骨舌鱼有着青铜色的脑袋和暗红色的尾巴，因此在巴西原住民语言中又被称为“大红鱼”。

巨巴西骨舌鱼的鳞片外层是坚硬的鳞甲，内层却是柔韧的胶原蛋白结构，具有极强的抗击打能力。鱼如其名——巨巴西骨舌鱼的舌头上布满了齿状骨突，当地人捕捉它们后，除了将鱼肉晒干食用，还会将它们的舌头制成厨房里用的擦板。

中文名：巨巴西骨舌鱼

英文名：Arapaima / Pirarucu

学名：*Arapaima* spp.

分类：骨舌鱼目巴西骨舌鱼科巴西骨舌鱼属

楔齿蜥是恐龙时期就存在的古老家族的最后独苗

爬行纲动物下分四个目，而仅产于新西兰本土外海中 10 多个离岛上的一属一种楔（xiē）齿蜥就单独占据了其中一目，楔齿蜥在生物进化史中的重要地位可想而知。

楔齿蜥的英文名来自新西兰原住民毛利语中的 tuatara 一词，意思是“背刺”，指的是它颈背上有一条锯齿形的突起。它们的牙齿结构也在爬行纲中独一无二：下颚的一排牙齿像楔子一样嵌合在上颚的两排牙齿之中，因此才得了如此这般的中文名。

虽然挂着“蜥”字，看起来也像是一条体长 60 厘米的灰绿色大蜥蜴，但楔齿蜥不是蜥蜴。它们没有蜥蜴所具备的交接器官，交配时像鸟类一样直接用泄殖腔接触。它们是恐龙时期的一个古老家族——喙头类唯一的孑遗。

喙头蜥极其长寿，平均寿命约 60 岁，至少要到 35 岁才停止发育。曾有过一条 111 岁的雄性使一条 80 岁的雌性成功受孕产卵的记录。

中文名：楔齿蜥
英文名：Tuatara
学名：*Sphenodon punctatus*
分类：喙头目楔齿蜥科楔齿蜥属

虎斑颈槽蛇自带一内一外两套毒液分泌系统

虎斑颈槽蛇是体长 0.9 ～ 1.3 米的中型毒蛇，广泛分布于除新疆、海南、西藏等地的中国大部分地区。它们通常在水源地附近栖息，因为躯体前段自颈后有黑红相间的色块一直延伸到身体中段，而被老百姓称为“野鸡脖子”。

虎斑颈槽蛇属于后沟牙毒蛇，其毒牙位于上颌中后段，一般而言其毒牙难以直接伤人，大多数情况下只能在咀嚼和吞咽蛙、蟾蜍和鱼等猎物的过程中注入毒液。虎斑颈槽蛇性情较为温顺，排毒量也偏低，绝少主动攻击人类，也较少对人造成致命威胁，但过敏体质者仍需加倍留神。

除了毒牙，虎斑颈槽蛇还有另一套毒腺系统位于颈背部正中的颈槽内，受刺激后会分泌出黄白色毒性浆液，接触眼部、口腔黏膜和皮肤伤口后会引起红肿和疼痛，但一般也不会致命。

中文名：虎斑颈槽蛇　　学名：*Rhabdophis tigrinus*

英文名：Tiger Keelback　　分类：有鳞目游蛇科颈槽蛇属

四爪陆龟的“手指”和“脚趾”都只有四个

一般的陆龟前肢5指而后肢4趾，但四爪陆龟的“手指”和“脚趾”都是4个，这在陆龟中绝无仅有，因而得名。它们栖息于阿富汗、亚美尼亚、阿塞拜疆、伊朗、哈萨克斯坦、巴基斯坦、俄罗斯、塔吉克斯坦、土库曼斯坦、乌兹别克斯坦、中国等地。由于其产地直接覆盖了中亚地区的各个“斯坦”国，因此在英语中亦被称作“中亚陆龟”。在中国，四爪陆龟的唯一产地是位于新疆维吾尔自治区伊犁市霍城县的新疆霍城四爪陆龟国家级自然保护区，它们被当地的维族同胞称为“塔西帕卡”，意思是“像石头一样的龟”。

四爪陆龟体长12～22厘米，宽10～18厘米。栖息于干旱的半沙漠草原和丘陵地带，挖洞居住，取食多种植物叶片和果实。不仅冬眠，还会夏眠。四爪陆龟是我国国家一级保护动物。

中文名：四爪陆龟

学名：*Agrionemys horsfieldii*

英文名：Horsfield's Tortoise / Central Asian Tortoise

分类：龟鳖目陆龟科四爪陆龟属

现实中的红耳龟远不是忍者神龟那样的英雄

在风靡全球的动画连续剧《忍者神龟》里，四只被扔进纽约下水道里的小红耳龟遭遇基因突变，化身而成了除暴安良的忍者英雄。但现实中，红耳龟对全世界的影响却远不是那么回事。

尽管在宠物贸易中俗名为“巴西龟”，但红耳龟与远在南美的巴西毫无关系，而是产于美国境内的密西西比河与流经美国和墨西哥两国的格兰德河（在墨西哥被称为北布拉沃河）流域，应当称为“北美龟”才是。

近半个世纪以来，随着宠物贸易的发展，并凭借自身强大的适应能力，红耳龟已扩散至全球诸多水域形成种群，与本地物种大量竞争食物与栖息地，被世界自然保护联盟（IUCN）列为全球最危险的100个入侵物种之一。我国也已将其列入《重点管理外来入侵物种名录》，并通过《中华人民共和国生物安全法》正式立法，明令禁止一切随意弃养的行为。

中文名：红耳龟

英文名：Red-eared Slider

学名：*Trachemys scripta elegans*

分类：龟鳖目泽龟科滑龟属

细脆蛇蜥看起来像条蛇

蛇蜥是蜥蜴中最为奇特的一类，它们虽然身为蜥蜴，但四肢已经完全退化，在地面上蠕动前行时酷似一条蛇。

如果在夏季前往中国南方海拔 2000 米以下的山区阔叶林和混生林，在较为潮湿的森林底层的落叶堆或土质较为疏松的腐殖土中仔细观察，或许会发现一条体长 40 ～ 60 厘米，体背面黄褐色，自颈后至体前段排列十多道蓝色金属光泽横纹的“小蛇”。这就是中国出产的 5 种脆蛇蜥属物种之一：细脆蛇蜥。它们喜爱隐匿于石块、朽木、落叶层下，通常在夜晚活动，捕食昆虫和蠕虫等，被某些山民戏称为“山黄鳝”。

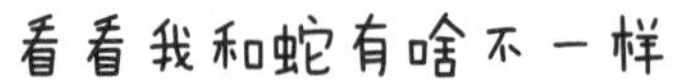

那么如何区分蛇和蛇蜥呢？主要差别如下：蛇蜥有眼睑会“眨眼”，而蛇完全没有眼睑只能“瞪眼”；蛇蜥头部长有耳孔，蛇则根本没有耳孔；蛇蜥的舌头较为肥厚，没有分叉或分叉不明显，蛇的舌头细长且完全分叉；蛇蜥能够“断尾求生”，但蛇却完全做不到。

中文名：细脆蛇蜥　　学名：*Dopasia gracilis*

英文名：Asian Glass Lizard　　分类：有鳞目蛇蜥科脆蛇蜥属

大西洋蓝枪鱼的长嘴是上颌特化而成

美国作家欧内斯特·海明威（Ernest Hemingway，1899—1961）在他的诺贝尔文学奖获奖名篇《老人与海》中，描述了一位古巴老渔民与一条巨大的马林鱼在海上三天三夜的搏斗经历。马林鱼，这是一种什么鱼呢？书中形容这条大鱼“脑袋和背部呈深紫色，两侧的条纹在阳光里显得宽阔，带着淡紫色”，“它的长嘴像棒球棒那样长，逐渐变细，像一把轻剑”。

位于大西洋热带海域的加勒比海地区是多种“长嘴大鱼”的产地，其中包括剑鱼、大西洋旗鱼以及大西洋蓝枪鱼等鱼类。而其中的大西洋蓝枪鱼是当地渔民最为熟悉的一种“长嘴大鱼”，它们体长可达 4 ~ 5 米，雌鱼体重可超过雄鱼 4 倍，达到 540 千克以上。它们的背部呈蓝黑色，腹部为银白色，体表有带着圆点和条纹的淡色斑纹，还有由长颌特化而成的标志性长喙，再考虑到它又被称为“蓝色马林鱼”，老渔民抓到的“大马林鱼”应该就是它啦。

中文名：大西洋蓝枪鱼　　学名：*Makaira nigricans*

英文名：Atlantic Blue Marlin　　分类：旗鱼目旗鱼科枪鱼属

大耳沙蜥遇敌一吓二咬三遁地

所有的蜥蜴都没有外耳而只有两个耳孔，大耳沙蜥当然也不例外——这所谓的“大耳”其实是它在遇到威胁时，张开嘴巴撑开嘴角皮褶而露出的粉红色内面，一副“气得把腮帮子都翻出来了”的样子。

若是“翻腮帮子”不好使，大耳沙蜥还会四脚一撑，身体一挺，尾巴一伸，尾尖一卷，继续吓唬敌人。假如再不见效，那就要“见机行事”了。对手个头不大，大耳沙蜥就咬上一口，敌方确实强大，它们会拿出另一套“遁地大法”应对：直接“趴平”在地，左右晃动身体，把身边的沙子抖松，在沙地上晃出一个洞，直接把自己从头到尾“活埋”。

大耳沙蜥从头到尾长约40厘米，是沙蜥属中体形最大的一种，产于俄罗斯南部、伊朗北部、阿富汗、哈萨克斯坦、土库曼斯坦、塔吉克斯坦、吉尔吉斯斯坦、乌兹别克斯坦和中国新疆伊犁等地的荒漠沙丘中。

中文名：大耳沙蜥　　学名：*Phrynocephalus mystaceus*

英文名：Toad-headed Agama　　分类：有鳞目鬣蜥科沙蜥属

钩盲蛇基本都是雌性

钩盲蛇俗称“铁线蛇”，是中国乃至世界范围内的最小蛇类之一，成年钩盲蛇体长仅 15 ~ 18 厘米，形态颇似一条大蚯蚓，头与尾看起来几乎完全相同，仔细观察才会发现它们周身覆盖着大小一致的圆形细碎鳞片，而眼睛已经退化成了两个覆盖在鳞片下的黑点，基本失去视觉，仅能感知明暗而已。

钩盲蛇平时和蚯蚓一样在泥土中掘洞而居，以蚯蚓、白蚁和昆虫的卵、蛹等为食。它们完全无毒，御敌手段也不是咬人，而是将尾巴竖起，从尾部的腺体中释放刺激性气体。最有趣的是，钩盲蛇的雄性个体不到5%，属于孤雌繁殖的蛇类，其卵细胞在不受精的情况下仍能发育成蛇卵。

钩盲蛇原产于非洲及亚洲的多个国家，但在世界范围内扩散极广，大洋洲、美洲甚至欧洲都已出现固定种群。它们的学名有“婆罗门”之意。

手下留情！不是蚯蚓！
砍断了没法长成两条！

中文名：钩盲蛇
英文名：Brahminy Blind Snake
学名：*Indotyphlops braminus*
分类：有鳞目盲蛇科印度盲蛇属

金环蛇和银环蛇结构相似，配色有别

金环蛇和银环蛇都是产于中国南方诸多省份的大中型前沟牙型毒蛇，体长都在 120 ～ 170 厘米，也都栖息于山区丘陵地带，夜晚都会前往水源地附近捕食，都喜欢吃鱼、蛙、蜥蜴、小型啮齿动物甚至其他无毒蛇。

这哥儿俩的毒液都是神经毒素，毒牙也都较小，人被咬伤后不仅不容易发现伤口，而且伤口仅略有瘙痒感，也不会发红发肿，常在被咬后几小时才出现中毒症状，非常容易贻误治疗时机。治疗时需为患者佩戴呼吸机，并及时注射相应的抗毒血清。

金环蛇和银环蛇的头部都呈略扁的椭圆形，背面都是黑色且脊棱明显，两者外形上的唯一不同是金环蛇从颈部到尾末有数十道明显的黄色横纹，而银环蛇则在相同位置长有数十道清晰的白色横纹。因此民间又将前者称为“金包铁”“金脚带”，而将后者叫作“银包铁”“银脚带”。

中文名：金环蛇，银环蛇

英文名：Banded Krait, Many-banded Krait

学名：*Bungarus fasciatus, Bungarus multicinctus*

分类：有鳞目眼镜蛇科环蛇属

鸭嘴兽在水里依靠电信号定位捕食

除了针鼹科的两属四种针鼹，另一种产卵的单孔目哺乳动物是同样来自澳大利亚的鸭嘴兽。

鸭嘴兽全身长满灰黑色的绒毛，拖着一条粗尾巴，但脑袋前端却长了一张又扁又宽的鸭子嘴，这嘴不像真正的鸭喙那样是坚硬的骨质，而是柔软的皮革质地。

鸭嘴兽通常在黎明和黄昏期间活动，从自己在小河边挖的地洞里钻出来，伸开脚爪间的蹼，滑进水里，紧闭双眼，依靠嘴部的 40000 多个电感器，探测水生动物身上的生物电电场捕食。一只体重 2.5 千克的鸭嘴兽每天可以吃下 0.5 千克的蠕虫、蝌蚪、蚯蚓、水生昆虫幼虫和澳洲淡水螯（áo）虾等食物。

鸭嘴兽后脚踝上长有一根空心锋利的“距”，像一个多余的脚趾。雌性的距约在其一岁时褪去，但雄鸭嘴兽的距却是一枚“暗器”，能与体内的毒腺相连并施放毒液。若是被距所扎，虽不致命却能引起剧烈疼痛。

雌性鸭嘴兽没有育儿袋，自己用树叶在地洞中筑巢产卵，一次一般产两枚。

中文名：鸭嘴兽
英文名：Platypus
学名：*Ornithorhynchus anatinus*
分类：单孔目鸭嘴兽科鸭嘴兽属

中国钝头蛇为了吃蜗牛长了一口不对称的牙

中国钝头蛇是分布于中国南方大部分省份的中国特有小型无毒蛇，它们体长 50 ～ 70 厘米，嘴巴顶端又钝又圆，还有一双瞳孔细长的橙红色大眼睛。

和食卵蛇一样，中国钝头蛇也是一种食性相当特化的蛇，除了蛞蝓（kuò yú）和蜗牛之类的软体动物，别的食物基本不碰。蛞蝓可以直接“一口闷”，可是长着壳的蜗牛，要怎样处理呢？

蜗牛壳的螺旋形状和开口位置有两种：从壳的中心点向外顺时针旋转，开口位于身体右侧的称为右旋蜗牛，反之则是左旋蜗牛。捕食蜗牛时，中国钝头蛇潜伏在蜗牛后方悄悄靠近后，猛然张嘴钳住蜗牛壳的开口处，再用右下颚的牙把蜗牛的身体从壳里“掏”出来——由于 95% 以上的蜗牛都是右旋，所以中国钝头蛇右下颚的牙要比左下颚多出三分之一，为 24 颗左右。如果遇到左旋蜗牛，它们只能望“牛”兴叹了。

长什么牙，吃什么菜，钝头蛇家族就是如此。

中文名：中国钝头蛇

学名：*Pareas chinensis*

英文名：Chinese Slug Snake

分类：有鳞目钝头蛇科钝头蛇属

考氏鳍竺鲷爸爸用嘴巴带娃

考氏鳍竺鲷是印度尼西亚中苏拉威西省邦盖群岛的特有鱼类，仅分布于邦盖群岛的 20 多个岛屿邻近的海域，分布范围约 5500 平方千米，现存数量预计约 240 万条。

考氏鳍竺鲷在水族行业中有“峇里天使”“泗水玫瑰”“长鳍玫瑰”等称呼。成鱼体长约 8 厘米，全身所有鱼鳍都十分细长，体色基调为白色，身上有 3 条黑色条纹，其中 1 条贯穿眼部。

考氏鳍竺鲷是天竺鲷科中唯一的昼行性成员。它们是底栖性鱼类，集成 10 条以下的小群活动，以桡足类生物为主食，栖息在水深 1.5 ~ 2.5 米的浅水区域，包括珊瑚礁、海草床以及碎砂石开阔地，遇到敌害时，会躲在海胆的刺中“找掩护”。

考氏鳍竺鲷是口孵鱼类，雌鱼产卵后，雄鱼会将近一个多月不吃不喝，将鱼卵含在口中孵化，一次可孵出小鱼 25 条左右。

由于被大量捕捉作为宠物，考氏鳍竺鲷的数量急剧下降，目前已被列为濒危物种。

中文名：考氏鳍竺鲷
学名：*Pterapogon kauderni*
英文名：Banggai Cardinalfish
分类：鲈形目天竺鲷科鳍竺鲷属

大蓝环章鱼的蓝环是可怕的死亡之蓝

别人的蓝色好看，
我的蓝色不光好看还有毒！别摸！

虽然名为“大”蓝环章鱼，但这种分布于印度洋和太平洋海域的小章鱼其实很“迷你”，即使算上触手，体长也不超过 10 厘米，体重约 80 克，比一颗高尔夫球大不了多少。它之所以得名“大”，是由于身体上的蓝色圆环比同属的其他三种蓝环章鱼的大。

大蓝环章鱼生性并不嗜血好杀，平时它只是与世无争地隐藏在珊瑚礁中，靠小鱼和虾蟹为食。但一旦有粗心大意的动物（包括人类）侵入了它的领地，大蓝环章鱼会立即将体色变成亮黄色，并显示出体表鲜亮的蓝色圆环作出警告。如果对方还不退让，大蓝环章鱼会立即发起攻击，张开角质喙咬住对手，将毒液注射进其伤口。

大蓝环章鱼的毒液中含有致命的河豚毒素，毒性远超氰（qíng）化钾，能令肌肉彻底休克并瘫痪，最终导致无法呼吸和心跳停止——最可怕的是，在中毒死亡的过程中，受害者的意识始终是清醒的。

中文名：大蓝环章鱼
英文名：Greater Blue-ringed Octopus
学名：*Hapalochlaena lunulata*
分类：八腕目章鱼科蓝环章鱼属

低地纹猬用背上的刺交流

低地纹猬的全名叫作低地条纹马岛猬，但首先要说明，尽管听起来是“猬”字辈儿的成员，然而它们却属于非洲猬目，绝不是刺猬。它们的祖先约在 5500 万年前从非洲大陆来到马达加斯加岛，最终发育成了如今这般既不像老鼠又不是刺猬的怪模怪样。

低地纹猬身长约 15 厘米，皮毛黑黄，夹杂着白色的尖刺，脑后还有一大排黄色的利刺，“发型”相当“朋克”。遇到敌人时，它们先发出警告声，若敌人不知进退，低地纹猬就冲上前去用“赛亚人发型”猛戳对手。

低地纹猬最大的特征是在它的脊背后端有 10 余根基部肌肉发达、粗而短的刺，它们在进食、避敌甚至是雌猬召唤幼崽时，都依靠这 10 来根刺来回晃动、互相摩擦，发出像用手拨动梳子齿一般的声音进行交流。它们和刺猬一样喜欢吃蚯蚓和昆虫的幼虫，但它们会夏眠而不是冬眠。

中文名：低地纹猬　　学名：*Hemicentetes semispinosus*

英文名：Lowland Streaked Tenrec　　分类：非洲猬目马岛猬科纹猬属

枯叶龟把伪装和突袭用到了极致

中国农夫守株待兔，
南美神龟守水待鱼……

产于南美洲亚马孙河各大水系中的枯叶龟可能是外形最稀奇古怪的龟，它根本就没有个标准的“龟样”，完全就像是一堆长满了青苔，挂满了毛边、细丝和碎片的破砖烂瓦。

枯叶龟用斑驳的褐绿色皮肤和遍布绿苔的背壳来伪装自己，而头颈部垂下的许多小肉片则会顺水摆动，充当诱饵。当粗心大意的鱼儿误以为这些肉垂是水生昆虫并游近枯叶龟的头部时，枯叶龟便会飞快地弹出脖子张开嘴巴，在水里形成一个真空，连鱼带水一口吸进嘴里，再把水排出，将鱼吞食。难怪枯叶龟在西班牙语中的名称“玛塔玛塔”有“杀啊杀”之意。

枯叶龟的泳技并不高超，多数情况下它都在水流缓慢的浅水沼泽底层和积有厚厚落叶层的河流浅滩底部活动。它有一条几乎与脊椎骨等长的柔韧而灵活的脖子和突出的鼻子，这样，它不用浮起身体，就能把头伸出水面透气。

中文名：枯叶龟

英文名：Mata Mata

学名：*Chelus* spp.

分类：龟鳖目蛇颈龟科蛇颈龟属

星鼻鼹鼻子周围有 22 条触手

星鼻鼹是产于北美洲北部的小型鼹鼠，体长约20厘米，体重约50克。它们与其他鼹鼠的区别在于：其一，鼻子周围长有 22 根被称为肉质附器的触手状突起，就像一颗围绕鼻子生长的星星，故而得名；其二，水性颇佳，能够在湿地、沼泽和池塘中游弋觅食。

星鼻鼹长年生活在黑暗的地下，眼睛已高度退化而不具备视力，故而这 22 根被它们当作“盲杖”使用的附器就是星鼻鼹感知外界环境的重要助力：在全部附器上长有超过 10 万个神经末梢（人类的手掌上仅有约 1.7 万个神经末梢），每秒能触碰 12 个不同的位置，只需 8 毫秒就可以决定遇到的东西可否食用。

除了会在泥土中飞速前进找吃的，星鼻鼹还能在水中闻味觅食：它们游动时以 10 个 / 秒的高频率不断地从鼻孔中吹出气泡再吸回去，一旦气泡接触到猎物，星鼻鼹就能从气泡中嗅出味道再追上猎物抓住吃下。

中文名：星鼻鼹　　学名：*Condylura cristata*

英文名：Star-nosed Mole　　分类：劳亚食虫目鼹科星鼻鼹属

要分辨恒河鳄的雌雄就看它们的鼻子尖儿

恒河鳄是长吻鳄科下唯二的物种之一，曾一度遍布整个印度次大陆北方的各大水系中，但如今仅有 900 条左右生活在印度的恒河、拉姆根加河、昌巴尔河、甘达基河和尼泊尔的纳拉亚尼河等水域中。

成年恒河鳄体长为 3.5 ～ 6.5 米，体重近 160 千克，是体形最长的鳄鱼之一。在这个长长的身体上长着一张同样细长的嘴，嘴里的牙多达 106 ～ 110 颗，能够紧紧地咬住身上密布着黏液的各种河鱼——它们最爱吃的食物。它们生性羞怯，并不伤人。

雄性恒河鳄的鼻端长有一个瘤状突起，能起到共鸣器的作用，放大它们的鸣叫声，便于它们在发情期吸引雌性。也正是由于这个独特的结构，当地人在印地语中称它们为 ghara（罐子）。ghara 经过转写，就成为恒河鳄的英文名称 gharial。恒河鳄的视网膜后长有一层能够反射光线的脉络膜，因此它们的夜视能力很强。

中文名：恒河鳄
英文名：Gharial
学名：*Gavialis gangeticus*
分类：鳄目长吻鳄科长吻鳄属

加湾鼠海豚因为一种美食而失去生命

加湾鼠海豚产于墨西哥下加利福尼亚州与北美大陆之间的加利福尼亚湾北部，是墨西哥的特有物种。它们是一种娇小玲珑的鲸豚类，体长仅 1.4 ～ 1.5 米，体重约有 50 千克，背部深灰色，腹部介于浅灰色与灰白色之间，长着像一对化了烟熏妆的“熊猫眼”和两片“哥特风”的深黑色嘴唇，一幅又萌又酷的模样。加湾鼠海豚的英文名直接来自它们在西班牙语中的称呼 vaquita，意思是“小奶牛”。

然而，加湾鼠海豚可爱的外形背后，却是深重的危机：它们是目前全世界濒危程度最高的鲸豚类，现今整个种群数量最乐观的估计也只剩不足 30 头。这是由于一些国家以与它们同海域分布的加湾石首鱼的鱼鳔制成的“花胶”为美食，以致加湾鼠海豚常被误困在当地渔民捕捉石首鱼的流刺网中，最终受伤应激而死。科学家们正在与时间紧张地赛跑，希望能够挽救这最后的“小奶牛”。

中文名：加湾鼠海豚 / 小头鼠海豚

英文名：Vaquita

学名：*Phocoena sinus*

分类：鲸目鼠海豚科鼠海豚属

得州角蜥用眼睛射出鲜血保护自己

美国第二大州得克萨斯州尚武崇侠，民风彪悍，连当地出产的一种蜥蜴都是个“好勇斗狠、血战到底”的“猛士”：这就是美国体形最大的角蜥属物种得州角蜥。

得州角蜥平素活动并不频繁，只是喜爱藏身于气候干燥、乱石密布的沙丘和荒地中，默默舔食占它们日常食物近 70% 的最爱——蚂蚁。猛一看，它更像一只矮胖浑圆的蟾蜍而不是一条瘦长纤细的蜥蜴，再一看，就会发现，得州角蜥的头部、背部、身体两侧和尾部布满了多排尖锐的棘刺，如此“刺儿头”，令前来挑战的鸟兽甚至人类都无从下手。

但就像在足球赛中进攻才是最好的防守一样，若是遇到死缠烂打的对手，得州角蜥会放出最后的“大招”，闭起眼睛，挤破眼角处的毛细血管，直接把一股带着腥味的鲜血喷向对手，足以把敌人惊得屁滚尿流。

一条蜥蜴尚能如此“浴血奋战”，难怪美国俗语有云：“别惹得州。”

中文名：得州角蜥　　学名：*Phrynosoma cornutum*

英文名：Texas Horned Lizard　　分类：有鳞目角蜥科角蜥属

澳洲魔蜥全身自带饮用水水源

澳洲魔蜥的学名是“恐怖的火神”之意，它们的体色为红、黄、白、褐混杂，身上那一排排密密麻麻的圆锥形鳞片上伸出的一根根锐利短刺，看起来着实令人不寒而栗。

实际上，澳洲魔蜥从头到尾身长不过20厘米，性情温和，行动缓慢，从不主动攻击人。它们的颈后长有一个同样带刺的“假头”，遭遇敌人时，就低下真的脑袋夹在前腿中，用“假头”迎敌。它们生长在澳大利亚内陆干旱的荒原、沙漠和灌木丛地带，平时最喜欢做的两件事就是晒太阳和吃蚂蚁。澳洲魔蜥完全以蚂蚁为食，一次可以舔食千余只蚂蚁。

在沙漠中，水是最珍贵的物质。澳洲魔蜥的棘刺之间布满了几千处微小的沟槽，可以凝结清晨时分的露水。这样，它们只要移动一下身体，沟槽中凝结的水分就会“顺流而下”流到它们的嘴边。

中文名：澳洲魔蜥
英文名：Thorny Devil / Moloch
学名：*Moloch horridus*
分类：有鳞目飞蜥科魔蜥属

五趾双足蚓蜥是长着两条腿的小挖掘机

五趾双足蚓蜥的英文名是“墨西哥鼹鼠蜥蜴”之意，这个名称恰如其分地点名了这种小蜥蜴的两大特点：第一，它是墨西哥特有动物；第二，它的习性有点类似于鼹鼠。

五趾双足蚓蜥又称“二肢蚓蜥”，分布于墨西哥西北部下加利福尼亚半岛南部的沙漠与灌丛林地地带，穴居地下，昼伏夜出，身长 18 ～ 24 厘米，全身呈暗粉红色，看起来就像是蛇、蚯蚓、蜥蜴和鼹鼠四者的组合体，最有趣的是，它长着两只带爪的前足却没有后腿，而它的尾巴也不像其他四足蜥蜴一样能够在脱落后再生。

五趾双足蚓蜥口中长有牙齿，以蚂蚁、白蚁、蚯蚓和其他昆虫为食。挖洞时，如果土质松软，它就把前足靠在体侧，用钝圆的脑袋直接拱开泥土；如果土质坚硬，它才会抡开前腿，用五个爪子充当“铲子”，用力挖掘，奋力推进。

中文名：五趾双足蚓蜥
英文名：Moxican Mole Lizard
学名：*Bipes biporus*
分类：有鳞目双足蚓蜥科双足蚓蜥属

雀尾螳螂虾用一对铁拳打遍海洋无敌手

雀尾螳螂虾俗称“纹华青龙虾”，但它不是真正意义上的虾，而是口足目动物的一种——口足目动物中文正名为虾蛄，也就是我国俗称的“皮皮虾”或“虾爬子”。

它们主要分布于印度尼西亚巴厘岛、西太平洋热带海域以及从关岛－马里亚纳群岛至东非沿岸的附近水域，在我国南海及台湾海域也有分布。

雀尾螳螂虾体长约 20 厘米，身体青绿，脚爪橘红，外形“大红大绿”美艳无比，但可别被这身艳丽的“妆容”给欺骗了，它们是凶猛狂野、好勇斗狠的海中“拳击手”。一对顶端尖锐的螯肢在全力“出拳”时，可在 1/50 秒内击打出时速超过 80 千米、冲击力近 60 千克的力量，瞬间加速度甚至超过点 22 小口径手枪的子弹。在这等强大的冲击力之下，它最爱吃的海生贝类和其他的虾蟹也只能自认倒霉，默默受死。

注意：在水族馆中，雀尾螳螂虾的饲养缸需要镶嵌防弹玻璃。

中文名：雀尾螳螂虾
学名：*Odontodactylus scyllarus*
英文名：Peacock Mantis Shrimp
分类：口足目齿指虾蛄科齿指虾蛄属

虎鼓虾用海水当子弹射晕食物后吃掉

虎鼓虾生活在印度洋－西太平洋区的热带海域，主要分布在水深 20 米以下的浅水区的泥沙质碎屑状底层中。

虎鼓虾体长 4～5 厘米，身体粗壮，基色是黄白色或纯白色，头胸部、腹部和尾部有不规则的深色花纹。它最大的特点是长有两只左小右大的不对称大螯。虎鼓虾快速闭合右边大螯的两指时，会挤出一股速度高达 100 千米 / 小时的水流，通过这道水流周围形成的漩涡出现的局部低压会产生接近真空的低压空化气泡，与周围的高压海水互相撞击，产生强大的冲击力，发出音量高达 200 分贝以上的巨响——虎鼓虾就靠着这种“打响指”的绝技将身边的小鱼小虾震晕后吃掉，因而又称“虎枪虾”。

进一步研究表明，当虎鼓虾双指闭合通过高速射流产生气泡时，甚至会伴随高温与发光现象，气泡坍塌瞬间时的温度可达 4700℃，发光时间在 10 纳秒以内，而这种现象也被称为虾光现象（shrimpoluminescence）。

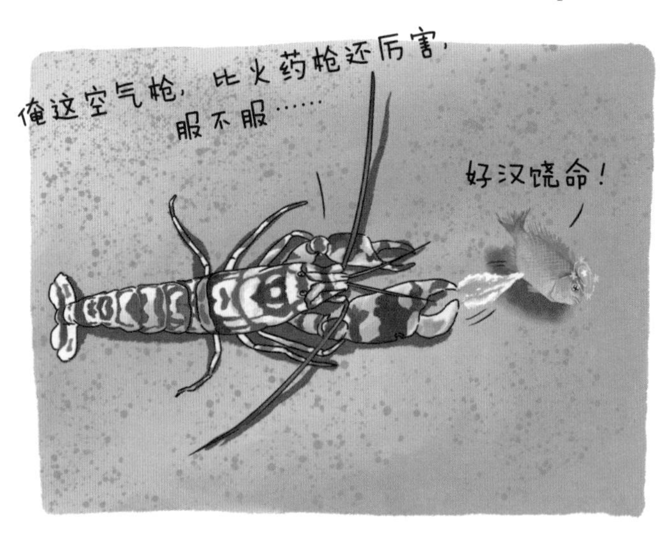

中文名：虎鼓虾　　学名：*Alpheus bellulus*

英文名：Tiger Pistol Shrimp　　分类：十足目鼓虾科鼓虾属

乌龟怪方蟹在高温与剧毒中夹缝求生

中国台湾宜兰县东面太平洋外海中有一座外形酷似海龟浮出水面的火山岛，叫作龟山岛。

台湾岛位处环太平洋地震带上，地震现象极为激烈频繁。而龟山岛海面下众多的浅海热泉喷口不断喷出的近 120℃的硫黄烟柱及酸碱度 1.75 ～ 4.60 的有毒物质，使得这里的海床成了极其恶劣的高温、高酸、低氧的物种贫乏环境。而在如此极端的生境里，竟然居住着一种“夹缝求生”的生物——乌龟怪方蟹。平时，它们会避开那些高温喷口，隐居在常温海水区域中的缝隙与洞穴里。当热泉烟柱喷发将漂过的浮游生物和鱼虾等烫死时，它们的尸体便会大批落到海床上，形成所谓的“海洋飘雪”景象。此时，乌龟怪方蟹们便会离开藏身处，集体聚集在海床上大口吞食这些尸体。在下一次有毒物质爆发前再躲回藏身处，可谓是“逐洋流而餐”了。

1999 年，乌龟怪方蟹首次被发现，并于次年被正式定为全新物种。

中文名：乌龟怪方蟹

英文名：Shallow Hydrothermal Vent Crab（意译，无通用名）

学名：*Xenograpsus testudinatus*

分类：十足目怪方蟹科怪方蟹属

电鳗就是一节电压极高的生物电池

全世界能够发电的鱼类约有 350 种，但多数属于“弱电鱼”，发出的电压不到 1 伏，基本用于探路和交流，而最为知名的“强电鱼”三巨头——电鳐、电鲶和电鳗就不同了，这哥儿仨都能发出高达数百伏的电流用于自卫和捕食。德国自然学家亚历山大·冯·洪堡（Alexander von Humboldt，1769—1859）曾在南美洲奥里诺科河流域目睹大群牛马被电鳗“麻翻”的惨烈景象。

电鳗体长可达 2.5 米，体重约 20 千克，没有背鳍和腹鳍，臀鳍极度延长，与尾鳍融合成一条细长的“裙边”，在水中游动时如波浪般漂动，很是优雅。但它们放起电来可就没这么“文艺”了：如果把电鳗视作一节电池，那么它的头部为正极，而占体长 80% 左右的尾巴则是负极，长有三个各自独立又相辅相成的发电器官，上面有数以千计的放电体，每个放电体可放出约 0.15 伏的电压。电鳗放电虽不能持久，但全力放电时能瞬间产生高达 600 ～ 800 伏的电压，足以致对手于死命。

中文名：电鳗

英文名：Elcctric Ecl

学名：*Electrophorus electricus*

分类：电鳗目裸背电鳗科电鳗属

香鱼的香味其实是“自来香”

香鱼是东亚多国都有出产的中小型淡水鱼类，体背淡黄绿色，腹部银白色；胸鳍后方的一个鲜黄斑点是香鱼最明显的标志。

明朝万历年间，我国便有“燕山出香鱼，清甜味有余”的诗句，台湾著名史学家、诗人连横（1878—1936）也曾赋诗“香鱼上钩刚三寸，斗酒双柑去听鹂”。但对香鱼最有“执念”的，只怕还是日本人——香鱼会圈定并占领一小块取食区，他们便给香鱼在日语中起名“鲇”鱼；香鱼喜爱取食水中石块上的藻类和苔藓，日本人便认为香鱼的肉味带有高雅而清甜的香味（其实这香味是香鱼体内的不饱和脂肪酸在酶的作用下自身产生的）；香鱼喜爱栖息在清洁的水质中，日语中便昵称香鱼为“清川の女王”，甚至连每年进贡给日本天皇食用的香鱼，都必须用传统方式将香鱼装进木桶后，徒步抵达王室御所……

香鱼的食用法以炖或烤为佳，一般不生食。

中文名：香鱼

英文名：Ayu / Sweetfish

学名：*Plecoglossus altivelis*

分类：胡瓜鱼目香鱼科香鱼属

黄颡鱼可能是全中国俗名最多的淡水鱼

古人曾用“鱼身燕头颊骨黄，鱼之有力能飞翔”形容常见的底栖性淡水鱼——黄颡（sǎng，额头之意）鱼。它主要分布于中国长江水系和珠江水系，在长江上游的四川、重庆、贵州等地俗名“黄辣丁”，下游江浙沪皖一带俗称“鉠鳚（yāng sī）鱼”（亦作“昂刺鱼”），江西称“黄牙头”，湖南、湖北名为“黄鸭叫”和“黄咕叮”，广东叫作“黄骨鱼”，东三省俗称“嘎牙子”。不夸张地说，它可能是全中国俗名最多的淡水鱼。

总结这些五花八门的俗称，不外乎都描述了黄颡鱼的三大特点：身体有黄色斑纹，背鳍和腹鳍上有 3 根硬刺，被拎起来时会发出“呲呲”的声音。此外，黄颡鱼口部还有 4 对 8 根胡须，可以在夜间探知水中的情况。

黄颡鱼是价廉物美的食用鱼，作家汪曾祺先生曾形容：“昂嗤鱼不加醋，汤白如牛乳，是所谓‘奶汤’。昂嗤鱼也极细嫩，鳃边的两块蒜瓣肉有大拇指大，堪称至味。”

中文名：黄颡鱼
英文名：Yellowhead Catfish
学名：*Tachysurus sinensis*
分类：鲶形目鲿科疯鲿属

圆鼻巨蜥是中国境内最大的巨蜥

圆鼻巨蜥又称“水巨蜥”“泽巨蜥”“五爪金龙”，是中国境内最大的巨蜥。产地从印度半岛到中国南方的两广、云南和海南等地再到东南亚多个国家都有分布。

巨蜥属下的 50 余个物种中体形最大的是科莫多龙，第二名就是平均身长约 1.5 米，体重 20 ～ 30 千克的圆鼻巨蜥。其最大的个体记录来自斯里兰卡，体长达到了 3.21 米，重达 75 千克。

圆鼻巨蜥的英文名意为“亚洲水巨蜥”，它们确实喜欢在水源地附近栖息，还能在水中潜伏长达半小时，无论淡水咸水都能应对自如。如果上了岸，靠着锐利的脚爪，它们竟然还能上树。

圆鼻巨蜥是肉食动物，对能够捕杀到的蛙、蛇、虾、蟹、鱼、鸟和小型哺乳动物甚至腐肉全都“来者不拒”。

中文名：圆鼻巨蜥

英文名：Asian Water Monitor

学名：*Varanus salvator*

分类：有鳞目巨蜥科巨蜥属

蜜獾的战斗力完全没有传说中的那么强大

近年来，蜜獾在互联网上被传得神乎其神:“打死不退拼命三郎”“非洲平头哥”；又传说它会和响蜜䴕（liè）结成“战略合作伙伴”，共同寻找蜂巢和蜂蜜……那么现实中的蜜獾，当真有这般“超能力”吗？

虽然蜜獾挂着“獾”的名头，但它和狗獾、猪獾、鼬獾等同一个大家族的獾可不是本家，而是另立山头的单门独户。除了非洲，亚洲的阿拉伯半岛和印度都有蜜獾，就对环境的适应力而言，它们的确是个成功的物种。

蜜獾是口味宽泛的杂食动物，几乎无所不吃，甚至会捕杀蛇类，但并非“百毒不侵”；论起战斗力，虽然蜜獾确实勇猛，但狮、豹、鬣（liè）狗甚至疣猪都能依靠体形优势碾轧蜜獾——事实上大型猫科动物和鬣狗的捕杀正是蜜獾的主要死亡原因之一。至于传闻中的响蜜䴕和它合作找蜜一说，更多出自非洲原住民的传说而查无实据。

中文名：蜜獾
学名：*Mellivora capensis*
英文名：Honey Badger / Ratel
分类：食肉目鼬科蜜獾属

海獭吃东西时会利用工具

海獭是近年来走红互联网但常被错认为水獭的“萌神”。其实海獭和水獭从分布上就很好区分，海獭仅有一种，分布于北太平洋近岸水域，由日本北部至俄罗斯堪察加半岛，再沿阿拉斯加湾南部到北美太平洋沿岸均有分布。而水獭则有10余种，产于全世界除大洋洲和南极洲以外的诸多淡水水域，极少进入海洋。

海獭是为数不多会使用工具的海生食肉动物：它们会在海面“躺平”，将一块扁平的石头放在胸腹部，再用前爪抓住蛤蜊、海胆、虾蟹等动物在石头上用力敲打，砸破外壳后取食肉质部分。一只海獭可潜入75米深的海中觅食达5分钟之久，每天可吃掉相当于自身体重25%的食物——也就是将近7千克。

海獭“发量”惊人，一只体重25千克的海獭每平方厘米的毛发数量可高达13万根！藉此，它们能在毛发层中储存约2.1升的空气，形成约4毫米的保温隔热层以有效御寒。

中文名：海獭
英文名：Sea Otter
学名：*Enhydra lutris*
分类：食肉目鼬科海獭属

紫貂从东北三宝到国家一级

来自巴尔干半岛的“格子军团”克罗地亚国家足球队是国际足坛知名劲旅，他们那一身辨识度极高的球衣取材于他们的国旗图案，克罗地亚国旗中的克罗地亚国徽上有着狮子、山羊和貂三种动物——在中世纪，组成克罗地亚王国的五个地区使用貂皮征税。

有科学家认为，克罗地亚国徽上这种分布于欧洲的貂，与广泛分布于欧亚大陆从乌拉尔山脉经西伯利亚至远东太平洋沿岸的广大寒带、亚寒带地区的紫貂其实是同一个物种。

紫貂主要生活在针叶林和针阔混交林中，地栖性为主，每个个体会占有不止一个巢穴，既有永久性的也有暂时性的。紫貂还能在树上活动，以捕杀啮齿类动物为主，也吃鸟类、鸟卵、昆虫、鱼类、植物和浆果等。

自古以来，紫貂就是珍贵的毛皮兽，在中国东北是与人参和乌拉草齐名的“三宝”之一。目前紫貂为国家一级保护动物，可申请特种养殖，但严禁捕猎。

俺们东北有三宝，
人参、貂皮、乌拉草，
如今不能随便抓，养殖许可少不了！
中文名：紫貂
英文名：Sable
学名：Martes Zibellina
分类：食肉目鼬科貂属

红吼猴的大嗓门在 5 千米外都能听到

红吼猴的舌骨结构特殊，发育成了一个能够起到共鸣器作用的盒式空腔结构。它们开口吼叫时，收缩胸肌和腹肌，从喉部压出一股“丹田之气”，被“共鸣器”扩大音量之后就变成了一连串低沉宏亮的隆隆吼声——这“嗓门”要比和它体形相当但没有“扩音器”的绒毛猴大 24 倍，差不多在 5 千米外都能听到。

虽然吼声大得吓人，但红吼猴并不是个“暴力猴”，它们信奉“君子动口不动手”的原则，只在宣示领地和恐吓敌人时才亮出“大嗓门”。

它们是最爱吃树叶的南美洲猴类，树叶在其食物中的比例高达 65%。由于树叶所含的营养成分低，所以红吼猴每天要花很长的时间一边移动一边“干饭”。它们也不常饮水，而是从树叶中获取需要的水分，但在大雨过后也能看见红吼猴舔树叶上的积水或是用前爪接住树上流下的雨水饮用。

中文名：红吼猴 / 委内瑞拉红吼猴

英文名：Red Howler / Venezuelan Red Howler

学名：*Alouatta seniculus*

分类：灵长目蜘蛛猴科吼猴属

疣猪要跪着吃东西

在迪士尼动画大片《狮子王》中，小狮王辛巴被坏叔叔刀疤派来的鬣狗们一路追杀，幸亏辛巴在逃亡途中被两位好朋友收留并陪伴它一路成长。这两位“贵人”，一位是细尾獴丁满，另一位就是疣猪彭彭。

“辛巴”是东非通用语斯瓦希里语“狮子”之意，但“彭彭”的意思却不是“疣猪”而是“笨蛋”——看来全世界人民对猪的刻板印象大致相同。可是，真正的疣猪并不笨且性情十分凶猛，敢和它一对一“单挑”的食肉动物几乎没有。成年疣猪的脸部长有肉疣及两对獠牙，雄性体形更大，獠牙更长，眼部下方和嘴角上方分别长有一对疣。而雌性只在近眼部处长有一对疣。肉疣在它们挖土打洞时能够保护眼部。

在雨季，疣猪靠吃草为生，而在旱季则挖掘地底下的球茎和块茎为食。由于前腿较长，疣猪进食与饮水时需要将前腿跪下，靠腿关节上长有胼胝（pián zhī）的肉垫保护膝部。它们挖掘植物根茎时，对泥土的搅拌使得土壤变得松散透气，有助植物种子的生长。

中文名：疣猪
英文名：Common Warthog
学名：*Phacochoerus africanus*
分类：偶蹄目猪科疣猪属

虎甲是速度飞快的掠食猛虫

虎甲是一类食肉甲虫，虽然体长只有 2 ～ 3 厘米，但色彩艳丽的鞘（shāo）翅、巨大的眼睛、锋利的大颚和凶猛的性情，让它很有几分像凶猛的猫科动物。

按照身体比例计算，虎甲是已知跑得最快的动物。一种澳洲的虎甲每秒能跑出相当于自身长度 125 倍的距离。如果人类也有这么快的脚力，时速将超过 800 千米！虎甲凭借 6 条“飞毛腿”，猎捕各种昆虫。因为跑得太快，追捕猎物时的虎甲甚至需要时时停下，看清猎物的位置，再继续起步追逐。但它的一对钳子般的大颚并不能直接把食物嚼碎吞下，而是只能在夹住对手后，靠分泌的消化酶把它们融化成“虫肉汤”喝掉。

虎甲的幼虫俗称“骆驼虫”，它们在沙土地中掘出洞穴，藏身其中，用背部的钩子挂住洞壁，将头部露出洞外，遇到经过洞口的昆虫，突然出击，一口毙命。

中文名：虎甲　　学名：*Cicindela* spp.

英文名：Tiger Beetle　　分类：鞘翅目虎甲科虎甲属

斑驴只有肩部以上像斑马

“斑驴”二字并不能像字面意义一样解读为“斑马和驴的后代”。其实斑驴并非独立物种，而是平原斑马的一个亚种，但它的外形可谓独具一格：全身呈棕黄色，只在头部、脖颈和肩部生有白色条纹，被人戏称为“打着打着就没墨了”的斑马。

斑驴曾经在南非草原广泛分布，但在荷兰侵略者殖民南非后，由于它们与牲畜之间产生了食物竞争而遭到了大肆捕杀。1878 年，最后一匹野生的斑驴被杀死；1883 年，最后一匹人工饲养的斑驴死于荷兰阿姆斯特丹动物园。自此，这个物种便在地球上消失了。

目前对斑驴的生态和习性了解不多，仅知道它们身长约 2.6 米，肩高约 1.35 米，雌性体形略大于雄性，结成 30 ～ 50 只的大群活动，每年会换毛。而它们的英文名 quagga 其实是个拟声词，形容的是它们的嘶鸣声“呱嘎”。

中文名：斑驴
英文名：Quagga
学名：*Equus quagga quagga*
分类：奇蹄目马科马属

叉角羚的角鞘每年脱落一次

一般人常想当然地把叉角羚当成一种羚羊，而叉角羚的学名确实就是“美国羚羊”之意，但其实叉角羚既不是羚羊也不属于羚羊所在的牛科，而是本身自成一个单科、独属、唯一种。

叉角羚是北美大陆的特有种，主要分布于美国中西部各州的草原地区，北到加拿大萨斯喀彻温和阿尔伯塔两省的南部，南到墨西哥南下加利福尼亚州的北部也有零星分布。

之所以说叉角羚“非牛非羊”，最主要的特征就在于它们的这对犄角。牛羊类的角是骨心外面包着一层角鞘的“洞角”，终身不脱落；鹿类的角是每年一换的“实角”。而叉角羚的角则处于这两者之间——骨心外包裹的角鞘每年脱落再生一次，直接被称为“叉角羚角”。

猎豹是奔跑速度最快的现存陆地动物，叉角羚则仅次于猎豹，它们发力狂奔的时速可达 80 ～ 96 千米。

中文名：叉角羚

英文名：Pronghorn

学名：*Antilocapra americana*

分类：偶蹄目叉角羚科叉角羚属

黑尾角马的鼻子能够嗅出哪里会下雨

非洲坦桑尼亚的西北部至肯尼亚的西南部，有一片广阔的草原，分属于坦桑尼亚的塞伦盖蒂国家公园和肯尼亚的马赛马拉国家保护区。在这片草原地区，有100多万只黑尾角马会结成许多数量庞大的群体，从南向北，又从北到南，跋涉数百千米，在这片地区大规模环形迁徙。

这样壮观的迁徙，是为了获得足够的食物和水源。黑尾角马的嗅觉十分灵敏，不仅能嗅出哪里的青草最为鲜嫩，还能感受到空气中的水分湿度，提前预知降雨的方位。每年的7—9月，东非草原的旱季到来，坦桑尼亚塞伦盖蒂地区草木枯黄，而肯尼亚马赛马拉国家公园的马拉河上游仍有降雨，降雨能够带来青草。黑尾角马凭着嗅觉的导引往返迁徙。

在逐水草而居的迁徙路上，巨大的群体也不是时时刻刻疲于奔波，会有或长或短时间的停留，歇息、繁育……年复一年，周而复始。

中文名：黑尾角马 / 黑尾牛羚
英文名：Blue Wildebeest
学名：*Connochaetes taurinus*
分类：偶蹄目牛科角马属

阿尔卑斯羱羊能够穿山越岭全靠蹄子

平均海拔约3000米，总面积约22万平方千米的阿尔卑斯山是欧洲海拔最高、横跨范围最广的山脉，覆盖了意大利北部、法国东南部、瑞士、列支敦士登、奥地利、德国南部及斯洛文尼亚。

阿尔卑斯山中出没一种巨大的野山羊，名叫阿尔卑斯羱（yuán）羊。它们肩高约1米，体长近1.7米，体重为67～117千克，无论雌雄都生有一对犄角，而雄羊那对天然“内卷”的羊角更是巨大无比，可长达1米，头顶两把“圆月弯刀”，再配上下巴上一撮明显的山羊胡子和全身褐黄色的毛发，真的是仙风道骨，气场十足。

阿尔卑斯羱羊祖祖辈辈生活在崇山峻岭之中，练就了一“脚”爬山攀岩如履平地的绝招：它们分开的蹄趾和脚后跟处的两个悬蹄，能够牢牢地抓住险崖绝壁上的石块，而蹄底的软骨又为落地提供了缓冲，简直是一群四蹄驱动的登山高手。

中文名：阿尔卑斯羱羊　　学名：*Capra ibex*

英文名：Alpine Ibex　　分类：偶蹄目牛科山羊属

南美小食蚁兽的吃饭问题主要在树上解决

食蚁兽科是个冷门小家族，满打满算也才 4 个物种，除了块头最大的“带头大哥”大食蚁兽，剩下 3 种都是“小家伙”。其中之一就是分布于从委内瑞拉经巴西再到乌拉圭北部的南美洲大部分地区的南美小食蚁兽，也叫领食蚁兽。

南美小食蚁兽体长 35 ～ 90 厘米，尾长 40 ～ 70 厘米，体重不到 8 千克，跟大食蚁兽比起来绝对是“娇小玲珑”了。它们的头部、四肢和尾部是金棕色，其余部分是黑色，活像身穿着一件“黑马甲”。遭遇敌人时，南美小食蚁兽会直立身体，伸开前肢，亮出脚爪，面向对方，发出警告。

南美小食蚁兽的脚爪同样坚固，能够扒开蚁穴，用长舌舔食蚂蚁。但它们长着一条能够盘卷的尾巴，可以缠绕住树枝，所以它们多数时间觅食树栖蚁类，巧妙地避开了与大食蚁兽的食物竞争。

中文名：南美小食蚁兽
英文名：Southern Tamandua
学名：*Tamandua tetradactyla*
分类：披毛目食蚁兽科小食蚁兽属

华南兔不会挖洞只会狂奔

兔形目是个简单粗暴但数量不多的分类单元，其下只分为兔科的 11 个属和鼠兔科的 1 个属共 92 种，而中国则出产这 2 科 12 属中的 2 科 2 属共 36 种。其中，鼠兔占 26 种，而人们认知中的“野兔”占 10 种，这其中，最为常见的，就是英语中称之为“中国野兔”的华南兔。

华南兔体形不大，体重只有 1 ～ 2 千克，尾巴更短，连 1 厘米都不到，真是应了俗话所说的“兔子尾巴长不了”，所以奔跑时它们另辟蹊径，靠一对大耳朵保持平衡。顾名思义，它们在中国境内的产地主要是南方沿海各省，如江苏、浙江、广东、广东、台湾等地，在国外边缘性分布于越南北部的小范围区域。

华南兔不挖洞，并不是“狡兔”，也没有“三窟”，遇到任何威胁，它们基本上就是撒腿狂奔，这才会有韩非子说的“田中有株，兔走，触柱折颈而死”，于是乎才有笨人跑去“守株待兔”。

正宗中国本土兔兔哦！
中文名：华南兔
英文名：Chinese Hare
学名：Lepus Sinensis
分类：兔形目兔科兔属

山魈是最为艳丽的非洲猴子

山魈（xiāo）是体形最大的旧大陆猴类，产于西非加蓬、尼日利亚、喀麦隆三国交界处的刚果盆地茂密丛林中。

雄山魈体形粗壮，体长约 80 厘米，体重近 30 千克。它们色彩斑斓，体毛呈橄榄绿色，鼻梁和鼻孔鲜红，鼻子两侧有数道鲜艳的蓝色皮肤皱褶，脖颈部与下颌黄白色，臀部为淡蓝色，混杂粉红色和紫色。这个“光鲜亮丽”的臀部被认为可用于在穿越茂密的丛林时亮为标识，保持整个群体行动一致。雌性体形较小，色彩暗淡。

虽有发达的犬牙，但山魈是以素食为主的杂食动物，并不像黑猩猩一样捕杀其他小型动物。它们主要吃水果、树叶、块茎等，有时会跑到农民的地里扒拉点木薯和玉米之类，再来点鸟蛋和昆虫就算是开荤了。

迪士尼动画大片《狮子王》中，狮子王国的“三朝元老”拉飞奇（斯瓦希里语“朋友”之意）就是一只拥有智慧的老山魈。

中文名：山魈
学名：*Mandrillus sphinx*
英文名：Mandrill
分类：灵长目猴科山魈属

鬼狒除了一张黑脸就是山魈的重涂版

山魈是猴类中出了名的大花脸，也是猴科山魈属唯二的物种之一。

该属的另一个物种——鬼狒，是山魈最近的亲戚，其整体画风酷似山魈的“重涂版”。鬼狒长着一张从上到下漆黑一团的大脸，而嘴唇边缘呈粉红色。除此之外，鬼狒的体形和外貌和山魈如出一辙。

鬼狒可分为两个亚种：大陆鬼狒，产于尼日利亚和喀麦隆；比奥科鬼狒，产于赤道几内亚比奥科岛。该岛位于几内亚湾中，由两座海拔分别为 2000 米和 3075 米的火山喷发而成。面积 2000 平方千米，为赤道几内亚最大的岛屿。

鬼狒群居，杂食，以植物性食物为主，会同时在地面和树上活动，但雄性在地面停留的时间较雌性更长。常被当地居民作为肉食来源非法捕杀。

在鬼狒群中，作为“群主”的成年雄性常要面对激烈的竞争，争吵和打斗乃至肢体冲突时有发生。

中文名：鬼狒　　学名：*Mandrillus leucophaeus*

英文名：Drill　　分类：灵长目猴科山魈属

吸血蝠喝血全靠舌头舔

恐怖电影中的吸血鬼只是人类的想象和创作，但在大自然中以其他生物的血液为食的动物却真的存在，这就是分布地从美国－墨西哥边境以南经中南美洲大部分地区直到乌拉圭和阿根廷北部的吸血蝠。

吸血蝠并不是庞大凶猛的怪兽，它们身长仅约 10 厘米，翼展也才 20 厘米左右，体重不过 30 克上下。白天，它们在树洞、岩洞、人类废弃的房屋和矿井中休息，夜间出动觅食。

和多数蝙蝠一样，吸血蝠也靠“回声定位”的技能觅食：它们用超声波找到熟睡的鸟类、兽类甚至人类之后，轻盈无声地落在目标身上，用锐利的门齿咬破皮肤，再伸出舌头舔舐鲜血。如此看来，它们更应该是“舔”血蝠而不是“吸”血蝠。吸血蝠的唾液里含有抗凝血剂，可以一口气连“喝”10 分钟之久。被吸血蝠吸血的动物并无性命之虞，但它们是众多传染病的媒介，不得不防。

中文名：吸血蝠

英文名：Common Vampire Bat

学名：*Desmodus rotundus*

分类：翼手目叶口蝠科吸血蝠属

大狐蝠是水果爱好者

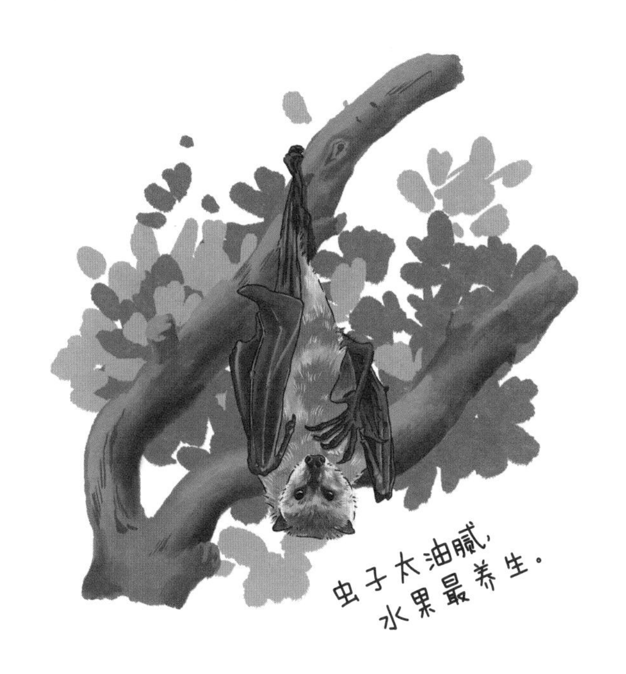

大部分蝙蝠都由于视力极差而不得不依靠发射超声波进行“回声定位”，而产于马来半岛、菲律宾以及苏门答腊岛、爪哇岛、加里曼丹（婆罗洲）和帝汶岛等印度尼西亚诸多群岛的大狐蝠却有着良好的视力，无论是飞翔还是觅食都无须借助超声波。

就“身材”而言，大狐蝠是蝙蝠家族中的“巨无霸”，它们身长虽然不过30厘米，体重只有约1千克，但却有一双翼展可达1.5米的巨大翅膀，脸部也活像一只狐狸，难怪英语中把“狐蝠”一词直接译为“飞狐”——但它们没有尾巴。

大狐蝠虽然长得这般魁梧，但它们的口味却非常“小清新”：它们不吃昆虫，而对花朵、花粉、花蜜和水果之类的素食情有独钟，尤其喜欢红毛丹、香蕉、芒果、榴莲、番荔枝和无花果。它们白天倒挂在大树上休息，夜间集体出动觅食，一晚可以飞越近50千米的距离。

中文名：大狐蝠
学名：*Pteropus vampyrus*
英文名：Large Flying Fox
分类：翼手目狐蝠科狐蝠属

玳瑁是最爱吃海绵的高颜值海龟

玳瑁的前额上长着 4 片鳞，还有一个像猛禽一样的“鹰钩嘴”，背壳上那 13 块琥珀色带有花纹的鳞甲也不像其他海龟一样呈镶嵌式排列，而是互有重叠，边缘还带着锯齿形突起。这一切都说明，玳瑁是全世界 7 种海龟中“颜值”颇高的一类。

玳瑁产于太平洋、大西洋和印度洋的热带珊瑚礁海域，海葵、海藻和水母都是它的口中之食，而它们的最爱则是其他海龟很少尝试的海绵。玳瑁尖尖的“鹰嘴”正好可以把海绵从珊瑚礁的缝隙中啄出来吃掉。在加勒比海地区，当地玳瑁种群食物总量的 70% ～ 90% 都是海绵，一只玳瑁一年就能吃掉将近半吨。

玳瑁的鳞甲美丽而又色彩斑斓，自古就是受人追捧的高级饰物原材料，从“足下蹑丝履，头上玳瑁光”和“玳瑁筵中怀里醉，芙蓉帐底奈君何”等诗句中就可见一斑。但如今玳瑁已是定为国家一级保护动物的极危物种，不可任意捕捉。

中文名：玳瑁　　学名：*Eretmochelys imbricata*

英文名：Hawksbill Turtle　　分类：龟鳖目海龟科玳瑁属

军舰鸟吃饭全靠抢别人嘴里的

南太平洋岛国基里巴斯国旗上的军舰鸟是广泛见于太平洋和印度洋的大型海鸟，成年军舰鸟体重虽然仅 1.5 千克左右，但双翅展开竟长达 2.3 米，远超一个普通成年人的身高。

军舰鸟不像其他海鸟，它的尾脂腺不发达，难以分泌用于保护羽毛的油脂，羽毛一旦沾水变湿就会沉溺而亡。因此，身为海鸟的它们既不会游泳更没法潜水，而其取食方式也更令人咋舌，不靠“自取”而是“明抢”：它们会在海面上方一边盘旋一边关注其他捕鱼成功叼着猎获物起飞的海鸟，锁定目标后飞上前去，用自己带钩的长喙从对方嘴里直接把鱼拖到自己嘴里，或是用脚爪抓住对手猛烈摇晃，逼迫对手不得不把鱼吐出，再在空中直接“拦截”，占为己有。

雄性军舰鸟的红色喉囊一物二用：平时用于盛放抢来的鱼，繁殖期则膨胀成巨大的气球状，用以吸引雌鸟。

中文名：军舰鸟

英文名：Frigatebird

学名：*Fregata* spp.

分类：鲣鸟目军舰鸟科军舰鸟属

长相可怕的海鬣蜥其实是温和的素食主义者

人们总以为怪兽哥斯拉是“日本制造”，但按照故事原始设定，它其实是受到美军太平洋岛屿核试验辐射的一只海鬣蜥变异而来的。

蜥蜴遍布除南北极之外的几乎整个地球，但能在海洋中生存的蜥蜴只有一种，就是分布于东太平洋加拉帕戈斯群岛（科隆群岛）的海鬣蜥。它们是加拉帕戈斯群岛特有动物，目前共有 11 个亚种。

海鬣蜥鳞硬，刺尖，爪利，尾长。外表确实看似“哥斯拉”般凶猛，但其实性情温和，从不伤人，基本只吃海藻和海草，所以它们能潜入海中取食。海藻常常长在岩石上，出于方便进食的目的，海鬣蜥的口鼻部进化得又钝又短，可以直接抵住石头“上嘴啃”。它们还能够直接饮用海水，并将海水中的盐分通过腺体过滤后从鼻孔中喷出，凝结在头部时犹如敷了一层“面膜”。

中文名：海鬣蜥
英文名：Marine Iguana
学名：*Amblyrhynchus cristatus*
分类：有鳞目美洲鬣蜥科须蜥蜴属

缎蓝园丁鸟谈恋爱时既当建筑师又当装修工

缎蓝园丁鸟产于澳大利亚，虽然长着气质非凡的紫色眼睛和闪着金属光泽的黑蓝色羽毛，但在求偶期间却不像多数鸟类的雄性那样走“偶像派”路线，如开屏、抖翅膀、秀脸蛋等等，而是直接展示“实力派”技能。

繁殖期一到，雄鸟先找到一片空地，清除上面的碎石砂砾，再用树枝搭起顶部相合的弧形“拱墙”，形成“凉亭”形状，最后用它能找到的一切蓝色物体——羽毛、花朵、浆果，甚至是纸币、瓶盖、吸管、餐具、奶嘴等人类生活用品来装饰，只要是蓝色的，统统拿来。科学家分析，这可能是由于它们喜欢与自己毛色相近的颜色。

准备停当后，雄鸟便在自己精心布置的空旷“舞池”上发出动听的叫声，跳着精妙的舞步，吸引雌鸟前来。颇为挑剔的雌鸟在“货比三家”后会选择“手艺”最高超、“歌声”最婉转、“舞姿”最曼妙的雄性作为自己的伴侣。

中文名：缎蓝园丁鸟
学名：*Ptilonorhynchus violaceus*
英文名：Satin Bowerbird
分类：雀形目园丁鸟科园丁鸟属

棉顶狨几乎每胎都生双胞胎

棉顶狨（xū）又称“棉顶狨（róng）”“棉头狷（juān）猴”“绒顶柽柳猴”，从头到尾仅长 55 ～ 70 厘米，体重在 400 克上下，是全世界体形最小的猴子之一，目前它们的分布地仅限于南美哥伦比亚西北部的部分地区。

棉顶狨外形上最大的特点就是头顶的大丛白色毛发，在遇敌时能够像印第安酋长的头饰一般竖立起来震慑对手。它们前肢的爪趾十分尖锐，有利于它们捕捉自己爱吃的食物——昆虫。当然，除此之外，蜥蜴、水果、花蜜、树液和树胶等，也都是棉顶狨“菜单”上的佳肴。

棉顶狨会集成 9 ～ 13 只的群活动，其中由一雄一雌组成的固定繁殖对终身配对，共同担任“群主”。它们通常每胎都会生育一对双胞胎，而生下的小狨则由全群“共享带娃”。

当前因人类的森林开发和非法宠物贸易影响，棉顶狨已丧失了 95% 左右的栖息地，位列“极危”物种。保护它们，亟须努力。

中文名：棉顶狨
英文名：Cotton-top Tamarin
学名：*Saguinus oedipus*
分类：灵长目狨科狨属

伯劳块头虽小，脾气却很暴躁

“伯劳”二字初听之下就与其他鸟类的名称极不相同，事实上，伯劳的大名也确实不是来自动物学家，而是来自中国古代的神话传说。据三国时曹植所记，周宣王的大臣尹吉甫听后妻谗言误杀了孝子伯奇，后见一鸟，认为是伯奇所化，尹吉甫说道：“伯奇，劳乎！是吾子，栖吾舆；非吾子，飞勿居。”话没说完，这鸟就飞上了尹吉甫的车盖。

神话当然只是神话。现实生活中的伯劳，不仅名字很有特点，生活习惯也与多数鸟类迥然有别：它们虽然身材“迷你”，性情却十分凶悍，不仅有着强大的领地意识，会驱赶进入领地的其他鸟类，还有一张带着弯钩的利喙，不光嗜吃昆虫和蜥蜴等小动物，还不放过小鸟乃至老鼠之类的啮齿动物，就连吃剩的尸体都要戳在棘刺上晒成“腊肉”下顿再吃，可以说是“手中有粮，心中不慌”，非常“会过日子”。

中文名：伯劳

英文名：Shrike, Butcherbird

学名：*Lanius* spp.

分类：雀形目伯劳科伯劳属

僧帽水母是个带着剧毒的组合体

由于身体最顶端那透明鲜亮、状如僧帽的蓝色气囊，分布在全球热带海域的僧帽水母在汉语中得到了这个称呼。而在英语中，它有着一个气势磅礴的名称：葡萄牙战舰。

确切地说，“僧帽”二字只形容了这种极为原始的腔肠动物水面以上的形态，而“葡萄牙战舰”一词才真正将它的全身结构描述到位。作为管水母的一种，僧帽水母并非单一的生物，水母体如同航空母舰，各类水螅（xī）体依附其上，形成一个“混搭组建”的生物群，其中的每一类都单独发挥自身的功能：漂浮、蛰刺、消化、生殖等。

僧帽水母的气囊下拖有可长达 22 米的细长触须，触须上长满了充盈着毒素的刺细胞，用于捕捉小鱼等猎物。人若被刺中，会感到剧痛并留下红色的蛰痕，若不及时抢救，甚至可能引发休克并导致死亡。

中文名：僧帽水母
英文名：Portuguese Man O' War
学名：*Physalia physalis*
分类：管水母目僧帽水母科僧帽水母属

食蚜蝇靠“山寨”蜜蜂力求自保

阳春三月，地气转暖，每年最早的一批“小蜜蜂”开始出现在鲜花之间，但再一看，这批“小蜜蜂”与真正的小蜜蜂却不太一样：触角很短，眼睛大得滴溜圆，后腿上也没有真正的蜜蜂在采集花粉时的“花粉篮”，最重要的是，蜜蜂长着两对四只翅膀，飞行时左右摇摆，而它们却只有一对翅膀，飞行时身体非常平稳，还能够在空中高速振翅后悬停。原来，这是双翅目下的一种昆虫——食蚜蝇。

生物学中，通过模仿其他物种从而令自己得到好处的行为，被称为拟态。而拟态又可以分为三种：拟态成其他物种以接近攻击对象的拟态称为进攻性拟态；无毒害物种拟态有毒害物种的拟态称为贝氏拟态；有毒害物种之间的互相拟态称为穆氏拟态。由是观之，并没有毒刺的食蚜蝇模拟成有毒刺的蜜蜂以求自保，当属贝氏拟态了。

中文名：食蚜蝇
英文名：Hoverfly
学名：*Syrphus* spp.
分类：双翅目食蚜蝇科食蚜蝇属

广斧螳非肉不吃

螳螂身披“绿纱”，体态优雅，行动轻捷，双眼透亮，两只“手臂”总是在身前摆出“合十”的姿态，难怪在英语中，它被浪漫地称为“祈祷虫”。虽然看似优雅，但其实全世界的千余种螳螂都是“无肉不欢”的“杀手”——凡能“捕捉”到的其他昆虫，无一例外都会沦为螳螂的口中之食。

在中国华东地区，常见的螳螂有中国刀螳、薄翅螳、棕静螳和广斧螳这 4 种。其中，广斧螳比之其他 3 种螳螂，树栖性更强，前足内侧的 2 ～ 4 个黄色斑（多为 3 个）是它最显著的标志。通常呈绿色，偶有褐色型。

捕猎时，广斧螳先用敏锐的视力锁定猎物的位置，再缓缓接近对手，最后猛然腾身一跃，用两条长满锯齿、弯钩和针状突起的前足将捕捉到“手”的昆虫紧紧夹住。整个过程一气呵成，可怜的猎物毫无还手之力，只能接受自己被“活吃”的命运。

中文名：广斧螳

英文名：Giant Asian Mantis

学名：*Hierodula patellifera*

分类：螳螂目螳科斧螳属

棱皮龟为了吃水母可以跨越整个太平洋

棱皮龟体长近 2 米，体重约 500 千克，不仅是全世界 7 种海龟中块头最大的一种，也是所有龟鳖类动物中的“体形之王”。同时，它也是最“软”的海龟：它不像其他海龟一样长有坚硬的角质盾甲，外壳只是覆以一层平滑的革质油性皮肤而没有角质盾片，背部长有 7 条明显突起的棱脊，因此我国潮汕地区的渔民也戏称其为“杨桃龟”。

棱皮龟分布于太平洋、大西洋和印度洋热带水域，偶尔也见于温带海洋。像其他海龟一样，它们不长牙齿，但口中密密麻麻地长满了一排排向内“反扣”的倒刺，这独特的“利器”有助于它们取食自己最喜爱的食物——水母。为了吃到足够的水母，一只棱皮龟甚至会一口气游出 13000 多千米，从印度尼西亚来到美国加利福尼亚沿岸！

遗憾的是，棱皮龟有时会将人为丢弃的塑料袋错当成水母误食而惨被噎死。当你出海时，请勿随手乱丢垃圾！

中文名：棱皮龟
英文名：Leatherback Sea Turtle
学名：*Dermochelys coriacea*
分类：龟鳖目棱皮龟科棱皮龟属

澳洲肺鱼会把鱼鳔当成肺来呼吸

肺鱼出现在距今约4亿年前的泥盆纪时期，和腔棘鱼纲同为现存最古老的肉鳍鱼，也是惯常称为“鱼”的动物中，和四足类动物（哺乳类、两栖爬行等）关系最亲近的。肺鱼目前分为2目3科，共有产于澳大利亚昆士兰州的澳洲肺鱼，产于南美洲的星点肺鱼，产于非洲的维多利亚肺鱼、侏儒肺鱼、虎斑肺鱼和长身肺鱼共6种，其中体长可达1.5米的澳洲肺鱼是最大的一种。

水量充足时，澳洲肺鱼和其他鱼类一样用鳃呼吸。当旱季到来，降雨缺乏，它们在身体表面尚能保持一定湿度时，会以特化的鱼鳔（biào）作为肺进行呼吸，维持生命数天。与非洲和南美的“亲戚”不同，澳洲肺鱼仅有一对鱼鳔而不是两对，也不能分泌出黏液将自己埋进土中，但它们的鳍却发育得更加完善。

肺鱼寿命很长，一条名叫“大爷”的澳洲肺鱼曾在水族馆中生活了80年之久。

中文名：澳洲肺鱼 / 昆士兰肺鱼

英文名：Australian Lungfish / Queensland Lungfish

学名：*Neoceratodus forsteri*

分类：角齿鱼目澳洲肺鱼科澳洲肺鱼属

翻车鲀是没有尾巴的鱼

翻车鲀 (tún) 是一种外形十分怪异的鱼：短粗而扁平的灰色身体表面粗糙，乍看就像一扇巨大的石磨——其实它的学名也正是拉丁语“石磨”之意。背鳍和臀鳍一上一下，形成一正一反两个细长的三角形，在这两个三角形的中间，身体的后半截戛然而止，完全没有“正经”的尾鳍，取而代之的是由背鳍和臀鳍的延长部分融合而成的“假尾”，又被称为“舵鳍”。

翻车鲀体长平均 1.8 米左右，大型个体可达 3.3 米，体重接近 2.3 吨，算是不折不扣的“鱼中巨人”了。虽然块头惊人，但它们其实个性温良毫无攻击性，只是喜欢“随波逐流”地晒晒太阳。

翻车鲀几乎分布于全世界的各大热带和温带海域。雌性翻车鱼一次能产下多达 3 亿枚鱼卵，刚孵化的小鱼体长不到 3 毫米，体重才 1 克左右，与成年鱼的体形差距高达 6000 万倍，成活率也只有约百万分之一，堪称绝无仅有了。

中文名：翻车鲀
学名：*Mola mola*
英文名：Ocean Sunfish
分类：鲀形目翻车鲀科翻车鲀属

球刺鲀靠利牙、尖刺和剧毒在海中生存

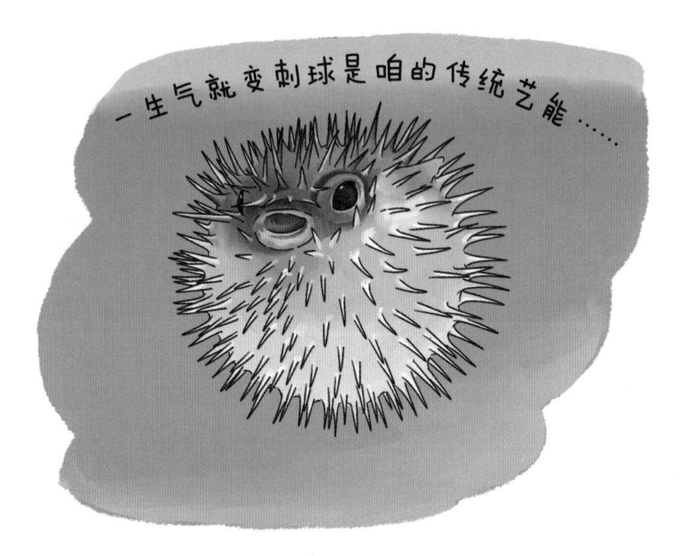

产于太平洋和印度洋暖温带－热带海域的球刺鲀是刺鲀属中体形较小的一种，体长30厘米左右。虽然看似“呆萌”，却是可怕的食肉动物：它们的上下颌牙齿分别进化成了发达的齿板，瞬间就能把贝类、虾蟹甚至是珊瑚一口“嗑”开“嚼”碎。

与淡水中的亲戚河鲀一样，球刺鲀也有两手“绝招”。一是瞬间变形。受到惊扰时关闭鳃裂和咽喉，大口吸进空气和海水，撑起自己全身的棘刺状鳞片，秒变“刺儿球”，既能吓退敌人也令掠食者无从下嘴——因此刺鲀在英语中被称为“豪猪鱼”。二是间接“吸毒”。某些动物进食能产生河鲀毒素的细菌，球刺鲀以这些动物为食，在血液、内脏和生殖腺内积累剧毒——河鲀毒素是一种超强力的神经毒素，毒性是氰化物的1200倍，一条球刺鲀可毒死几十个成年人。

球刺鲀牺牲了游速和身材，用“牙口”、棘刺和剧毒，搏出了自己的生存之道。

中文名：球刺鲀　　学名：*Diodon nicthemerus*

英文名：Slender-spined Porcupinefish　　分类：鲀形目二齿鲀科刺鲀属

非洲秃鹳为了吃尸体变秃了也变强了

非洲秃鹳，是一种嘴长、脖子长、腿长，身高可达 1.2 米，广泛分布于非洲撒哈拉沙漠以南地区的大型鹳鸟。背部羽毛呈黑色，腹部羽毛呈白色，鸟如其名，头部和颈部则基本光秃无毛，只在头顶和枕部（即后颈部）残留着极少的绒羽。一个肉色的喉囊并不能盛放食物。

非洲秃鹳的这幅“尊容”看来猥琐又惊悚，但却是生物学上的“妙手”：比之其他鹳类，它们偏爱食腐，喜欢一头扎进动物的尸体中掏食腐肉、内脏甚至是血液。如此，一个“全秃”的头颈比起一个长满羽毛的头颈自然更加容易清理干净，可谓“本来无一毛，何处惹尘埃”；此外，非洲大陆天气炎热，“聪明的脑袋不长毛”能增加散热面积，让空气快速带走体表热量，有利于迅速散热、调节体温。

作为高效的“清道夫”，非洲秃鹳是清理动物尸体、保证“环境卫生”的重要力量。

中文名：非洲秃鹳
英文名：Marabou Stork
学名：*Leptoptilos crumenifer*
分类：鹳形目鹳科秃鹳属

巨儒艮从被发现到灭绝只用了不到30年

1741年，一支俄罗斯探险队的德籍随队科学家格奥尔格·斯特勒（Georg Steller，1709—1746）在位于现俄罗斯楚科奇自治区与美国阿拉斯加州之间，地处北冰洋的白令海峡地区发现了一种未知的海洋哺乳动物：它皮糙肉厚，五大三粗，身长7～9米，体重4～6吨。斯特勒给它们起名为“大海牛”，如今它们被正名为巨儒艮（gěn）。

巨儒艮尽管体壮如牛，但却是个与世无争的胖墩儿“吃货”：它们生性温和，行动缓慢，并不惧人，只吃海藻和海草，也没有尖牙利爪，常在岸边浅水区域成群活动。于是乎，当探险队船员和猎人们得知它的存在后，便纷至沓来，对巨儒艮大肆猎捕：不仅吃它们的肉，炼它们的油，还拿它们的皮做皮靴和修补船只。可怜的巨儒艮怎经得住这般屠戮——仅仅27年过去，最后一头巨儒艮于1768年被捕杀。人类尚没有彻底了解，便已永远地失去了这种极地巨兽。

啊，今天有肉吃！
我战胜了北极的严寒，
却没能战胜人类的贪婪。
注：巨儒艮灭绝时还没有照相机，
所以它的形象是按照文献资
料绘制的哟。
已灭绝
中文名：巨儒艮
英文名：Steller's Sea Cow
学名：Hydrodamalis gigas
分类：海牛目儒艮科无齿海牛属

鲸头鹳
吃鱼站在水里等

本山大叔曾在小品《昨天今天明天》中自称：“这叫鞋拔子脸哪？这是正宗的猪腰子脸！”殊不知，这世界上还真有长着一张“鞋拔子脸”的鸟类，这就是近年来走红网络的非洲奇鸟——鲸头鹳。

鲸头鹳长着长达 20 厘米、顶端带有尖锐小钩的宽阔鸟喙，这古怪的大嘴从上部看上去酷似鲸鱼浮出水面的背脊，从侧面看去又很像一双荷兰木鞋，因此，英语中称之为“鞋子嘴”，汉语中译为“鲸头鹳”，也算各有特色了。

鲸头鹳分布于非洲大陆从苏丹南部经乌干达到赞比亚的淡水沼泽地中，是一种性情孤僻、从不集群、很少飞行，甚至连捕食的动作都不甚敏捷的大型涉禽。好在，它们喜爱的食物中 60% 以上是沼泽地中的肺鱼和鲇鱼，二者都不是行动灵活的鱼类，鲸头鹳只需用一双大长腿静静站在水里“守株待鱼”就可以直接“一击致命”了。

感情深，一口闷！
中文名：鲸头鹳
英文名：Shoebill / Shoebill Stork
学名：Balaeniceps rex
分类：鹈形目鲸头鹳科鲸头鹳属

鸮鹦鹉不会飞只会走

在新西兰毛利语中，Kākā 为“鹦鹉”，Pō 是“夜晚”，两个词的组合词 kakapo 即为“夜之鹦鹉”，也就是新西兰特有鹦鹉——鸮（xiāo）鹦鹉的英文名。

“鸮”是猫头鹰的中文正名，而鸮鹦鹉不仅长着一张猫头鹰一般的圆脸，也的确是全世界唯一的夜行性鹦鹉。

鸮鹦鹉全身羽毛为黄绿色，体长可达 60 厘米，体重约 4 千克。翅膀短小，无法飞行，只能在从树上跳下时或地面奔走时提供一定的平衡作用。科学家分析，这是由于鸮鹦鹉的祖先在史前时期来到新西兰后，岛上丰富的食物和极少的天敌，它们无须使用飞行技能觅食或避敌，最终导致翅膀肌肉退化，胸骨上的龙骨突消失，成了不会飞只会走的鹦鹉。

繁殖期间，众多雄性鸮鹦鹉共同聚集在同一片被称为“求偶场”的开阔地中，通过鸣叫、舞蹈和打斗吸引雌性，获取交配权。

中文名：鸮鹦鹉

英文名：Kakapo

学名：*Strigops habroptilus*

分类：鹦形目鸮鹦鹉科鸮鹦鹉属

帝王亚马孙鹦鹉的孩子要靠叫得响才有爸妈带

1978 年才正式独立的加勒比海袖珍岛国多米尼克面积仅 751 平方千米，人口为 7.2 万，岛内多山，年均气温 25 ～ 32℃，属热带海洋气候。

加勒比海中的西印度群岛地区出产诸多大型热带鹦鹉，其中的帝王亚马孙鹦鹉是多米尼克岛独有的鸟类，出现在多米尼克国的国旗、国徽、护照以及足协和篮协的标志上。

帝王亚马孙鹦鹉又叫西塞罗鹦鹉，是亚马孙鹦鹉属中最大的一种，成鸟体长为 48 ～ 51 厘米，翅展近 76 厘米，体重 600 ～ 900 克。背部绿色，胸腹部紫色，尾巴红色而末端绿色。它们每隔一年繁殖一次，通常产卵 2 枚，但亲鸟一般只抚育嗓门大、叫得响的那只，果然是“会哭的孩子有奶吃”！

由于近年来受到非法宠物贸易的严重影响以及台风对栖息地的侵袭，目前帝王亚马孙鹦鹉的野外种群数量已不足 100 只，被列为“极危”物种。

中文名：帝王亚马孙鹦鹉　　学名：*Amazona imperialis*

英文名：Imperial Amazon　　分类：鹦形目鹦鹉科亚马孙鹦鹉属

啄羊鹦鹉并不天天靠啄羊填饱肚子

仅分布于新西兰南岛高山林区的啄羊鹦鹉的英文名 kea 是这种鹦鹉鸣叫声的拟声词，它们是体长约50厘米、体重近1千克的大型鹦鹉，身披闪烁古铜色光芒的橄榄绿色羽毛，展翅时现出翅膀下方的橙红色羽毛，煞是好看。

啄羊鹦鹉虽然长着一个弯曲而尖锐的上喙部，又有着“啄羊”之称，但其实它们是杂食鸟类，从昆虫、蜗牛、蠕虫、植物、种子到腐肉、骨髓甚至人类丢弃的厨余垃圾无所不吃。而所谓“啄羊”一说其实并不多见——根据科学家观察，一个 10 余只啄羊鹦鹉组成的小群中可能只有 1 ～ 2 只会偶然攻击“老弱病残”的绵羊个体，而极少啄食健康绵羊的血肉。

啄羊鹦鹉“艺高胆大”而又“顽皮好奇”：一只不慎折断上喙部的个体曾被观察到用含在舌头和下喙部之间的卵石来梳理羽毛，而另一只个体曾经啄破汽车轮胎把气放掉。

我叫 Kea，但我是新西兰鹦鹉，
不是韩国汽车！
中文名：啄羊鹦鹉
英文名：Kea
学名：*Nestor Notabilis*
分类：鹦形目鸮鹦鹉科啄羊鹦鹉属

蛇鹫吃蛇先动腿再动口

蛇鹫是非洲特有的“高颜值”猛禽，它有着红色的脸庞和修长的睫毛，身高近 1.2 米，翼展约 2.1 米，一双修长挺拔的大长腿，上半部分长着黑色短绒毛，下半截生有灰色的鳞片，活像穿着“紧身裤”；后颈上长着十几根长长的羽毛，一激动就竖立起来，像中世纪欧洲宫廷里耳朵上插着羽毛笔的秘书一样，因此又被戏称被“秘书鸟”。

别看蛇鹫的体形颇为“轻量级”，但“口味”可是够重的——它们最爱的“菜”竟是各种各样的蛇类！捕猎时，它们靠锐利的目光锁定地面上的蛇，随后使出“无影脚”功夫对准蛇身连续踢打——千万不要小看了蛇鹫的这几脚，根据测算，它在“踩踏”时“踹”出的能量竟可高达 400 焦耳。相比之下，成年男性的一拳也就在 230 焦耳左右。如果靠脚还解决不了问题，蛇鹫会直接把蛇叼在口中，飞上天空，狠狠摔下，再撕咬食用。

中文名：蛇鹫　　学名：*Sagittarius serpentarius*

英文名：Secretary Bird　　分类：鹰形目蛇鹫科蛇鹫属

冠鹤是唯一真正会上树的鹤类

我们中国人对鹤尤为偏爱，认为它们和松树一样都是长寿的象征，并把鹤与松树绘制在一起，称为“松鹤延年”。殊不知，全世界的 15 种鹤中有 14 种都是标准的涉禽，喜欢在湿地环境中活动而从不上树。真正在树上生活的鹤类，全世界只有一种，就是产于非洲撒哈拉沙漠以南的冠鹤。

冠鹤的头部长有一簇由纤细的金色羽毛构成的“炸毛”形羽冠，因而得名。冠鹤有两种：产于东非地区、体色偏灰、喉部红色肉垂明显的是东非冠鹤，又称“灰冠鹤”；而广布于撒哈拉沙漠以南、体色偏黑、喉部肉垂很小的是西非冠鹤，也叫黑冠鹤。东非冠鹤作为乌干达的国鸟，出现在乌干达的国旗上。

其他的鹤后趾短小位置较高，难以抓握。而冠鹤的后趾较长，可以牢牢地抓握树枝。它们也在树上筑巢育幼。

中文名：冠鹤 / 戴冕鹤　　学名：*Balearica* spp.

英文名：Crowned Crane　　分类：鹤形目鹤科冠鹤属

尼罗鳄对子女关爱有加

尼罗鳄是非洲体形最大的爬行动物，也是全世界体形第二大的鳄鱼，体长可为 5 米左右，体重可近 1 吨，仅次于产于东南亚地区和澳洲北部的湾鳄。

尼罗鳄分布于非洲撒哈拉沙漠以南的多数国家，直至马达加斯加岛。它们是性情凶猛、体大力强的食肉动物，捕食各类两栖、爬行、鸟类及哺乳动物，尤其喜爱在每年的东非食草动物大迁徙期间藏身在水中伏击过河的角马、斑马和瞪羚等。它们的牙齿只能用于撕裂肉块而无法咀嚼，因此尼罗鳄进食时都是整块生吞后在胃里消化。

尼罗鳄外貌狰狞，但对“下一代”却关爱有加：雌鳄将蛋产在自己挖出的坑里后会不吃不喝地守护三个多月，当它们听到小鳄鱼孵化后发出的“求援”信号时，便会挖开巢穴，把它们含在口中带到水里，让宝宝们尽快学会游泳。

中文名：尼罗鳄
学名：*Crocodylus niloticus*
英文名：Nile Crocodile
分类：鳄目鳄科鳄属

长相朴素的䳍能下出“上了釉的瓷蛋”

从墨西哥以南经整个中南美再到南美洲的大部分地区，生活着一类奇特的鸟类叫作䳍(gōng)，它们是鸟纲古颚总目䳍科的成员，与鸵鸟有着亲缘关系。

䳍身体矮胖，尾短近无，性情羞怯。它们能够飞翔但技术很差，一次只能飞出不到150米的距离。比起飞行，䳍更擅长在草丛中悄然无声地奔走，当觉察到危险时，它们会原地僵直不动。

雌䳍每次可产卵10余枚，由雄䳍负责孵化。外貌平淡无奇的䳍，产下的卵却几乎是鸟类中最为美丽的：䳍卵有着如同瓷器一般的光泽和质感，也有鸟类学家形容其为“MM巧克力豆”。不同种类的䳍产下的卵会呈现蓝色、绿色、黄色、粉色、灰色或紫色，与其他鸟类的卵有着极其明显的区别。

䳍很爱干净，下雨时会洗“淋浴”，天晴时就把自己埋在地里做“沙土浴”。

中文名：䳍
学名：Tinamidae
英文名：Tinamou
分类：鸟纲䳍形目䳍科

鹗的脚爪为了捕鱼能够前后扭转变位

美国军队的 V-22“鹗”式倾转旋翼机（V-22 Osprey）在机翼两端各有一个可变向的旋翼推进装置，装置垂直向上产生升力时，机身便可像直升机一样垂直起落悬停；起飞之后，推进装置转到水平位置，产生向前的推力，像固定翼螺旋桨飞机一样靠机翼的升力飞行。

这款旋翼机从代号“鹗”（Osprey）到其标志性的旋翼推进装置原理，都源自一种全球广泛分布的猛禽——鹗。

鹗体长约 55 厘米，翼展近 2 米，飞行时速近千米，喜爱在河流、湖泊和海岸等水源地出没，寻觅最爱的食物——鱼。捕猎时，鹗先通过敏锐的视力自动修正水面光线折射并锁定目标，再高速俯冲入水，同时把外侧脚趾向后扭转，原先三趾朝前一趾朝后的脚爪“秒变”两前两后的结构，再配合脚爪上粗糙而尖锐的突起将滑溜黏腻的鱼牢牢“钳”住带走——这可“变位”的脚爪，乃是猛禽中的“独一份”。

中文名：鹗　　学名：*Pandion haliaetus*

英文名：Osprey　　分类：隼形目鹗科鹗属

时隔 30 年我们仍然一无所知的中南大羚

1992 年 5 月，世界自然基金会（WWF）和越南林业部组成的联合考察队在越南河静省武广国家公园发现了三副闻所未闻的带着犄角的头骨。当年 7 月，WWF 正式发文宣告为一个名为“武广牛”的全新物种——此前，全世界已有 50 年不曾发现过大型哺乳动物了。

自 1992 年底至 1993 年初，调查人员又在周边地区陆续觅得了更多的头骨和皮张，并得知当地居民将“武广牛”称作 saola，意为“纺车锭子”，于是又给它起名“锭角羚”。

中文中通常将 saola 译作“中南大羚”，但其实它与牛科动物的关系更为接近。

30 年过去了，至今全世界仍没有一家动物园成功饲养展出中南大羚，即使是在野外布设的红外相机中，它也只出现过区区 5 次。我们仅仅知道它是 2021 年第 31 届东南亚运动会的吉祥物；一身巧克力色的皮毛；脸部和腿部长有白斑；因为修长笔挺的犄角被人们想象为神话中的独角兽。此外，对这个美丽而濒危的物种我们几乎茫然无知。

中文名：中南大羚 / 武广牛 / 剑角牛 / 锭角羚

英文名：Saola / Spindlehorn

学名：*Pseudoryx nghetinhensis*

分类：偶蹄目牛科中南大羚属

凤尾绿咬鹃是牛油果的重要传播者

中美洲国家危地马拉的国旗和国徽上都有着一只羽色翠绿、胸部血红、长尾飘逸的鸟儿形象，连危地马拉的货币都以这种鸟的名称 quetzal 命名。这是何等神鸟，地位竟如此显赫？

quetzal 是危地马拉国鸟，中文大名叫作凤尾绿咬鹃。这个单词源自中美阿兹特克文化诸神祇中的主神——羽蛇神（Quetzalcóatl）。羽蛇神以一条身披绿色羽毛的长蛇形象出现，“一人分饰”太阳神、风神、空气神等诸多角色，神通广大，法力无边。凤尾绿咬鹃被认为是其诸多化身之一。

凤尾绿咬鹃是中美洲特有鸟类，仅分布于从墨西哥南部到巴拿马海拔 900 ～ 3000 米的原生态山地云雾森林中。雄鸟如同羽蛇神一样，身材纤细，毛色金绿，一对修长的尾上覆羽长达 80 厘米，超出体长一倍之多，飞行山间，仙气飘飘。它们会在树干腐烂的大树上啄洞为巢，最爱吃牛油果。直接一吞一颗，消化后再把果核随地一吐，就此完成播种任务。

危地马拉就是我，
我就是危地马拉！

中文名：凤尾绿咬鹃
英文名：Resplendent Quetzal
学名：*Pharomachrus mocinno*
分类：咬鹃目咬鹃科绿咬鹃属

月鱼能够靠自身机制保持体温

无法通过自身机制，必须依靠外部环境调节血液温度的动物被称为“冷血动物”或“变温动物”，与之相反的动物则被叫作“温血动物”，即“恒温动物”。长久以来，人们认为“高等”的鸟兽才是恒温动物，而“低等”的鱼则必属变温动物无疑。

然而在2015年，美国科学家发现一种长相如同窨井盖的鱼类——月鱼，居然是一种温血鱼类！

一般鱼类仅有几条让血液进出鱼鳃的大血管和负责交换水中氧气的微血管，但月鱼的鳃里却密布着一个由动脉和静脉紧密相连而成的被称为“迷网”或“细脉网”的网络，这个结构使得从心脏流出的温血在尚未被外界的海水冷却之前就通过迷网把热量传给了冷血，从而防止温血中的热量在鳃中向外散失而被浪费，这一过程称为“逆流热交换”。

除了迷网结构，月鱼的鱼鳃还被包裹在一层厚约1厘米的脂肪中。这些结构，保证了月鱼的体温始终能高于水温5～10℃。

中文名：月鱼　　学名：*Lampris guttatus*
英文名：Moonfish / Opah　　分类：月鱼目月鱼科月鱼属

渡渡鸟不是被人吃光的 但人类毫不冤枉

英语中有一句话“As dead as dodo.”——可译为“逝者如渡渡”或“如渡渡鸟一样死翘翘”，用来形容一去不返而再无希望的事物。而这句话中的 dodo，就是人类历史上第一种被正式记录下来的因人类活动而绝种的生物：渡渡鸟。

早在 16 世纪，葡萄牙人和荷兰人先后登陆当时尚无人居住的印度洋岛屿毛里求斯，登岛后意外发现了一种肥胖笨拙、不会飞翔、对人毫无戒心、只要一根棍子就能轻松撂倒的大鸟，但它们肉糙油浓，口感奇差，令人毫无胃口。

渡渡鸟虽然逃过了人类的餐桌，却没能躲过环境的变化。接下来的一百多年里，毛里求斯的荷兰殖民者们将猫、狗、猪、老鼠甚至猴子纷纷带上了这座岛屿，这些外来入侵物种逐步侵占了渡渡鸟的生存空间，令原本就毫无防御能力的它们难以生存。最终，在 1660 年前后，渡渡鸟彻底灭绝。

中文名：渡渡鸟　　学名：*Raphus cucullatus*

英文名：Dodo　　分类：鸽形目鸠鸽科渡渡鸟属

鸫鹋从孵蛋到带娃全靠爸爸完成

鸫鹋（lái ǎo）属下分为大鸫鹋、小鸫鹋和普纳鸫鹋 3 个物种，三者都是产于南美洲的大型走禽且都只有 3 个脚趾。大鸫鹋身高可达 1.7 米，体重约 40 千克；小鸫鹋体高仅 1 米左右，体重近 30 千克。

非洲鸵鸟擅长奔跑，澳洲鸵鸟［鸸鹋（ér miáo）］泳技一流，而俗称"美洲鸵"的鸫鹋则集两位"表哥"之大成，全速奔跑的时速可高达 50 千米，必要时也能游过宽阔的河流。它们奔跑时张开双翅保持平衡的模样活像一只蜘蛛，因而又在巴拉圭当地原住民语言中被称为 ñandú guazu，即"大蜘蛛"之意。

鸫鹋平时很少发声，但雄性会在繁殖期发出响亮的"隆隆"声寻找配偶。一旦双方配对成功，雌性产卵后就直接离开，孵卵和育幼的工作全由雄性一力承担。它们在孵卵时会用草叶来隐蔽巢穴和自己。

中文名：鸫鹋 / 美洲鸵

英文名：Rhea / Ñandú

学名：*Rhea* spp.

分类：鸫鹋目鸫鹋科鸫鹋属

勺嘴鹬自带“小饭勺”

勺嘴鹬（yù）是体形娇小玲珑的涉禽，体长仅 15 厘米左右，上身淡灰褐色，下身全白，脚部黑色，其外形上最独特的地方在于它那基部宽扁、尖端呈铲状、如同小饭勺一般的鸟喙。

勺嘴鹬仅栖息在俄罗斯东北地区的楚科奇半岛及勘察加半岛的地峡附近。每年冬季到来前，它们会沿太平洋西海岸进行迁徙，一路途经日本、朝鲜、韩国、中国华北和华东地区的沿海滩涂，最终到达中国东南沿海和东南亚地区越冬。其中，我国江苏省盐城市东台条子泥湿地，是它们的重要迁徙中转地，全球近半数的勺嘴鹬会在这里换上冬羽并补充“能量”。进食时，它们边在滩涂上行走边把“小饭勺”插入泥中，寻找其中的昆虫、甲壳类和其他小型无脊椎动物。

当前，全球范围内的勺嘴鹬数量仅有 600 只左右，已被列为“极危”物种，也是我国国家一级保护动物。

中文名：勺嘴鹬　　学名：*Calidris pygmaea*

英文名：Spoon-billed Sandpiper　　分类：鸻形目鹬科滨鹬属

高鼻羚羊的大鼻子是“护身法宝”

高鼻羚羊又称“赛加羚羊”，分布于哈萨克斯坦、俄罗斯和蒙古，是牛科高鼻羚羊属下的唯一物种，和它唯一存在亲属关系的羚羊是产于青藏高原的藏羚。

高鼻羚羊有着高度发达而卷曲的鼻骨，硕大的鼻腔既能加热、湿润吸入的干冷空气，又能过滤暴虐的风沙，以适应它们生存的荒漠与半荒漠那寒冷干燥的环境，可谓是它们的“护身法宝”。雄性长有一对半透明的琥珀色角，而雌性不长角。

高鼻羚羊集成数百只的大群活动，全力奔跑的时速可接近 100 千米。秋末冬初，雄性的鼻子会肿胀起来，很少进食，彼此之间会爆发激烈的打斗以争夺交配权。在牛科动物中，高鼻羚羊的寿命相对短暂，仅有 6 ～ 10 年。

我国新疆地区曾是高鼻羚羊的分布地，但在 20 世纪 60 年代高鼻羚羊灭绝。自 1987 至 1991 年，中国先后从美国圣迭戈动物园和德国东柏林动物园重新引入了高鼻羚羊，在甘肃武威濒危动物繁育中心建立了繁育种群，目前数量已达 170 只以上。

中文名：高鼻羚羊 / 赛加羚羊　　学名：*Saiga tatarica*

英文名：Saiga / Saiga Antelope　　分类：偶蹄目牛科高鼻羚羊属

欧亚雕鸮捕猎全靠三大高招

顾名思义，雕鸮就是“雕一般的猫头鹰”，实际上也确实如此：雕鸮体长可达 75 厘米，双翅展开的长度可达 1.9 米，是全世界最大的猫头鹰，有欧亚雕鸮和美洲雕鸮等多种。

欧亚雕鸮分布于几乎整个欧亚大陆，从欧洲最西端的伊比利亚半岛到俄罗斯东北部的库页岛都能见到它们的身影。在中国，各省市自治区几乎都有欧亚雕鸮出没于中低海拔的开阔林地和荒野地带，繁殖期会进入山区，始终与人类的居住地保持“社交距离”，因此它们虽然是中国分布极广的猫头鹰，却并不易见到。

欧亚雕鸮是体大力强、喙尖爪利、食性极广的夜行性猛禽，无论鱼、小兽、野兔、鸟类，甚至是其他的猫头鹰，雕鸮都能靠着极佳的夜视力、可 270° 转动的头部和飞行时几乎毫无声息的双翅这三大绝招，统统抓住吃掉。

芬兰语中称雕鸮为 Huuhkaja，芬兰球迷将自己的国家足球队昵称为“雕鸮之队（Huuhkajat）”。

中文名：欧亚雕鸮

英文名：Eurasian Eagle-Owl

学名：*Bubo bubo*

分类：鸮形目鸱鸮科雕鸮属

白鹈鹕从罗马尼亚飞到新疆就为了过冬

白鹈鹕（tí hú）又称“塘鹅”，是一种分布和迁徙范围都极其广泛的水禽：在非洲大陆，分布于撒哈拉沙漠以南的白鹈鹕种群基本上表现出留鸟的特征，极少迁徙；而撒哈拉以北的白鹈鹕种群则有超过 50% 会于每年 3 月底至 4 月初到达罗马尼亚的多瑙河三角洲进行繁殖育幼，而在 9 月至 11 月飞往尼罗河沿岸、亚洲东南部等地越冬，部分种群甚至可飞抵中国新疆的天山和准噶尔盆地西部乃至印度尼西亚。

白鹈鹕们没有尖嘴利爪，捕鱼全靠垂在喙下的巨大喉囊在水中直接猛“兜”。为了提高成功率，它们学会了“集体摸鱼”。同时，为了避免在水中“捞”鱼时被呛到，它们的鼻孔在进化中已彻底失去呼吸功能，只起到用于排出体内盐分的作用，保证唯一的呼吸通道——口腔的通畅。

白鹈鹕能用长脖子发力，将喉囊向外顶出口腔，像翻口袋一样将“里子”外翻清理，以保持喉囊清洁。

中文名：白鹈鹕
英文名：Great White Pelican
学名：*Pelecanus onocrotalus*
分类：鹈形目鹈鹕科鹈鹕属

灰胸竹鸡的叫声可以有多种解读

“竹鸡啼处一声声，山雨来时郎欲行。蜀天恰似离人眼，十日都无一日晴。”明朝文学家丁鹤年（1335—1424）这首《竹枝词》，形象地描述了中国特有鸟类——灰胸竹鸡的几个特点：广泛分布于中国长江流域以南，北达秦岭，西至四川，东到福建，南及两广，栖息于海拔 2000 米以下的低山丘陵和山脚平原中的竹林、灌木丛和草丛中。它们叫声独特，尖锐、响亮而短促：“叽咕呱，叽咕呱”“鸡狗乖，鸡狗乖”“地主婆，地主婆”……一个地方一种方言一声模拟，就连它的昵称也各不相同：“泥滑滑”“扁罐罐”……

灰胸竹鸡身体以栗红色和红棕色为主，额部为灰蓝色，胸部也有一块灰蓝色的“餐巾”。它们是喜欢“拉群”的鸟类，秋冬季节“一大家子”挤在一根树枝上取暖，春夏两季就各自分散到不同的树上，觅食时再集体下地，统一行动。

中文名：灰胸竹鸡　　学名：*Bambusicola thoracicus*

英文名：Chinese Bamboo Partridge　　分类：鸡形目雉科竹鸡属

阳彩臂金龟的两只前脚比身体还长

阳彩臂金龟属于臂金龟科彩臂金龟属，中国南方的安徽、浙江、福建、江西、四川、重庆、广东、广西等多个省市自治区均有分布。

阳彩臂金龟体长 6 ～ 8 厘米，前胸背板墨绿色，鞘翅基部长有一对黄色斑纹，在阳光下显得绚烂多姿、熠熠生辉。成年雄性拥有一对长度惊人的前足，中部和前端还带有多个刺突。这对前足在发育良好的情况下甚至能够超过它自身的身体长度。

阳彩臂金龟喜爱常绿阔叶林生境，平时常栖息在树洞中。根据科学家观察，在繁殖期间，雄虫会守候在树洞口，伸出前足逗引洞内的雌虫，当雌虫爬出洞外与雄虫交配时，雄虫会用强壮的前足牢牢抓住雌虫，使其无法逃脱。

数年前曾有无良玩家将一只阳彩臂金龟标本炒作出了 20 万元的天价——在此严正提醒：它是国家二级保护动物，未经许可不得随意捕捉。

中文名：阳彩臂金龟

英文名：Long-armed Scarab

学名：*Cheirotonus jansoni*

分类：鞘翅目臂金龟科彩臂金龟属

虎鲸需要完整的社群生活而不是被关进水族馆

虎鲸又称“逆戟鲸”，体形粗壮，体色黑白，是最大的海豚科物种。雄性长 6 ～ 8 米，重 6 ～ 7 吨，背鳍呈棘刺状直立，高度近 2 米；雌性体形略小，长 5 ～ 7 米，重 3 ～ 4 吨，背鳍呈镰刀形，高度低于 1 米。头部圆锥状，嘴喙不突出。

虎鲸是位于全世界各大洋食物链顶端的掠食性动物，但不同生态型的虎鲸的食性有所差异：居留型虎鲸主要摄食鱼类，族群型虎鲸以海豹为主食，而迁徙型虎鲸除了捕杀海豹和海狮等海兽外，还会抓捕鲨鱼甚至其他小型鲸豚类。它们的大脑皮层相当发达，拥有数种成熟的捕猎技巧，懂得团队配合，并擅长使用撞击、围捕、冲滩等多种“战术”。

虎鲸是高度社会化的海兽，其基本社群由 2 ～ 9 头血缘相近的虎鲸组成“小群”，而几个这样的“小群”又会组成“大群”共同生活。在海洋馆中被迫表演并孤独终老，对虎鲸是巨大的身心折磨。

中文名：虎鲸　　学名：*Orcinus orca*

英文名：Killer Whale / Orca　　分类：鲸目海豚科虎鲸属

旅鸽灭绝只用了不到一百年

旅鸽，曾是整个北美鸟类家族中数量众多的一员。据估计，19 世纪初期，美国境内的旅鸽可能高达 50 亿只，而当时整个美国人口尚不足 1 亿。这数量惊人的鸽子每年在北美大陆来回迁徙时，往往席卷田地，吃光作物，让农民们全年的辛劳付之东流。

于是，为了保护自己的收成，农民们拿起武器，对旅鸽展开了一轮又一轮无节制的大屠杀。由于当年自然保护理念缺失，甚至有专家出面表态，像无法灭绝蝗虫一样，旅鸽是不会被杀尽的。彼时的美国当局对此毫无干涉，更没有出台相关法规，完全是听之任之。而当时人们尚不知道，旅鸽的基因多样性低，应对环境变化的能力差，在庞大的基数下，真正的有效种群数量不过 33 万。

终于，1901 年，最后一只野生旅鸽被射杀于伊利诺伊州；1914 年，最后一只人工饲养的雌性旅鸽“玛莎”在辛辛那提动物园孤独终老。从 50 亿到 0，不过区区一个世纪。

从亿万只到被清零，
不到一百年……
已灭绝
中文名：旅鸽
英文名：Passenger's Pigeon
学名：Ectopistes migratorius
分类：鸽形目鸠鸽科旅鸽属

窄头双髻鲨生娃可以不用爸爸

双髻（jì）鲨家族的成员们都生着一个怪异的头部：脑袋朝两端水平伸出，既像一把锤子，又像清宫剧中女子的发髻，因此英语中称其“锤头鲨”，而中文里叫它“双髻鲨”。这脑袋上长有叫作“洛伦氏瓮”的电感受器，有助于它们捕捉猎物的生物电信号。

窄头双髻鲨分布于大西洋－东太平洋的亚热带－热带海域，是双髻鲨中的小个子，身长仅 90 厘米左右，最大的也不过 1.5 米。别看它们块头“迷你”，但和其他的鲨鱼兄弟们比，却显得“个性十足”。

其一，窄头双髻鲨是一种可以孤雌生殖的鲨鱼，也就是说，雌鲨可以在无雄鲨交配受精的情况下受孕繁殖。

其二，窄头双髻鲨是唯二取食植物的鲨鱼（另一种是鲸鲨）。根据科学家统计，它们对海草的消化率高达 50% 以上，日常“食谱”中除了常规的鱼、虾、蟹和鱿鱼等，其余约 60% 都是海草，这就令它们成了唯一杂食性的双髻鲨。

中文名：窄头双髻鲨　　学名：*Sphyrna tiburo*

英文名：Bonnethead　　分类：真鲨目双髻鲨科双髻鲨属

钴蓝箭毒蛙的一身剧毒全靠吃出来

身长仅 5 厘米左右，体重不到 10 克的钴蓝箭毒蛙分布于南美洲苏里南南部和巴西北部一带的森林里。它们和其他蛙类不同，泳技平平，不擅蹦跳，最喜欢在凤梨科植物中躲藏。

被当地原住民称为 Okopipi 的它们长着一身布满黑色斑点的亮蓝色皮肤，在暗处呈现深邃的蓝宝石色，而在亮处又能反射出晶莹的荧光，确如一颗蓝色的宝珠一般炫目。

钴蓝箭毒蛙平时爱吃蚂蚁、蜘蛛和蜈蚣等有毒的节肢动物，并将它们的毒素转换之后从自己的表皮上分泌出来用于自卫，1 只蛙含有的毒素差不多能毒倒 10 个成年人。当地原住民在捕捉它们后会将其皮肤分泌物涂在箭头上制造毒箭——“箭毒蛙”正是如此得名。而它们这身吸引眼球的克莱因蓝其实只是一种警戒色罢了。人工养殖钴蓝箭毒蛙时，只要不让它们吃“毒食”，自然也就无毒可泌了。

中文名：钴蓝箭毒蛙

英文名：Blue Poison Dart Frog

学名：*Dendrobates tinctorius azureus*

分类：无尾目箭毒蛙科箭毒蛙属

沐雾甲虫用身体从雾气中提炼水分喝

位于非洲国家纳米比亚西部的纳米布沙漠是环境无比恶劣的不毛之地，年均降雨量仅 20 毫米左右。在这样的极端气候中生存，获取水分就成了一门重要技能。

虽然雨水是纳米布沙漠的奢侈品，但这里却是一片紧靠大西洋的沙海。入夜后，沙漠与海水之间的温差，会产生丰沛的水汽，水汽凝结为细小的水珠后，形成雾气，飘入纳米布沙漠。此时，一种叫作沐雾甲虫的昆虫就会爬上沙丘，伸直 6 条大长腿，高高地翘起屁股，将背甲转向海雾飘来的方向，静静等待雾气中的水分在自己身上凝结成水珠。当水珠的直径接近 5 毫米时，就会沿着甲虫背部被蜡质覆盖的凹槽一路滑落，最终经过它们的头颈流到嘴中，被一滴不漏地喝了个干净。

科学家根据沐雾甲虫的“采雾原理”发明了“采雾器”这样一种集水装置，用于在多雾干旱地区收集雾中的水。

中文名：沐雾甲虫 / 雾姥甲虫

英文名：Long-legged Darkling Beetle

学名：*Stenocara dentata*

分类：鞘翅目拟步甲科窄首甲属

射水鱼用水流击落昆虫靠的是眼口合一

射水鱼产于从印度、孟加拉、斯里兰卡等地经东南亚直到澳大利亚北部的地区，在溪流和池塘等淡水环境以及河口和红树林等半咸水环境中都有分布。

射水鱼在英文中被叫作“箭手鱼”，是鱼中独一无二的猎手，所使用的“箭”不是固体而是液体：它们的上颚长有一道凹沟，而舌面上则长有一条隆起，当它们在水下观察到水面附近枝叶上的昆虫时，便吸进一口水，用力收缩鳃盖，用舌头作为“活塞”，将水顺着那道凹沟飞快地滋出口外，把昆虫一“箭”射落水中，再游上前去，一口吃掉。

想射得中，就要看得准。射水鱼的视力绝佳，能够自动调整因光线折射而造成的视觉偏差，精确“修正”位置并判断距离。当然，如果昆虫栖身的枝叶距离水面不远，射水鱼也会“简单粗暴”地直接跃出水面，张嘴咬住，直接吞下。

中文名：射水鱼　　学名：*Toxotes* spp.

英文名：Archerfish　　分类：鲈形目射水鱼科射水鱼属

拟䴕树雀会自己制造“餐具”

拟䴕树雀是出产于厄瓜多尔加拉帕戈斯群岛中的伊萨贝拉岛、圣克鲁兹岛、圣克里斯托巴尔岛、费尔南迪纳岛、圣地亚哥岛和平松岛的特有鸟类，它们在这些岛屿中的分布相当广泛，从干旱到潮湿的区域都能生存。

“拟䴕”意为“类似啄木鸟的”。在没有啄木鸟生存的加拉帕戈斯群岛，拟䴕树雀填补了啄木鸟的生态位。它们和啄木鸟一样取食树干中的昆虫及其幼虫，但没有真正的啄木鸟那样的长喙和黏性长舌，但它们进化出了一“嘴”高招，就是啄断一根小树枝、短木棍或仙人掌刺，插进树皮和树洞，如同用牙签扎起一块点心那样，戳中虫子，挑起吃掉。

根据观察，雨季时，“口粮”充沛，拟䴕树雀便较少使用工具取食；反之，旱季时，“虫量”有限，拟䴕树雀有超过 50% 的食物都是使用“探针”获得的。

中文名：拟䴕树雀
英文名：Woodpecker Finch
学名：*Camarhynchus pallidus*
分类：雀形目裸鼻雀科树雀属

阿氏丝鳍脂鲤要想繁殖后代先得练好弹跳

阿氏丝鳍脂鲤俗称“溅水鱼”，生活在南美洲巴西、苏里南、圭亚那和法属圭亚那等地的溪流、小支流和季节性洪泛林中。这种体长仅只有3～4厘米的小鱼能在充满着捕食者的水域中生存至今，依靠的是它们的“独门绝技”——离水产卵。

繁殖期间，雄鱼需要找到一处这样的水域向雌鱼求偶：靠近岸边，有宽大的植物叶片悬垂贴近水面。雌鱼一旦接受了它，“两口子”就双双纵身跃出水面，伸展开下颌和鱼鳍，尽可能长时间贴附在树叶上。在此期间，它们会不断地重复“二人转”：雌鱼负责抓紧时间在叶面上产卵，而雄鱼则必须以更快的动作使鱼卵受精。

雌鱼一次可产下100～300粒被胶质膜包裹的鱼卵，之后雄鱼会留在受精卵附近，用尾鳍向鱼卵泼水以防干燥，“溅水鱼”之名由此而来。约3天后，胶膜融化，幼鱼落入水中开始独自生活，这时雄鱼才放心离开。

中文名：阿氏丝鳍脂鲤　　学名：*Copella arnoldi*

英文名：Splash Tetra / Jumping Characin　　分类：脂鲤目鲚脂鲤科丝鳍脂鲤属

巴巴利猕猴的猴群“群主”由雌性担任

巴巴利猕猴又称“地中海猕猴”“叟猴”，是猕猴属近 20 个物种中唯一不分布于亚洲的一种，主要见于北非摩洛哥和阿尔及利亚两国境内的阿特拉斯山脉中海拔 400 ～ 2300 米的雪松林里。而在与摩洛哥隔海相望的伊比利亚半岛最南端的西班牙直布罗陀地区也有一个约 300 只的种群分布，据说其祖先是当年被北非的摩尔人带到欧洲的。这个种群也是欧洲唯一的野生灵长类动物。

巴巴利猕猴与其他猴类相比最显著的差异是极端退化、几近于无的尾部。它们是群居性杂食动物，结成 10 ～ 100 只的群体活动，从橡实、花朵、根茎、蘑菇到昆虫、鸟卵都会取食。与多数灵长类不同的是，巴巴利猕猴通常由一只成年雌性担任“群主”，群内的雄性主要担任育幼工作。

希腊国王亚历山大一世（1893—1920）被一只巴巴利猕猴咬伤而导致败血症身亡。

中文名：巴巴利猕猴　　学名：*Macaca sylvanus*

英文名：Barbary Macaque　　分类：灵长目猴科猕猴属

鹬鸵的鼻孔长在喙部的最前端

“鹬鸵”一词初听很是生僻，但一说它的俗称“几维鸟”大家就明白了：它是新西兰的特有鸟类，也是新西兰国鸟，下分1属5种。新西兰的一元硬币上，有一面就是这种蠢萌小胖鸟之一——褐几维（棕鹬鸵）。

在新西兰原住民毛利人的传说中，很久之前，鹬鸵本是一种生活在新西兰森林中的美丽小鸟。一次，为了扑救林中大火，它的羽毛被烧焦了，腿被烧残了，翅膀和尾巴被直接烧没了，视力也被烟熏衰退了，只能用嘴巴探路行走。从此，它变成了一种其貌不扬、昼伏夜出的鸟儿。

这个传说准确地描述了鹬鸵的特点：羽毛灰褐色，翅膀和尾巴退化，视力极差，夜晚活动，觅食时主要依靠嗅觉而不是视觉，长喙前端的鼻孔能够嗅出泥土中的昆虫——它们是全世界唯一一类鼻孔长在喙部前端而不是后端的鸟类。

中文名：鹬鸵　　学名：*Apteryx* spp.

英文名：Kiwi / Kiwi Bird　　分类：鹬鸵目鹬鸵科鹬鸵属

小屏障岛巨沙螽是全世界最大的直翅目昆虫

世界知名的新西兰电影特技公司维塔数码（Weta Digital）的标志是一只新西兰的代表性昆虫——巨沙螽（zhōng）。它们是地球上最大的直翅目昆虫，平均体长约 6 厘米——但“名不符实”的是，它们其实天生无翅，全靠 6 条大长腿行动。

小屏障岛巨沙螽是新西兰出产的 11 种巨沙螽中体形最大的一种，成虫平均体长约 7.5 厘米，体重约 30 克，怀孕时的雌虫体重可接近 75 克，比一只麻雀还要重。它们在地球上出现已有约 1.9 亿年，一度广泛分布于新西兰北岛、奥克兰和大屏障岛，但栖息地的丧失和外来物种的捕食导致其数量骤减，现今只分布在北岛东北部外海的小屏障岛上。

小屏障岛巨沙螽日间隐蔽在落叶堆中，晚间会爬到地面上或树上觅食。这些大家伙是生性和平的素食主义者，但遭攻击时也能用尖锐的口器和带利刺的后腿一咬一踢以自卫。

中文名：小屏障岛巨沙螽

英文名：Little Barrier Giant Wētā / Wētāpunga

学名：*Deinacrida heteracantha*

分类：昆虫纲直翅目丑螽科

兰花螳螂把自己打扮成花朵可谓一举两得

螳螂是一类广为人知的肉食性昆虫，在人类文化中的“出镜率”不可谓不高。但请注意，螳螂是个大家族，其成员并不都是传统印象中全身翠绿或通体灰褐的模样，有些螳螂能把自己打扮得犹如一朵娇艳的鲜花一般——这就是“画风”清奇的兰花螳螂。

兰花螳螂又称“冕花螳”，主要分布于东南亚国家和地区的热带雨林之中，我国云南省则是这种螳螂分布的北限。它们是一种雌雄二性体形差异明显的螳螂，雄性体长仅 4 厘米左右，而雌性则可达 9 厘米。

兰花螳螂的体色以白色为主，杂有部分粉红、玫红和绿色等色调。当它们紧伏在植物上时，伸展出的步肢宛如花瓣，腹节酷似花蕊，就连移动时的步伐也像极了风中摇曳的花朵和花瓣，这样，它们既能骗过鸟类等天敌的眼睛，同时又能伺机捕食将它们错当成鲜花而飞来“自投罗网”的其他昆虫。

中文名：兰花螳螂 / 冕花螳

学名：*Hymenopus coronatus*

英文名：Orchid Mantis

分类：螳螂目花螳科花螳属

水黾是能在水面行走自如的轻功高手

液体分子间有很微小的拉力互相吸引，维持液体表面完好，这就是表面张力。如物体轻盈，不打破表面张力，就可以漂浮在水面而不会下沉。

一种身体纤细的水生昆虫——水黾（mǐn），就有着令人惊叹的“水面轻功”。水黾的前、中、后，3对6只足上，密布着直径不足3微米的刚毛，每一根刚毛表面有无数极细的肉眼不可见的螺旋状沟槽，沟槽里充满空气，仿佛套上了六足气垫鞋，保护足部不被浸湿。靠着这一套装备，水黾轻松漂浮于水面，大展功夫。以下是它们的功能：

求偶。水黾用相对短小的前足，轻叩水面，荡出微微的水波，传递信号，求偶交配。

觅食。发现猎物，轻轻拍住，不致落入水里，立刻享用美餐。

运动。细长的中足和后足，分别划水和推进。微微触压并不划破水面，可谓“水上漂”。

救生。若是出现被“追杀”的紧急情况，水黾可以在水面上轻盈腾挪，疾速逃命。

中文名：水黾　　学名：Garridae

英文名：Water Strider　　分类：昆虫纲半翅目黾蝽科

马岛长喙天蛾的长喙只为了大彗星风兰而生

法国大革命后，法国植物学家路易斯·佩蒂特-多瓦士（Louis Marie Aubert du Petit-Thouars，1758—1831）被流放到当时的法国殖民地马达加斯加。在这里，他发现了一种神奇的植物：大彗星风兰。这种低地兰花的花蜜隐藏在它长达 27 ～ 43 厘米的花距末端。这使得英国生物学家达尔文（Charles Darwin，1809—1882）在 1862 年收到大彗星风兰的标本后，直接在著作《兰花的授粉》（*Fertilisation of Orchids*）中断言："凡在这种植物生长的地方一定有一种口器足够长到能吸食花距底部花粉的昆虫为它传粉。"

这个说法一直广受质疑，直到达尔文去世后的第 21 年，即 1903 年，英国动物学家罗斯柴尔德男爵（2nd Baron Rothschild，1868—1937）和德国昆虫学家卡尔·约尔丹（Karl Jordan，1861—1959）收到了一雄一雌两只天蛾的标本，它们有着细长的口器，平时像卷尺一般盘起，而展开后的长度恰好匹配了大彗星风兰的花距长度。这就使今天的马岛长喙天蛾——达尔文当年的预测被完美实证。

中文名：马岛长喙天蛾　　学名：*Xanthopan morgani*

英文名：Morgan's Sphinx Moth　　分类：鳞翅目天蛾科马岛长喙天蛾属

帝企鹅的羽毛就是一件防风又防水的羽绒服

主要分布于南极洲的帝企鹅是全世界 18 种企鹅中的“巨人”：成年帝企鹅高达 1 ～ 1.2 米，体重近 45 千克，比企鹅家族中身材第二大的王企鹅略高，但重了几乎一倍。

帝企鹅学名中的 Aptenodytes 一词是古希腊语“没有羽毛的潜水者”之意。限于当时的观察条件，这个命名其实是对错参半。

帝企鹅绝非不长羽毛的鸟，但它们的羽毛结构较为特殊：除了最外层较长的翎羽，还有贴近体表的短而密的绒羽，既防风又防水，堪称一件完美的“羽绒服”。而潜水，就是帝企鹅的“看家功夫”了：为了捕食爱吃的鱼、磷虾、鱿鱼等动物，帝企鹅可以一口气潜入 100 ～ 500 米深的水下 20 分钟左右，此时它们的心跳会降至每分钟 15 ～ 20 次。

法国导演吕克·雅盖（Luc Jacquet）摄制的一部以帝企鹅的生存繁衍为题材的纪录片《帝企鹅日记》于 2006 年获得第 78 届奥斯卡金像奖最佳纪录片奖。

中文名：帝企鹅

英文名：Emperor Penguin

学名：*Aptenodytes forsteri*

分类：企鹅目企鹅科王企鹅属

小绵羊海蛞蝓是能够进行光合作用的海生动物

1993 年，有人在日本冲绳县八重山群岛的黑岛海域中无意发现了一种体长只有区区 0.5 ～ 1.0 厘米、不用微距镜头几乎无法看清真容的小可爱。后来，它被起名为小绵羊海蛞蝓（kuò yú），台湾地区则根据发现地起名为黑岛天兔海蛞蝓。

高清照片显示，这个小家伙长得又白又软，身背毛茸茸的“绿色披风”，头顶两根羊角一般的触角，一对无辜“呆萌”的“芝麻黑豆眼”，整体看来简直就是一头在海底缓慢蠕动的“小羊肖恩”，因此又得了个昵称：叶羊。

能被称作叶羊，不能只靠可爱。小绵羊海蛞蝓以海藻为食，在进食过程中，它们能够吸收海藻中的叶绿体，将其存储在体内，再依靠阳光完成一系列光合作用，为自己提供养分，相当于长年自备“自热米饭”——这种靠“偷吃”把自己变成“植物”的“神操作”，在生物学上被称为“盗食质体”（kleptoplasty）。

中文名：小绵羊海蛞蝓 / 黑岛天兔海蛞蝓 / 叶羊

英文名：Leaf Sheep / Sea Sheep

学名：*Costasiella kuroshimae*

分类：囊舌目叶羊海蝓科叶羊海蝓属

眼镜猴的眼睛很大但却不会转动

眼镜猴是灵长类动物中一个极为特殊的群体，它们同时具备低等灵长类动物与高等灵长类动物的某些特征，因此科学家们将其单列一属。

眼镜猴是东南亚地区的特有动物，生活在菲律宾、印度尼西亚苏门答腊岛、加里曼丹岛和苏拉威西岛等地的热带雨林中。它们体形“迷你”，身长仅 10 ～ 18 厘米，尾长 15 ～ 27 厘米，却长有一对直径可达 1.6 厘米的大眼睛，一眼望去犹如戴着一副巨大的无框眼镜一般，因此得名。但眼镜猴无法转动眼球，观察周围事物只能转动脑袋。

眼镜猴是夜行性动物。在夜色中，它们先竖起雷达般的耳朵仔细倾听周围昆虫的动静，再圆睁双眼进一步观察定位。确定昆虫的位置后，依靠修长而灵活的踝关节发力，并借助细长的尾巴保持平衡，眼镜猴能够在树与树之间一跃 4 ～ 5 米，将昆虫牢牢抓住吃掉。

中文名：眼镜猴

英文名：Tarsier

学名：*Tarsius* spp.

分类：灵长目眼镜猴科眼镜猴属

隐肛狸的最大作用就是控制狐猴的数量

8800多万年来，位于非洲大陆东南方的印度洋中的世界第四大岛马达加斯加始终是一片孤立的土地。这里拥有独特的生物群落，出产的野生生物超过80%都是特有种，狐猴就是其中最有代表性的动物。

马达加斯加并没有狮、虎、豹之类的原生猫科动物，但它们进化出了自己的特有“喵星人”——隐肛狸，填补了相应的生态位。

隐肛狸由于肛门隐藏在肛门袋下面而得了这个怪名字。除了名字怪之外，它的脑袋像猫，嘴巴像狗，体形似貂，毛色如美洲狮，是个绝对的“大杂烩”。

虽然外表怪奇，但隐肛狸可是不折不扣的马达加斯加岛第一杀手：它们长年在树上活动，“树性”极佳，甚至能够像亚洲的云豹一样头朝下下树，饥饿时，靠伏击战术捕杀狐猴——它们最爱的大餐。若没有隐肛狸，马达加斯加岛的狐猴数量必然失控。这绝对是生态平衡的精妙体现了。

中文名：隐肛狸 / 马岛獴 / 马岛长尾狸猫　　学名：*Cryptoprocta ferox*

英文名：Fossa　　分类：食肉目食蚁狸科马岛獴属

原驼血液中的红细胞数量高出人类 4 倍

提到骆驼，我们可能会习惯性地想起戈壁沙漠中的双峰驼和阿拉伯地区的单峰驼。其实，除了这两种我们熟知的骆驼，还有 4 种统称为“美洲驼”的骆驼科动物生活在南美大陆，而原驼就是其中体形最大的一种。

原驼分布在玻利维亚、秘鲁、厄瓜多尔、哥伦比亚、智利及阿根廷等国境内海拔 3500 米以上的高原山地。这里空气稀薄且干燥，昼夜气温变化极大，食物也极其粗粝，为了能在这样的恶劣环境中生存，原驼长出了一身浓厚的皮毛以抵御每小时 120 千米的狂风，心脏也比人类要大出 15%，还有充足的肺活量——高海拔地区的氧含量低，肺部必须吸收相当于低海拔地区一倍的空气，才能得到等量的氧。最令人惊叹的则是它们血液中的红细胞数量竟高出人类 4 倍，一茶匙中就有 6800 万个。

中文名：原驼　　学名：*Lama guanicoe*

英文名：Guanaco　　分类：偶蹄目骆驼科羊驼属

鞭蝎会用尾巴喷射“老陈醋”

南方的朋友们在炎热的夏夜里，有时会邂逅一种怪异的小黑虫。猛一看，它像蝎子，又像蜘蛛；再一看，它不结网，头部虽然有两只钳子，但尾巴上又没有蝎子那根尖利的“钩子”，而是竖着一根细细的“鞭子”——它是什么呢？

这种怪虫叫作鞭蝎，属于蛛形纲动物。也就是说，它不是真正的昆虫，而和蜘蛛是一家。鞭蝎在全世界有超过 100 种，其中大部分都见于亚洲。

鞭蝎看似狰狞可怕，但它们本质上是温和的小怪兽，并不像真正的蝎子一样用剧毒的尾钩主动攻击人类。那一对螯肢看着吓人，但其实也只是用来捕捉小虫或者挖掘泥土而已。真正令它们“名声在外”的，是它们能够通过屁股尖上的那根“鞭子”基部的一对后体腺喷射出含有高浓度醋酸的液体自卫。这种液体恶臭难闻，但对人类并不能造成严重伤害，因此，鞭蝎又有个名称叫作醋蝎。

中文名：鞭蝎
学名：*Thelyphonida* spp.
英文名：Vinegaroon, Whip Scorpion
分类：蛛形纲鞭蝎目鞭蝎科

十七年蝉每隔 10 多年才能繁殖一代

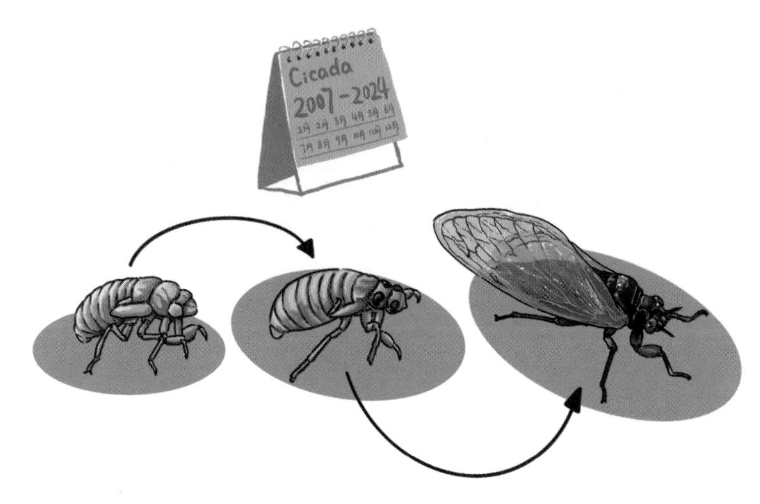

我们以为俗称“知了”的蝉和其他昆虫一样，都是只能生存一个夏天的短命儿，殊不知，蝉的寿命通常是会超过一年的。但它们的大部分时间都以若虫的身份深藏地下，默默蓄力，等待破土而出，羽化成虫的那一刻——从那时起，它们的全部生存时间和意义，也就是在生命中这最后的一个夏天寻求佳偶，传宗接代。

在北美洲，有一种蝉把若虫期“潜伏”到了极致，这就是分布于美国东部十几个州以及首都华盛顿特区的十七年蝉。它们长着红色的眼睛，翅膀上带有琥珀色的纹理，颜值颇高。顾名思义，这种蝉会在地下度过平均长达 17 年的若虫期，出土之后，它们会在 4 ～ 6 周的成虫期内忙着求偶、交配、产卵，之后便悄然死去，要到 13 ～ 21 年后，它们的下一代才会出现。

最奇异的是并非每年都有成虫出现，而是所有的十七年蝉同步进行着十七年周期。最近一次成虫是 2021 年，若取 17 年这个平均值计算，下一次要见到它们，将是 2038 年的初夏了。

中文名：十七年蝉　　　**学名**：*Magicicada septendecim*

英文名：Pharaoh Cicada　　　**分类**：半翅目蝉科周期蝉属

玫瑰毒鲉是原地不动的放毒高手

玫瑰毒鲉（yóu）生活在印度洋－太平洋海域，眼睛小、头大、体圆、胸鳍宽，身长可达 40 厘米。它们体表无鳞，而是层层叠叠地长满了粗糙的皮质突起，还能随着周围的环境改变颜色，如果一条玫瑰毒鲉往礁石堆里就地一趴，看起来就是块长满藻类的石头；若是玫瑰毒鲉把自己埋进沙子里，那它就几乎“完全隐身”了，难怪我国南海的渔民们称之为“石头鱼”。

当“路过”的小鱼小虾没有意识到身边藏着一条凶猛的大毒鱼时，玫瑰毒鲉会直接伸头张嘴把它们一口吞下；而若是倒霉的人类一不留神踩中了玫瑰毒鲉，它背部的毒腺会立即向 10 多根尖锐的背棘中注入神经性毒素，注满毒液的背棘会直接扎穿受害者的脚部将毒液注入人体，如不及时送医救治，致死率几乎为百分之百。尽管玫瑰毒鲉带有剧毒，但它们的肉味却很鲜美，只需去除毒腺，便可大快朵颐。

中文名：玫瑰毒鲉　　学名：*Synanceia verrucosa*

英文名：Reef Stonefish　　分类：鲉形目毒鲉科毒鲉属

疣猴最爱吃树叶

东黑白疣猴分布于东非地区的肯尼亚、坦桑尼亚、乌干达等国，是非洲特有的猴类，之所以称之为“疣猴”，是因为它们的大拇指已经高度退化，只剩下一个并没有任何抓握功能的疣状突起。

东黑白疣猴体毛主要为黑色，但肩膀和背部环绕着一圈呈U形的白色长毛，犹如身披斗篷的山中大侠一般，因而在英语中又被叫作“斗篷疣猴”。它们的尾巴比身体还长，末端长有一撮白毛，虽然无法缠绕或盘卷，但有助于它们在林间来回蹦跳时保持平衡。

和猕猴不一样，东黑白疣猴是高度特化的食叶动物，它们的胃结构类似于反刍动物，其中存有的微生物菌群能够帮助它们发酵和消化多种树叶。野生条件下，东黑白疣猴食物中树叶的比例高达78%～94%，其中主要是嫩叶。而它们自己有时则会被黑猩猩作为食物捕杀。

天生的九指神丐＋斗篷大侠

中文名：东黑白疣猴

英文名：Mantled Guereza / Eastern Black-and-white Colobus

学名：*Colobus guereza*

分类：灵长目猴科疣猴属

赤猴是奔跑速度最快的猴子

在人们的普遍印象中，“猴子”一词多半与山林和树木联系在一起。其实不然，在非洲大陆撒哈拉沙漠以南的热带稀树草原、开阔林地和半沙漠地带中还真有一种不以登高爬树见长，而以快速奔跑取胜的猴子。这，就是赤猴。

赤猴体长 60 ～ 90 厘米，体重 12 千克左右，还有一条可长达 75 厘米的尾巴。尽管这条尾巴不能帮助它们爬树攀枝，但却是在高速奔跑时帮助赤猴保持平衡的重要“法宝”——作为灵长动物们中奔跑速度最快的一种，赤猴的时速可高达 55 千米，足令诸多“猴兄猴弟”们自叹弗如。

赤猴是群居动物，一个猴群可能多达 60 只个体，其中多数都是雌性，成年雄性通常只在繁殖期间加入猴群与雌猴传宗接代，过后就主动“退群”。同一群内的赤猴在偶然爆发冲突之后，参与冲突的不同个体还会主动为对方梳理毛发，以求“和解”。

中文名：赤猴
学名：*Erythrocebus patas*
英文名：Patas Monkey
分类：灵长目猴科赤猴属

鲫鱼靠着头上的吸盘到处“蹭”车坐

鲫（yìn）鱼是茫茫大海中最为“懒惰”的“搭便车者”，它们的背部长有两条背鳍，其中第二背鳍与其余鱼类并无二致，而位于头顶的第一背鳍已特化为一个周边长有一圈厚实的肉质、中间长有扁平骨板层的“吸盘”，只要贴在光滑的平面上，立即形成一片真空，能够牢牢吸住。

平时，鲫鱼默默隐藏自己，一旦见到鲨鱼、海龟、海豚、鲸鲨等“海洋交通工具”经过，便找准机会迎上前去，把头顶上的吸盘往那些大家伙身上一吸，就开始了它们“得来全不费工夫”的“偷懒之旅”。当然，要说鲫鱼是完全“白占便宜”也不尽然，因为在“旅程”中，它们也会做些“清洁工作”，替“东家”吃掉一些身上的寄生物。

近年来，我国科学家借鉴鲫鱼的吸盘原理，研制出吸附力可达自重340倍的“仿生鲫鱼软体吸盘机器人”，堪称仿生学领域的重要发明了。

中文名：鲫鱼
英文名：Live Sharksucker
学名：*Echeneis naucrates*
分类：鲈形目鲫科鲫属

大眼斑雉的飞羽上长满了大大小小的“眼睛”

在希腊神话中，魔神阿耳戈斯（Argus）长有一百只能够轮流“上班”的眼睛，理论上可以永远不眠。

在与希腊远隔千山万水的东南亚马来半岛、苏门答腊、加里曼丹的雨林中，有着一种巨大的雉鸡——大眼斑雉。雄雉羽色呈灰褐色，长着一双红色的脚和一个蓝色的秃头，整体看去不过是只色泽暗淡的雄性孔雀——但每到繁殖季节，奇迹就出现了。

只见雄雉先是低声鸣叫，再是绕着雌雉快步转圈，最后终于亮出了“杀手锏”——双足岔开，低首伏地，竖起两根细长的尾羽，一口气打开了自己的全部飞羽。最外侧的初级飞羽布满了密密麻麻的小斑点，中间和内侧的次级飞羽和三级飞羽上则排列着百十个硕大的眼斑状图案。若是雌雉被这热情的“目光”打动，双方便就此结好。

1766年，动物分类学鼻祖，瑞典人卡尔·林奈（Carl Linnaeus，1707—1778）从希腊神话中得到了灵感，将大眼斑雉的种名定为阿耳戈斯（argus）。

中文名：大眼斑雉　　学名：*Argusianus argus*

英文名：Great Argus　　分类：鸡形目雉科大眼斑雉属

青海湖裸鲤为了适应高原生活连鳞都退化了

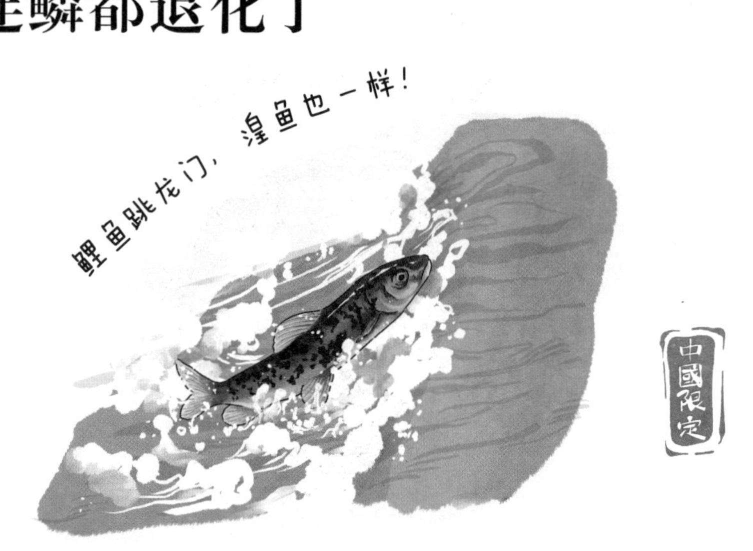

每至高原春暖，青海湖坚冰融化，湖中的一种鱼类便陆续进入周围的河流，逆水而去，寻找水流相对平缓、深浅适宜、底质有细小沙砾的产卵场。雌鱼排卵，雄鱼使卵受精，自由结合后，期待新一代鱼宝宝的出生。

这就是中国特有的鲤科物种青海湖裸鲤。顾名思义，裸鲤，全身裸露光滑，几近无鳞。裸鲤的祖先黄河鲤鱼，通过倒淌河进入青海湖。约100万年前，地壳运动导致日月山抬升，堵塞了青海湖口，使之成为封闭的湖泊。而无法返回的裸鲤祖先为了适应高原低温盐碱性水域的恶劣条件，皮下脂肪逐渐增厚，鳞片作用逐渐消失，最终彻底退化，成了今天的模样。

裸鲤俗称“湟鱼”。青海有湟水河，其上游有湟源县。早年，湟源一带居民常捕食裸鲤。湟鱼，大概因此而得名吧。

通过多年封湖育鱼，裸鲤蕴藏量从2002年的2592吨增加到如今的12.03万吨，保护等级已从“濒危”降为“易危”，共生生态链趋于平衡。

中文名：青海湖裸鲤

英文名：Przewalski's Naked Carp, Scaleless Carp

学名：*Gymnocypris przewalskii*

分类：鲤形目鲤科裸鲤属

中非食卵蛇会给鸟卵“剥壳”

中非食卵蛇是一种食性高度特化的蛇类，它不吃任何其他的食物，而是一心一意专吃鸟卵，算是把“要想吃活的，就得抓小的”这句话彻底“发扬光大”了。

让一条体长约60厘米的纤细小蛇吞食一枚比自己身体直径还粗的鸟卵，怎么看都是个不可能完成的任务，但中非食卵蛇却精于此道。它首先用能扩张到近180°的上下颌把卵尽力叼住，再靠口中相当于牙齿的嵴突和不断分泌的唾液把卵吞进嘴里滑进喉咙；此时，它抽动颈部肌肉，带动颈椎上生出的尖锐突出物把卵壳割破；之后，中非食卵蛇胃部的“阀门”会留下卵清和卵黄而把卵壳挡在外面；最后，它再“启动”喉部的另一组肌肉，把之前切碎的卵壳压扁吐出。

与其他那些只能把鸟卵打碎舔食或硬吞下肚等待消化的动物相比，中非食卵蛇实在是技高一筹。

中文名：中非食卵蛇

英文名：Central African Egg-eating Snake

学名：*Dasypeltis fasciata*

分类：有鳞目游蛇科食卵蛇属

赤大袋鼠的宝宝弱小可怜又无助

赤大袋鼠是澳大利亚体形最大的陆地动物，也是所有袋鼠中体形最大的一种，几乎分布于澳大利亚全境，在生态位中的作用相当于其他大洲的牛、马、羊、鹿等大型食草动物。

赤大袋鼠全身皮毛呈砖红色，体长 1.3 ～ 1.6 米，有一条长约 1.2 米的尾巴。休息时，赤大袋鼠将两条后肢和尾巴搭成一个三脚架的形状支撑身体。全速蹦跳前进时，它们高举前肢，翘起尾巴，用肌肉发达的后腿蹦跳奔跑。发力一跃，最多可跳至 3 米高，8 米远。

有袋类动物没有胎盘，初生幼崽几乎是发育不全的胚胎状态，赤大袋鼠也不例外。新生幼崽只有几厘米长，全身无毛，未睁眼，除了用于爬动的前爪，几乎任何器官都没有发育，必须依靠自己的力量从母亲的产道爬进育儿袋，找到乳头咬住不放。小袋鼠大约在 6 个月后可以从袋里露头，7 个月时可以离袋，但要到 1 岁左右才能完全断奶。

中文名：赤大袋鼠
英文名：Red Kangaroo
学名：*Osphranter rufus*
分类：双门齿目袋鼠科大袋鼠属

树袋熊只爱吃桉树叶

袋鼠是澳大利亚最常见的动物，而树袋熊可能是澳大利亚人气最高的动物。它们睡眼惺忪的表情、纽扣般的黑鼻子和一身柔软的灰色皮毛，看起来就像玩具熊一样可爱。

最后，在纸角上
我还想画下自己
画下一只树熊
他坐在维多利亚深色
的丛林里
坐在安安静静的
树枝上
发愣

虽然长相酷似活体毛绒熊，学名也有“有袋子的熊”之意，但树袋熊和熊毫无关系。它的饮食比以竹子为主食的大熊猫还要挑剔，是真真正正的狭食性动物，除了10余种桉树（即尤加利树）的树叶什么都不吃，连水分都是从桉树叶中获取——它们的英文名“考拉”正是澳洲原住民语言“不喝水”之意。

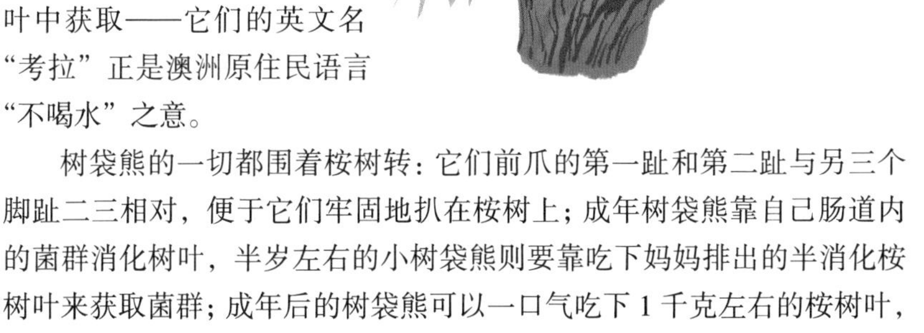

树袋熊的一切都围着桉树转：它们前爪的第一趾和第二趾与另三个脚趾二三相对，便于它们牢固地扒在桉树上；成年树袋熊靠自己肠道内的菌群消化树叶，半岁左右的小树袋熊则要靠吃下妈妈排出的半消化桉树叶来获取菌群；成年后的树袋熊可以一口气吃下1千克左右的桉树叶，再埋头大睡十几个小时来消化，名副其实的好吃懒动。

中文名：树袋熊　　学名：*Phascolarctos cinereus*

英文名：Koala　　分类：双门齿目树袋熊科树袋熊属

塔斯马尼亚袋熊会拉方块形的屁屁

袋熊和树袋熊虽然只是一字之差，但这两者除了同为澳大利亚特有的有袋类动物，几乎毫无共同点。现存的袋熊共 3 种，其中数量最多的塔斯马尼亚袋熊生活在澳大利亚塔斯马尼亚岛的山地和草原地带，一般在清晨和黄昏活动，白天躲在自己挖出的长达 20 米的地洞里休息。它们是素食主义者，以树皮、草根和块菌为食，在生态位上近似于亚洲的旱獭、北美洲的土拨鼠和南美的水豚。它们的育儿袋开口朝后，打洞时泥土不会飞进袋里。

塔斯马尼亚袋熊平日里性情温和，但遭遇威胁时也会拼死一搏，用尽全力撞向对手或直接用长长的门牙和锐利的脚爪发起攻击，其力量足以给一个成年人造成伤害。

塔斯马尼亚袋熊的大肠肠道内壁呈四棱状，其中四个角弹性较小，这样，消化物残余以流体形态流经肠道之后开始脱水固化，最终形成了横截面四方形的屁屁。

中文名：塔斯马尼亚袋熊　　学名：*Vombatus ursinus*

英文名：Tasmanian Wombat　　分类：双门齿目袋熊科袋熊属

袋食蚁兽其实根本没长袋子

澳大利亚的袋食蚁兽是有袋类动物中的特例：雌性袋食蚁兽并没有育儿袋，胚胎状的幼崽从产道出来，爬进母亲肥厚的腹部皮毛褶皱中，找到藏在里面的乳头吮吸。

袋食蚁兽食性高度特化，几乎完全以白蚁为食而极少食用蚂蚁。它们从头到尾长度不过 40 厘米左右，却长着一根长达 10 厘米、能分泌黏液的舌头。袋食蚁兽靠细长而敏感的口鼻部嗅出白蚁所在的位置，再伸入舌头舔食白蚁，它们白天大部分时间都在觅食白蚁，一天就可以吃掉 2 万只。

虽然袋食蚁兽有比一般动物多得多的 50 ～ 52 颗牙，但它们吃白蚁的时候却是“一口闷”，直接吞下，完全不嚼。它们的牙主要作用是“配合”脚爪撕开白蚁藏身的朽木、落叶堆和地洞等。它们也几乎不喝水，依靠白蚁体内的水分就能满足自己对水分的需求。

中文名：袋食蚁兽

英文名：Numbat

学名：*Myrmecobius fasciatus*

分类：袋鼬目袋食蚁兽科袋食蚁兽属

树袋鼠和地上的大袋鼠都是袋鼠

澳大利亚不出产任何生活在树上的猿猴，而填补这些灵长类动物生态位的，是其他各种树栖性有袋类动物，树袋鼠就是其中之一。

树袋鼠共有 10 余种，都产于澳大利亚昆士兰州北部和隔海相望的巴布亚新几内亚海拔 1000 ～ 3500 米的高山热带雨林中。

树袋鼠有着矮矮胖胖的躯干，短壮结实的四肢，锋利带钩的脚爪和一根略长于身体的尾巴。这尾巴不能卷曲抓握，但有助于树袋鼠们在树上行动时保持平衡。紧急情况下，树袋鼠能从 18 米的树上直接跳到地上而不会受伤。

虽然看起来完全不像那种在地面上蹦蹦跳跳的袋鼠，但树袋鼠确实和它们是同一科的动物。有科学家认为，袋鼠科的全部成员曾经都是树栖性物种，但数百万年前全部从树上来到了地面生活，而其中的一支后来再次返回了树上，逐渐进化成了今天的树袋鼠。

中文名：树袋鼠　　学名：*Dendrolagus* spp.

英文名：Tree Kangaroo　　分类：双门齿目袋鼠科树袋鼠属

袋獾是什么都吃的小魔鬼

袋獾是澳大利亚塔斯马尼亚岛的特有兽类，是最大的有袋类食肉动物。

在英语中，袋獾直接被称为“塔斯马尼亚魔鬼”。它们头圆、牙尖、毛黑、颚部发达、肌肉结实，如同一头斗牛犬大小，性情暴躁。受到威胁时，袋獾会竖起全身的毛发，张开嘴巴，发出嗞嗞的吼叫声，如果敌人还不退缩，袋獾会毫不犹豫地牙咬爪抓大打出手，给人的感觉也真的像是个体形圆胖的“小魔鬼”了。

袋獾有着惊人的胃口，在夜间，它们依靠灵敏的嗅觉找到动物尸体分而食之，有时候也会跑进农场偷吃家禽，偶然还会“顺手牵羊”捕捉小羊羔。人们也经常在河溪边发现饱餐澳洲淡水螯虾、蟹、蛙和鱼的袋獾。实在没吃的了，它们甚至能直接啃食骨头。

凶暴且贪吃，有点像中国传说故事中的饕餮。

中文名：袋獾

英文名：Tasmanian Devil

学名：*Sarcophilus harrisii*

分类：袋鼬目袋鼬科袋獾属

兔耳袋狸会挖洞但跟老鼠和兔子都没关系

2014 年 4 月，英国王子威廉携王妃凯特与长子乔治出访澳大利亚与新西兰，在澳大利亚悉尼塔龙嘉动物园（Taronga Zoo）参观时，园方向威廉全家展示了一头以“乔治”命名的兔耳袋狸，还向乔治王子赠送了一个兔耳袋狸毛绒玩具。在向来“不按常理出牌”的澳大利亚有袋类动物中，兔耳袋狸是个怎样的存在呢？

兔耳袋狸乍看活像是兔子和老鼠的混合体，黑眼睛，大耳朵，尖嘴巴，长尾巴，大长腿。它们是袋狸目动物，在生态位上类似于其他大洲的野兔。它们长年生活在澳大利亚西部干旱少雨的热带原野中，白天在自己挖出的地洞中藏身，夜晚出来觅食。两只大耳朵，不仅能耳听八方，还能用于散热。

兔耳袋狸前脚的中间三个脚趾并在一起，形成强大的挖掘“动力”，后脚的第二趾和第三趾连在一起，第四个脚趾则特别发达，为弹跳落地提供了“缓冲垫”。

中文名：兔耳袋狸　　学名：*Macrotis lagotis*

英文名：Greater Bilby　　分类：袋狸目袋狸科兔耳袋狸属

帚尾袋貂竟然不怕人类

在全球各地，总有一些数量多、胆子大的小兽能“突破”界限，“与人共舞”：在亚洲是貉和黄鼬，在美洲是浣熊，在欧洲是赤狐，而在有袋类动物唱主角的澳大利亚，最敢于“登堂入室”的，就是帚（zhǒu）尾袋貂了。

帚尾袋貂在澳大利亚东部、西北部、西南部和塔斯马尼亚岛都有分布。它们和家猫差不多大，有着银灰色的细软皮毛、又大又尖的耳朵和锋利的脚爪，看起来活像一头“土肥圆”版本的狐狸，而它们的学名也确实是“毛绒尾巴的小狐狸”之意。

帚尾袋貂是“胃口绝佳”的小动物，它们喜欢吃植物的嫩芽、嫩叶和果实，也会在夜里进入人类的活动领地翻垃圾桶找吃的，胆子大一点的甚至会直接“偷”走水果和蔬菜。它们如此“放肆”是有“底气”的：澳大利亚野生动物保护法规定，个人不得擅自将帚尾袋貂从它们的居住地强行移走，只能联系专业机构或人员处理，否则，就涉嫌犯法。

垃圾分类从我做（吃）起。

FOGO

中文名：帚尾袋貂

学名：*Trichosurus vulpecula*

英文名：Common Brush-tail Possum

分类：双门齿目袋貂科帚尾袋貂属

袋狼每顿饭都只吃新鲜的

澳大利亚没有原生犬科物种，而曾经产于这片大陆的袋狼在生态位上就取代着其他大洲的狼的地位。

体长 1.8 米、肩高 0.9 米左右的袋狼曾是体形最大的肉食性有袋动物，距今 3300 年的西澳大利亚州纳勒博（nullarbor，意为“无树”）平原的岩洞壁画上就有它的形象。袋狼外形似狗，体形瘦长，背部和逐渐变细的尾巴上布满深色条纹，英语里称之为“塔斯马尼亚虎”。

袋狼远不如真正的狼凶猛，也不集成大群捕猎，最多是一两只共同出击。追击猎物时袋狼不靠速度而是凭耐力，把猎物赶到无处可逃时再冲上去咬死对方。袋狼用餐比较讲究，食料必须新鲜，如果自己一顿吃不完，就会直接把“剩余食材”留给袋獾之类的食腐动物。

1936 年 9 月，全世界最后一只袋狼“本杰明”死于塔斯马尼亚一家动物园。近百年来，虽然不时爆出各种目击袋狼的传闻，但袋狼的绝种已是既成事实。

中文名：袋狼

英文名：Thylacine / Tasmanian Tiger

学名：*Thylacinus cynocephalus*

分类：袋鼬目袋狼科袋狼属

蹼足负鼠无论雌雄都长着育儿袋

多数现存有袋类动物都产于澳大利亚，但还有一部分生活在美洲大陆，其中主要的代表就是60多种负鼠。

多数负鼠在应对危险时的拿手好戏都是装死，但有一种负鼠却另辟蹊径地投身水中，做起了“游泳健将”和“潜水员”，它就是产地从墨西哥南部贯穿整个中美洲直到南美洲西部和东南部的蹼足负鼠。

蹼足负鼠栖息于低海拔淡水河流、小溪、沼泽和湿地区域，前足上没有蹼，而后足上发育完好的蹼，是它们在水中运动的重要工具。

最为有趣的是，无论雌雄，蹼足负鼠都长有一个育儿袋，它们也是所有有袋动物中唯一雌雄两性都有育儿袋的种类。雌性在携带幼崽潜水时，育儿袋周边的肌肉收缩将袋口严密封闭，保护幼崽不被溺死。而雄性的育儿袋名不符实，无法“育儿”，主要功能是在潜水时将下身的器官收入袋中加以保护，起到类似“泳裤”的作用。

中文名：蹼足负鼠

英文名：Water Opossum / Yapok

学名：*Chironectes minimus*

分类：负鼠目负鼠科蹼足负鼠属

真正的狮子王不是雄狮而是雌狮

非洲狮是非洲最大的猫科动物，也是非洲最大的食肉动物，迪士尼动画大片《狮子王》的小狮子“辛巴”（Simba）一词，正是东非当地语言斯瓦希里语中的“狮子”之意。

全世界的猫科动物中，只有非洲狮和它们的亚洲兄弟亚洲狮存在两性异态特征，也只有这哥儿俩会“组团”过日子：雄狮的头部那一圈浓密的鬃毛赋予了它们一副威风凛凛的王者之姿，人们也总把威武的雄狮称为“百兽之王”，殊不知雄狮只会在一定时间段内担负守卫狮群之责，而真正实现“终身制”的，却是雌狮。

十来头到几十头狮子组成了一个狮群，群里只有三五头雄狮，其余的都是雌狮和幼狮。其中大多数雌狮是沾亲带故的亲属关系，成年后的幼狮和原本待在群内的成年雄狮也必须在 2 ～ 4 年内相继“退群”，组成“纯男生小群”，再自行寻找“新群”加入，可谓“铁打的狮群，流水的雄狮”。如此雌狮为王，方能保证一个狮群内的基因交流新陈代谢，优化常新。

从木法沙到辛巴，普天之下，莫非王土。

中文名：非洲狮
英文名：African Lion
学名：*Panthera leo*
分类：食肉目猫科豹属

后记
Epilogue

或许是从儿时第一次在家中那台破旧的黑白电视机上看到《动物世界》开始，我和动物们的缘分就已注定。

至今清楚地记得，那时家住城东，当时的南京玄武湖动物园（红山森林动物园的前身）却在城北。虽然周末只休息一天，我也多半是缠着外公外婆，求他们带我坐上一个多小时的公交车，绕过紫金山，走进动物园。外公拉着我的手，指着华南虎，教我说："Tiger... "。

长大了，进了小学，逢年过节，家人送的礼物，多半都是动物类的书籍。

再后来，去了美国，读高中，念大学，吃惊地发现：动物园可以做得这么美！普通人也能为动物园做点儿事！

终是等到18岁的那一天，急不可待地报名做了当地动物园的志愿者。穿上志愿者工作服的那一天，我骄傲得像一只绿孔雀。

毕业回国，进了职场，却还一直想为家乡的动物园和中国的动物做点儿事。

于是做了红山森林动物园的志愿者，开始在网络上时不时地分享一点儿自己觉得有趣的动物知识和拍得不算太丑的动物照片。

家乡的动物园越变越好，认识的老师越来越多，跟朋友们也时不时地跑出去看大山、钻林子、拍自然……突然某一天，出版社的编辑老师在网上问：写书吗？

非专业出身，无科班背景，可是如古道尔奶奶所说："唯有了解，才会关心；唯有关心，才会行动；唯有行动，才有希望。"咱不是专家，但至少可以讲讲故事吧。

查资料、读论文、求专家、请画师、上网站……平时还得“搬砖”，写书只能偷空。好在，一年多过去，终于走到此刻。

忽然想起了鬼才乔布斯对大学毕业生们说的那句话：“你不可能充满预见地将生命的点滴串联起来；只有在你回头看的时候，你才会发现这些点点滴滴之间的联系。”——这些点滴终于串联出了一本书，就请大家多多指教吧！

感谢张瑜老师，向为拙文添彩，今又拨冗赐序。

感谢杨毅、陈江源、葛致远博士三位审读老师，若没有你们，这书就是不可能完成的任务。

感谢张劲硕博士、孙戈博士、顾有容博士、冉浩老师、姚军老师不吝赐教于我。

感谢李依真、王雨晴二位编辑和最棒的画师龙颖，你们始终是那样耐心。

感谢全国所有优秀动物园的团队，向我们展示了生机勃勃的动物们。

感谢阿杜、阿萌、安娜、白菜、宝螺哥、半夏、陈超、陈辉、陈默、陈瑜、谌燕、刺儿、电动车、董子凡、豆豆、二猪、赶尾人、何长欢、何鑫、后湜、胡彦、花蚀、巨厥、开水哥、可可、老徒、李健、李墨谦、李维东、李洋洋、林业杰、刘粟、楼长、卢路、鹿酱、麦麦、猫菇、猫妖、梦帆、咩、明月、齐硕、乔梓宸、青青、扫地僧、沈遂心、瘦驼、甜鱼、豚豚、鲀鲀、王世成、小豺、小狐、小马哥、小贤、徐亮、萱师傅、雅文、杨薇薇、夜来香、一鸣、乙菲、应急哥、圆掌、仔仔、章叔岩、章鱼哥、郑洋、朱倩（以上按音序排列），Cici（王朦晰）、Gracie、Johny（周麟）、Kelly、NJ 水虎鱼、Thomas Jegor、Harry Phinney，以及众多无法一一列出的良师益友。你们，都是这本书的作者。

感谢我的家人们，你们永远陪伴在我身边，你们从不曾反对我的爱好。

特别致谢：六朝青志愿服务社亲如家人的小伙伴们。

再多说一句：学识浅薄，错漏必多，尚祈读者，不吝指正。如有新消息，欢迎各位交流指正，谢谢！

2024 年秋，南京东郊

索引

Index

主要参考书目

Biblography

1. 刘少英，吴毅，李晟 . 中国兽类图鉴 [M]. 海峡书局 .3 版 . 福州：海峡书局，2022.

2. 讲谈社 . 少年科学知识文库 [M]. 北京：中国科学普及出版社，1980.

3. 罗杰·托里·彼得森 . 生活自然文库 [M]. 北京：科学出版社，1982.

4. 谭邦杰 . 珍稀野生动物丛谈 [M]. 北京：科学普及出版社，1995.

5.《南京动物园志》编纂委员会 . 南京动物园志 [Z]. 内部资料，2014.

6. 约翰·马敬能 . 中国鸟类野外手册 [M]. 李一凡，译 . 北京：商务印书馆，2022.

7. 熊文，李辰亮 . 图说长江流域珍稀保护动物 [M]. 武汉：长江出版社，2021.

8. 让 – 雅克·彼得 . 人类的表亲 [M]. 殷丽洁，黄彩云，译 . 北京：北京大学出版社，2019.

9. 菊水健史，近藤雄生，泽井圣一 . 犬科动物图鉴 [M]. 徐蓉，译 . 武汉：华中科技大学出版社，2020.

10. 周卓诚，张继灵 . 餐桌上的水产图鉴 [M]. 福州：海峡书局，2023.

11. 冉浩 . 物种入侵 [M]. 北京：中信出版社，2023.

12. 杨毅 . 我是超级饲养员 [M]. 北京：人民邮电出版社，2022.

13. 张瑜 . 那些动物教我的事 [M]. 北京：商务印书馆，2023.

14. 沈志军 . 走进南京红山森林动物园 [M]. 南京：江苏凤凰科学技术出版社，2020.

15. 张巍巍 . 常见昆虫野外识别手册 [M]. 重庆：重庆大学出版社，2007.

16. 齐硕 . 常见爬行动物野外识别手册 [M]. 重庆：重庆大学出版社，2019.

17. 史静耸 . 常见两栖动物野外识别手册 [M]. 重庆：重庆大学出版社，2021.

18. 张志钢，阳正盟，黄凯等 . 中国原生鱼 [M]. 北京：化学工业出版社，2017.

19. 张晓风 . 台湾动物之美 [Z]. 台北市立动物园，2013.

20. 李健 . 动物园中的中国珍稀哺乳动物 [M]. 北京：人民邮电出版社，2018.

21. 小林安雅 . 海水鱼与海中生物完全图鉴 [M]. 李瑷祺，译 . 台北：台湾东贩出版社，2016.

22. 法布尔 . 昆虫记大全集 [M]. 王光波，译 . 北京：中国华侨出版社，2012.

23. 长风，黄建民 . 植物大观 [M]. 南京：江苏少年儿童出版社，2002.

24. 白亚丽 . 小红山生物多样性手册 [Z]. 南京市红山森林动物园内部资料，2022.

25. 李墨谦 . 有趣的鲸豚：图解神秘的鲸豚世界 [M]. 北京：电子工业出版社，2019.

26. 亚里士多德 . 动物志 [M]. 吴寿彭，译 . 北京：商务印书馆，1979.

27. 刘昭明，刘棠瑞 . 中华生物学史 [M]. 台北：台湾商务印书馆，1991.

28.С.И. 奥格涅夫 . 哺乳动物生态学概论 [M]. 李汝祺，郝天和，杨安峰等，译 . 北京：科学出版社，1957.

29. 张劲硕 . 蹄兔非兔，象鼩非鼩 [M]. 北京：中国林业出版社，2023.

30. 吴海峰，张劲硕 . 东非野生动物手册 [M]. 北京：中国大百科全书出版社，2021.

31. 吴鸿，吕建中 . 浙江天目山昆虫实习手册 [M]. 北京：中国林业出版社，2009.

32. 吴孝兵，鲁长虎 . 黄山夏季脊椎动物野外实习指导 [M]. 合肥：安徽人民出版社，2008.

33. 果壳网 . 物种日历 [M]. 北京：北京联合出版公司，2014—2021.

34. 张率 . 那些我生命中的飞羽 [M]. 北京：商务印书馆，2021.

35. 谢弗 . 唐代的外来文明 [M]. 吴玉贵，译 . 北京：中国社会科学出版社，1995.

36. 厉春鹏，徐金生 . 中国的金鱼 [M]. 北京：人民出版社，1985.

37. 林业杰，余锟 . 知蛛 [M]. 福州：海峡书局，2020.

38. 刘明玉 . 中国脊椎动物大全 [M]. 沈阳：辽宁大学出版社，2000.

39. 倪勇，伍汉霖 . 江苏鱼类志 [M]. 北京：中国农业出版社，2006.

40. 中华人民共和国濒危物种进出口管理办公室，中华人民共和国濒危物种科学委员会 . 濒危野生动植物种国际贸易公约 [R/OL].（2023-2-23）[2023-09-19].http://guangzhou.customs.gov.cn/customs/ztzl86/302310/5366122/gjmylyflgf/gjmyzbpgsjdgjtxxdx/5383132/index.html

41. 谭邦杰 . 野兽生活史 [M]. 北京：中华书局，1954.

42. 马克・西德 . 毒生物图鉴：36 种不可思议但你绝不想碰上的剧毒物种 [M]. 陆维浓，译 . 台北：脸谱出版社，2018.

43. 弗・克・阿尔谢尼耶夫 . 在乌苏里的莽林中 [M]. 黑龙江大学俄语系，译 . 北京：商务印书馆，1977.

44. 葛致远，佘一鸣 . 寻鸟记 [M]. 上海：上海科技教育出版社，2021.

45. 何径，钱周兴 . 舌尖上的贝类 [M]. Harxheim: ConchBooks,2016.

46. Beolens B,Watkins M,Grayson M.The eponym dictionary of mammals[M].Baltimore: The Johns Hopkins University Press,2009.

47.Hunter L,Barrett P.A Field Guide to the Carnivores of the World[M].Baltimore:Princeton University Press,2018.

48. Hunter L, Barrett P.Wild cats of the world[M].London:Bloomsbury Publishing,2015.

49.Wallace A R.The Malay Archipelago[M].London:Penguin classics ,2014.

50.Burnie D,Wilson D E,Animal[M].New York:DK Publishing,2005.

51.The concise animal encyclopedia[M].Sydney:Australian Geographic,2012.

52.Alderton D.The complete illustrated encyclopedia of birds of the world[M].London:Lorenz Books,2017.

53.Hellabrunner:Tierpark–F ü hrer[Z].M ü nchener Tierpark Hellabrunn AG, 2018.

54. Bierlein J and the Staff of HistoryLink.Woodland:The story of the animals and people of Woodland Park Zoo[M].Seattle:HistoryLink and Documentary Media,2017.

55. Hearst M.Unusual creatures[M]. San Francisco:Chronicle Books LLC, 2014.

56. Lewis A T.Wildlife of North America[M].London:Beaux Arts Editions, 1998.

57.Dr. Blaszkiewitz B.ZOO BERLIN [M].Berlin:Zoo Berlin, 2004.

58.Dr. Blaszkiewitz B.TIERPARK Berlin–Friedrichsfelde[M].Berlin:Tierpark Berlin–Friedrichsfelde, 2017.

59.Mishra R H, Ottaway Jim Jr.Nepal' s Chitwan National Park[M].Kathmandu:Vajra Books, 2014.

60.Prof Patzelt E.Fauna del Ecuador[M].Quito:IMPREFEPP, 2004.

61. Ebert A D, Dando M,Fowler S.Sharks of the world[M].Princeton:Princeton University Press,2021.

不可思议的动物世界

3

陈之旸◎著
龙　颖◎绘

万卷出版有限责任公司
VOLUMES PUBLISHING COMPANY

序

Preface

多年前，我和陈老师在网络上相识，虽然交流不多，但一直在默默关注他。

平日里，时常看到陈老师在网上耐心讲解各种动物知识，在一些和动物相关的话题下面据理力争、侃侃而谈，发一些“适时应景”的动物热点、自然观察之类的文章，抑或是各种不厌其烦地纠错。当然，他有时也会化身斗士，和偷猎、乱放生等恶劣现象“殊死斗争”。我不禁感慨，陈老师真是个“巨型能量包狂人”，精力充沛、学识渊博，实在令人佩服！

后来我得知，陈老师于海外读书期间，曾在动物园做志愿者工作。这不由得让我想起自己读书那会儿，也动过念头想去动物园当志愿者做讲解，但曾有的几次经历，让我羞愧不已。那会儿我常去动物园写生，不时有小游客想让我给他讲解下正在画的动物，我除了按标牌上的文字念，其余什么也说不出，没一会儿，小游客就听腻了转身离去。如果他们遇到的是陈老师这样的志愿者，能就园中饲养的每种动物跟他们聊透，那该有多开心啊！

六年前，我和朋友出差去南京，有幸与陈老师见面，他带着我们去红山动物园游走一番。可能是首次在现实生活中碰面，双方都有些拘谨。我隐隐感觉眼前的陈老师和之前在网络上看到的不太一样，略显古板，并不特别活跃。不过很快，动物园里的各种元素就将陈老师彻底“激活”。这是只为我和朋友两个人开的“专场”，陈老师转为“金牌志愿者”模式，在各种讲解中变得越发投入。他对动物园里的每个成员都如数家珍，介绍它们的种种日常以及不同展区馆舍的“前世今生”。一时间，感觉立于眼前的陈老师，无痕转换为网络上的“老盖仙少爷”。

前不久，陈老师突然发来消息，问我能不能为他的新书写个序，这着实让我感到受宠若惊，真的是荣幸之至。

拿到样张试读前，陈老师简单跟我介绍了这套书，我大致对其内容框架有了点儿了解。等看到电子版样张时，着实把我吓了一跳。书中内容之丰富、涉及领域之广泛，超乎想象。看来，平时陈老师在网络上的发言还是有所保留，他的信息库实在太过丰富强大。书中不但有动物本身的生物学知识，还包括和我们生活相关的话题。即便我们可能因为不喜欢或害怕某种（类）动物而将其所属篇章略过，但书中其他单元里的各种“奇闻异事”，足以勾起我们对动物世界的兴趣。读过之后，很可能会引发一系列连锁反应，让我们改掉此前对某些动物的偏见，达到“路转粉”甚至“黑转粉”的效果，进而想去了解、探知更多。可以说，它符合不同领域人群的读书口味，也几乎适合各年龄段（除低幼年龄）的读者阅读。

以前，动物园曾是我最愿意去的地方，可以说，在那里我收获了童年里最多的快乐。但随着年龄增长，再去动物园，就慢慢感觉标牌上的介绍，其体例有些过于千篇一律，内容太少且缺少亮点，很不“解渴”。当时，我就特想能找到更为充实丰满的动物类书籍，来作为逛动物园时的导览、延伸阅读。很可惜，在那个资料匮乏的年代，这些都成了奢望。我想，现在的读者朋友是很幸运的，陈老师的这套书就扮演了这个角色：既有动物园中的方方面面，又有园外的种种话题。特别令我惊喜的是，插画师龙老师在为每一个动物绘制“肖像”上是下足了功夫的。这一定会使本书的亮相，愈加抢眼。

看样张时，我就像一个虔诚的小学生一样，穿行于多姿多彩的动物世界大舞台，欣赏它们各自的风采，不断开拓眼界，收获得到新知的喜悦，不时感叹自然造化的神奇。相信大家看过此套书，也能有所共鸣。这套书背后的工作量是难以想象的，同时我注意到其编审团队的阵容也非常强大。特别感谢陈老师和为本书提供支持的各位老师，也衷心祝愿这套书能让更多读者从不同角度感受自然万物的魅力。

張瑜
生态摄影师，《博物》杂志插图主管

目录

contents

被绣花脊熟若蟹夹到并不会中毒

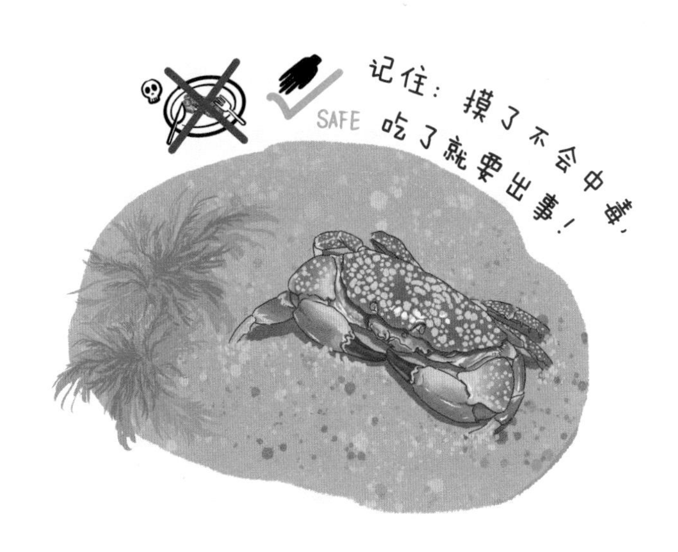

说起螃蟹，无论是河蟹还是海蟹，大家的第一反应多半都是美食。但偏偏有吃不得的毒螃蟹——这就是产于中国南海、东南亚海域、澳大利亚北部和法属波利尼西亚群岛等地的海生螃蟹——绣花脊熟若蟹。

绣花脊熟若蟹身体呈扇形，一对大螯顶端为黑色，全身布满类似马赛克的红白色条纹和斑点，常出没于低潮线至水深 30 米左右的珊瑚礁丛中，因此在英语中直接得名“马赛克珊瑚蟹”。

绣花脊熟若蟹体内含有剧毒，一只就可以毒死几十个成年人，其毒素来源于通过食物链不断富集而大量积聚于体内的某些微藻。由于它们不具备毒腺或像毒牙这样的注射构造，毒素被吸收转化后只会储存于体内的器官中，因此被绣花脊熟若蟹夹破皮肤，也只有皮肉之伤而无中毒之虞。但这种神经性毒素不能经由加热分解，即使烤熟煮烂也无法“消除”，若是误食，只有尽力催吐以减少毒素吸收。

中文名：绣花脊熟若蟹
学名：*Lophozozymus pictor*
英文名：Mosaic Reef Crab
分类：十足目扇蟹科脊熟若蟹属

非洲野犬的前后脚都只有四个脚爪

非洲野犬又称“杂色狼”，主要分布在非洲大陆撒哈拉沙漠以南的稀树草原以及灌丛和疏林地带。它们的毛色是黑、黄、白三种颜色的混杂，因此又被称为三色犬或杂色狼。每只单独个体的皮毛纹样都不相同，可以通过观察直接辨认。随着年龄增长，非洲野犬会逐渐变“秃”，处于老年期的非洲野犬几乎成了“裸体”。

多数犬科动物前肢上的第五爪悬空不着地，被称为“悬爪”。而非洲野犬是唯一不长悬爪的犬科动物，也就是说，它们的前脚和后脚都只有四个脚爪。

非洲野犬集 7 ～ 15 只的群体活动，较大的“群”成员可达 40 只，甚至有近 100 只的记录。犬群通常在白天活动，捕杀瞪羚、斑马和角马等食草动物，但也会在月光明亮的夜晚出猎。与很多食肉动物不同，非洲野犬甚少取食腐肉，并且在进食时会让刚断奶的幼犬先吃。

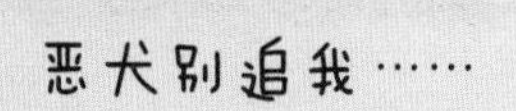
恶犬别追我……

中文名：非洲野犬
英文名：Painted Wolf /
African Wild Dog
学名：*Lycaon pictus*
分类：食肉目犬科非洲野犬属

海象最爱吃各种贝类

人们经常分不清海象与象海豹，其实很好区分：海象生活在北极地区，无论雌雄，嘴边都长着一对象牙一般的大门牙，因而得名；而象海豹则分布于南半球及太平洋东部沿岸地区，没有长牙，只有一个高高隆起的大鼻子。

海象喜欢在大块浮冰上或海岸附近集群活动。和海豹不一样，海象的主食并非鱼类，而是蛤蜊之类的贝类。为了取食，海象会潜入 70 米深的海底。它们在海底找到贝类后，先鼓足一口气把贝类从泥沙中吹出来，再用嘴和舌头把贝类"嗑"开，最后把贝类的肉质部分吸出来吃掉。更有甚者，据北极原住民因纽特人描述，他们曾亲见海象通过海豹的鼻腔吸食其脑浆——如属实，可见海象的吮吸力之强大与食性之广泛。

平时，海象将大门牙当成"拐杖"，作为支撑点把自己拉上浮冰；而在遭遇最大的天敌——北极熊时，海象的首选是跳海逃生，若来不及逃跑，它们就挥舞起长牙，与北极熊作殊死一搏，以求杀出一条血路，保全性命。

中文名：海象　　学名：*Odobenus rosmarus*

英文名：Walrus　　分类：食肉目海象科海象属

南极磷虾会发光

南极磷虾又称“大磷虾”或“南极大磷虾”，产于南极洲海域。它们并非真正意义上属于十足目的虾，而是隶属于磷虾目的微小生物，成年后体长仅 5 ～ 6.5 厘米，体重 2 克左右。南极磷虾发出的蓝绿色生物光主要源自其摄食的发光甲藻中的荧光素。

南极磷虾的主要产卵时间为每年 1—3 月，雌虾每次可产下 6000 ～ 10000 枚卵。孵化后的幼虾最初在数千米深的海底生活，之后随着发育，它们会向海面上升，最终进入 350 ～ 600 米深的海域。南极磷虾胸部的 6 只胸足形成一个“摄食篮”结构：它们将浮游生物和水“拢”入“篮”中，再将水从侧面过滤掉，最后用刚毛将留下的食物“扫”进口中。

南极磷虾富含优质蛋白、氨基酸与多种不饱和脂肪酸，是须鲸、海豹、海鸟、鱿鱼等动物的重要食物。它们是南极洲生态系统中的关键一环，当前的生物量高达 4 亿～ 5 亿吨，人类对它们的年捕捞量约在 40 万吨。

中文名：南极磷虾
英文名：Antarctic Krill
学名：*Euphausia superba*
分类：磷虾目磷虾科磷虾属

细尾獴过着井然有序的大家庭生活

迪士尼动画大片《狮子王》中有小狮子辛巴的童年玩伴丁满，好莱坞获奖影片《少年派的奇幻漂流》中，少年派遭遇了“狐獴（méng）岛”，这两处的主角都是非洲小萌兽——细尾獴。

细尾獴“艺名”不少：狐獴、猫鼬、灰沼狸……而它们的英文名 meerkat 则来自荷兰语的“湖”（meer）和“猫”（kat）二词的组合。德语中，俏皮地将细尾獴称为 Erdmännchen，意为“地里的小人儿”，也的确符合它们那副娇憨灵动的模样了。

细尾獴是群居动物，一个大家庭由一只成年雌性担任“女王”。除了“她”之外，整个群体分工有序：负责打洞的，负责囤粮的，负责站岗的……在育儿方面，细尾獴也是“循序渐进”：幼獴断奶后，“亲妈”先拿出一只死蝎子让它接触，之后再换成被咬得半死的，最后提供的是“生猛活蝎”。

其实我是一个演员，丁满、猫鼬、狐獴、灰沼狸都是我的艺名！

中文名：细尾獴
英文名：Meerkat
学名：*Suricata suricatta*
分类：食肉目獴科细尾獴属

须猪长着大胡子

须猪主要分布于印度尼西亚苏门答腊岛、加里曼丹岛（婆罗洲）、马来半岛、苏禄群岛等地，又被称为婆罗洲须猪。

须猪是猪科动物中身材较为纤细的一种，脑袋大，身子小，脸蛋长，四肢细，而最大的特征莫过于那长满了鼻梁、头部两侧乃至下巴的胡须。雄猪的“大胡子”更是异常浓密，犹如《水浒传》中花和尚鲁智深的络腮胡子。

虽说这副“连鬓胡子”让须猪们看起来异常“邋遢”，但作用可不小！它是雄猪重要的魅力体现，繁殖季节，越是胡须浓密的雄性，越能得到雌猪的喜爱。

须猪会在湿润的热带常绿雨林、红树林和次生林中拱地刨食，寻找蚯蚓和落果之类的食物。有趣的是，须猪们会由一头成年老雄猪担任“群主”，结成近百头的“干饭群”，到处寻觅食物。为了找到好吃的，一个猪群能连夜移动数百千米，甚至游上沿海的小岛——白天太热，它们一般在丛林中休息。

中文名：须猪
英文名：Bearded Pig
学名：*Sus barbatus*
分类：偶蹄目猪科猪属

黑犀并不是黑色的

黑犀曾经是非洲大陆分布最广的犀牛，一度出没于撒哈拉沙漠以南除了刚果盆地以外的所有地区。但近一个世纪以来，部分国家和地区由于对于犀角所谓“药用价值”的追求而对它们展开了疯狂屠戮，导致如今整个非洲仅剩不到6500头黑犀，它们零星分布在肯尼亚、坦桑尼亚、喀麦隆、南非、纳米比亚和津巴布韦等国。

尽管名为“黑”犀，但其实黑犀并不黑，整体肤色依然以灰白色为主，和非洲的另一种犀牛——白犀在体色上并没有明显差异。若说不同之处，两种犀牛最大的区别在于嘴部和食性：白犀有一个宽大、呈方形的口鼻部，以取食地面上的草类为主，而黑犀的嘴巴较尖，上唇向前凸起，并且具备一定盘卷能力——因此，相比白犀，黑犀则更喜欢向上觅食，尤其是金合欢树的嫩枝和嫩芽，每头黑犀一天可以吃掉24千克。

中文名：黑犀
英文名：Black Rhinoceros
学名：*Diceros bicornis*
分类：奇蹄目犀科黑犀属

大灵猫的分泌物就是灵猫香

大灵猫虽然名字里带着“猫”字，但却并非猫科动物，而属于灵猫科。它们的产地从尼泊尔和印度东北部经不丹和孟加拉国，再到中国南方多个省份以及中南半岛和马来半岛。

大灵猫体长 85 厘米左右，尾长 40 厘米，毛皮基色为灰色至灰褐色，身体和腿部长有很多黑斑，颈部和背部有黑白相间的纹路，尾部长有数个黑白色环纹，因此在讲粤语的岭南地区，当地民众又称之为“五间狸”。

大灵猫通常在林地边缘的灌丛或草丛中活动，它们是独居动物，自己不挖洞，白天在其他动物废弃的洞穴或树洞中休息，夜间才活动觅食，食性很杂，昆虫、虾蟹、鱼类、蛙、蛇、鸟类都吃。食用野果后会排出果核，因此大灵猫又是重要的种子传播者。

大灵猫能从会阴部的腺体分泌出一种油性物质，被人类加工制作之后就成为知名的动物香料之一：灵猫香。

中文名：大灵猫　　学名：*Viverra zibetha*

英文名：Large Indian Civet　　分类：食肉目灵猫科灵猫属

白头硬尾鸭每年会固定到新疆繁殖

长着蓝色嘴巴的鸭科物种并不多，而白头硬尾鸭就是其中之一。成年雄鸭长着一个白色的脑袋和一张鲜亮的蓝色鸭喙（huì），辨识度极高。相比之下，成年雌鸭的喙部则和身上的羽毛一样是不太显眼的暗灰褐色。

这种野鸭生活在北非地区和欧洲南部地中海区域的伊比利亚半岛等地。每年春天，它们会飞越数千千米前往中亚和东亚地区繁殖育幼。在我国，每年 4 月，白头硬尾鸭会陆续飞抵新疆维吾尔自治区乌鲁木齐、奎屯郊区的湿地繁衍后代，4—7 月交配产卵，一般在 6 月初即可孵化出雏鸭。10 月初至 11 月，白头硬尾鸭们会飞往非洲、南亚等南方地区越冬，新疆喀什是白头硬尾鸭在我国的最大越冬地。

白头硬尾鸭在陆地上行走笨拙，但水性却极佳，它们每次能潜入水下 20 ～ 40 秒，专心取食它们最爱的食物——藻类、水生植物、蠕虫、软体动物和甲壳类。

中文名：白头硬尾鸭　　学名：*Oxyura leucocephala*

英文名：White-headed Duck　　分类：雁形目鸭科硬尾鸭属

藏狐除了一张“面瘫脸”还有更多亮点

近年来，产于我国青藏高原及周边地区的野生兽类——犬科动物藏（zàng）狐在不经意间“跨界破圈”，转变为“自带流量”的“网红动物”。究竟是什么让这高原大狐狸刷出了这般“江湖地位”？

“颜值即正义”，反向亦然。藏狐的成名，离不开它那张比其他狐狸更宽更扁，正面看去几乎成了四方形的“国字脸”，再配上一双总是睡眼惺忪的小眼睛，一副超然又迷离的“面瘫表情”，自然也就成了“表情包之王”。

除了长相，藏狐的生活习性也别具一格：它们生活在海拔 3000 米以上的高原生境中，擅长在山坡基部、河道岸基、岩石缝隙之间掘穴而居，人们曾发现过多达 50 多个出入口的藏狐巢穴。藏狐最爱的食物是小型啮齿类动物和鼠兔，也会食用尸体和腐肉。有时，它们会守在挖掘鼠兔洞穴的棕熊身边，当洞穴被挖开时，藏狐会“捡漏”抓住惊散四逃的鼠兔吃掉。

中文名：藏狐　　学名：*Vulpes ferrilata*

英文名：Tibetan Fox / Tibetan Sand Fox　　分类：食肉目犬科狐属

高原鼠兔是高原生态系统的关键环节

虽然长得“鼠头鼠脑”，但高原鼠兔可是货真价实的兔子。它们没有老鼠的长尾巴，分类上属于兔形目鼠兔科鼠兔属动物，是中国所产的20余种鼠兔中最为常见、数量最多的一种。在国内，主要分布于整个青藏高原，包括川西高原、西藏、青海、甘肃和新疆南部。国外分布于尼泊尔和印度北部。

高原鼠兔平均体长14～20厘米，体毛呈淡沙褐色，腹部毛色较浅，嘴唇周围有显著的黑色，因此它们又称“黑唇鼠兔”。

可别以为高原鼠兔只会“卖萌”。它们是青藏高原草甸生态系统的关键物种。所挖出的洞穴，能够减缓水土流失，促进土壤对营养物质的吸收，有利于当地的植被恢复；而它们自己，又是高原食肉动物如藏狐、兔狲（sūn）等最常捕食的猎物。可以说，高原鼠兔对于高原生态系统的正常运转，起着不可或缺的作用。

中文名：高原鼠兔　　学名：*Ochotona curzoniae*

英文名：Plateau Pika　　分类：兔形目鼠兔科鼠兔属

山駱是长得像兔子的大老鼠

在南美大陆最长的山脉——安第斯山脉中，从秘鲁中南部到玻利维亚中西部、智利中北部、阿根廷西部海拔3000～5000米的高山裸岩地带，常常能看到一种圆滚滚、胖嘟嘟、耳朵长长、像老大爷一样抄着手、总是眯缝着眼睛、永远一副睡不醒模样的“大兔子”。可这“大兔子”一转身，就原形毕露了——它有一条毛茸茸的长尾巴！

原来，它不是兔子，而是和毛丝鼠（龙猫）同属啮齿类动物的山駱（hé），俗称“山绒鼠”。它们是群居动物，日出和日落时分较为活跃，其余时间就晒晒太阳发发呆、打打瞌睡理理毛。山駱自己不会挖洞，只能住在岩石缝隙和洞穴里。若是敌害来袭，山駱们就伸开大长腿，在陡峭的山壁上闪转腾挪，奔逃求生。

高山地区，植被贫乏，山駱被迫练就了一副好胃口：其他动物兴趣不大的干草、苔藓和地衣，它们却吃得津津有味。

中文名：山駱 / 山绒鼠
英文名：Mountain Viscacha
学名：*Lagidium* spp.
分类：啮齿目毛丝鼠科山駱属

安第斯山猫最爱吃各种“老鼠”

安第斯山猫是产于南美洲安第斯山脉的一种小型猫科动物。它们分布于安第斯山海拔 3000 ～ 5000 米植被稀疏的干旱、半干旱区域，主要生境为高山裸岩。

安第斯山猫体形类似于体格较大的家猫，体壮、腿粗、脚掌宽、尾巴长，厚实的皮毛为浅银灰色，点缀有红褐色和灰棕色斑块，长有 5 ～ 10 个环状斑块。

安第斯山猫经常捕杀的猎物是安第斯山中常见的两种啮齿动物——毛丝鼠（龙猫）和山鼯（山绒鼠）。根据科学家的观察，安第斯山猫在晨昏时段最为活跃，而这也是山绒鼠经常外出活动的时间。可以说，它们是南美大陆最爱吃“老鼠”的“喵星人”了。

南美原住民阿依玛拉人和克丘亚人将安第斯山猫视为神物，认为将它们的标本或皮毛摆在家中，意味着家畜兴旺、五谷丰登。这也是这一物种面临的重要致危因素。

中文名：安第斯山猫 / 山原猫　　学名：*Leopardus jacobita*

英文名：Andean Mountain Cat　　分类：食肉目猫科虎猫属

肥尾鼠狐猴靠自己尾巴里的脂肪过冬

许多动物都会冬眠，有些动物则会在尾巴上囤积脂肪以应对食物稀少的旱季。具备这种行为的动物通常以啮齿目的“鼠辈”居多。然而，2004年，英国《自然》(*Nature*)杂志正式发文，描述了一种热带灵长类动物的冬眠行为，震惊了学术界！

这种小猴子就是产于非洲马达加斯加岛西部的肥尾鼠狐猴。虽然早在1812年它们就被发现命名，但长久以来人们对其生活习性却知之甚少。

每年6—7月，马达加斯加所在的南半球进入冬季，也是一年中食物最为匮乏的旱季。为了扛过食物缺乏的这段特殊时期，在此之前，肥尾鼠狐猴会“暴饮暴食”在尾部蓄积脂肪，时间一到，它们就找个树洞钻进去埋头大睡，直到来年1月，即南半球的盛夏时节才会苏醒。有时，11—12月雨季来临时，它们也会提前出眠。

整个冬眠期间，肥尾鼠狐猴不吃不喝，全靠尾巴里的“油水”保命。睡醒之后，体重能下降一半。试想，若换成我们人类，只怕早就呜呼哀哉了。

中文名：肥尾鼠狐猴　　学名：*Cheirogaleus medius*

英文名：Fat-tailed Dwarf Lemur　　分类：灵长目鼠狐猴科鼠狐猴属

黑头林鵙鹟是唯一羽毛有毒的鸟类

据说鸩（zhèn）鸟的羽毛带有剧毒，但这只是古人的传说。那么世界上到底有没有长着毒羽毛的鸟儿呢?

20 世纪 90 年代，美国学者杰克 · 邓巴赫（Jack Dumbacher）在巴布亚新几内亚的丛林里不慎被一只体长约 30 厘米，长着橙色羽毛和黑色羽冠的小鸟啄破了手。当他把手指含入嘴里时，一股发麻、灼热的感觉瞬间在他口中蔓延。邓巴赫一不做，二不休，干脆扯下一根羽毛放在嘴里，那种火辣辣的感觉又出现了。这下他知道了：这鸟真的有毒。

如今，科学家的研究显示，这种叫作黑头林鵙鹟（jú wēng）的鸟类从捕食的昆虫体内获取一种叫作 homo BTX 的神经毒素，如果剂量足够大，这种毒素甚至能够导致心脏麻痹而死。好在它体形不大，只会通过羽毛分泌少量毒素，令人感到刺激与不适。同时，它还会散发出一股酸臭难闻的气味作为警戒——故而当地人又称之为“垃圾鸟”。

中文名：黑头林鵙鹟
英文名：Hooded Pitohui
学名：*Pitohui dichrous*
分类：雀形目啸鹟科林鵙鹟属

单环刺螠会挖洞让大家一起住

要说单环刺螠（yì）这个名字，只怕鲜为人知。然而要是说起北方沿海地区的一道著名小海鲜——韭菜炒海肠，大家就豁然开朗了。没错，单环刺螠，就是海肠的中文正式名。

单环刺螠体形肥长，颜色粉红，酷似腊肠，长约 20 厘米，全身滑溜柔软，只在口部和尾部长有少数刚毛，所谓“刺螠”的“刺”指的就是这些刚毛。

单环刺螠在太平洋海域多有分布，在我国主要分布在黄海、渤海沿岸潮间带的泥沙底质中。它们会在泥中向前蠕动，再用体表分泌出的黏液将身体周围的沙土固定，挖出 U 形的洞穴居住与滤食。单环刺螠“热情好客”，会允许多种螃蟹、鱼类和其他蠕虫与自己“同居”，因此在英语中又得了个称呼——“旅店胖老板虫”。

中文名：单环刺螠　　学名：*Urechis unicinctus*

英文名：Fat Innkeeper Worm　　分类：螠虫目刺螠科刺螠属

土笋冻里冻的不是笋子 而是弓形革囊星虫

清朝顺治年间的福建左布政使周亮工在《闽小记》中记载："予在闽常食土笋冻，味甚鲜异，但闻其生于海滨，形类蚯蚓，终不识作何状。"

"土笋冻"是厦门著名小吃，街头巷尾都能看到：小碗里盛着类似果冻的胶状物，里面凝着几条形如蚯蚓的蠕虫状物体，吃时蘸上酱油、辣椒、蒜蓉和葱花等，口感清甜，很有嚼劲。这"果冻"里的是虫，还是笋？

原来，厦门方言中的"土笋"，是指一种叫作弓形革囊星虫（曾用名：可口革囊星虫）的星虫类动物。它们栖息于沿海滩涂的泥沙中，体长 6 ~ 10 厘米，体表淡灰褐色，身体前端有个细长的管状吻，吻端有纤毛，进食时自里向外翻出，用黏液粘住食物颗粒，再用纤毛送入口中。大概这细长的虫形似小笋尖，就得了个"土笋"的名儿。

弓形革囊星虫富含胶质，烹煮之后凝结成胶状，柔韧清爽，又有油盐酱醋加持，也就难怪闽南人好这一口了。

中文名：弓形革囊星虫
学名：*Phascolosoma arcuatum*
英文名：Peanut Worm / Sipunculid Worm
分类：革囊星虫目革囊星虫科革囊星虫属

吃一口疣吻沙蚕可以一举两得

每到春秋两季，在广东地区，一道美食就会被端上人们的餐桌，这就是“禾虫蒸蛋”。这道佳肴，古籍中早有记载：“禾虫，闽、广、浙沿海滨多有之，形如蚯蚓，闽人以蒸蛋食……”这“形如蚯蚓”的禾虫是什么呢？

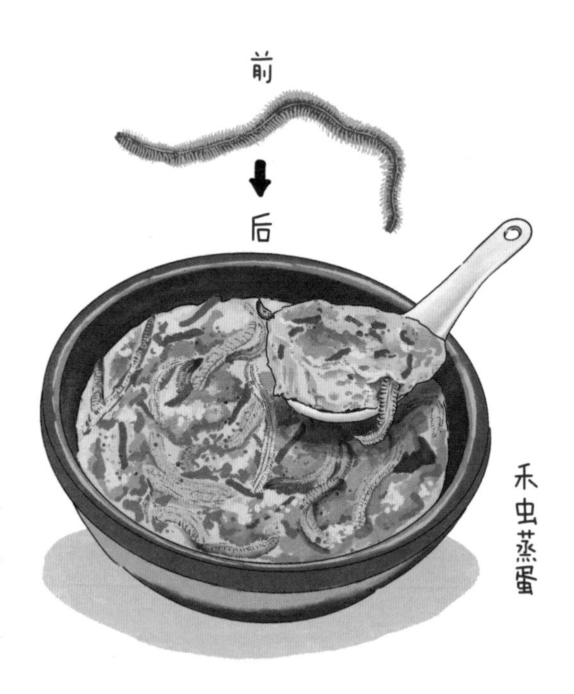

禾虫的正式大名叫作疣（yóu）吻沙蚕，是一种全身有60多个体节的环节动物，体色为绿褐色与浅红色相间，泛出金属光泽。平时栖息在河流入海口一带，藏身在沙土中，以单细胞藻类和动植物尸体腐屑等为食。而疣吻沙蚕不仅自身富含蛋白质、微量元素和氨基酸，又是对生存环境要求极高的指标性生物，无法在任何遭到污染的环境中存活。由此看来，抓捕禾虫，烹调下肚，营养丰富，纯天然无污染，实乃不可多得的绿色食品，果然是“食在广东”。

中文名：疣吻沙蚕
英文名：Palolo Worm
学名：*Tylorrhynchus heterochaetus*
分类：叶须虫目沙蚕科疣吻沙蚕属

麝雉长大了很难闻

学界始终有“鸟类是爬行动物进化而来”的观点，而在存鸟类中，作为南美洲国家圭亚那国鸟的麝（shè）雉，则是他们用来支持这个论点的直接证据。

麝雉栖息在南美亚马孙河与奥里诺科河流域。它们在河流两岸的树枝上筑巢，刚孵化出壳的小麝雉体毛稀疏，却有一个显著的特征：每只翅膀上各长有一个小爪子。一旦敌害来袭，小麝雉就直接跳入水中躲避求生。待周围环境安全之后，小麝雉才会冒出水面，用翅膀上的小爪子勾住藤蔓和枝条自己爬回树上。当小麝雉羽翼丰满之日，便是爪子脱落之时。

麝雉的口味也很奇特，它们是为数不多的以树叶为主食的鸟类，甚至为此还进化出了一个巨大的嗉囊专门用来盛放和消化树叶。由于它们食用的树叶内含有芳香族化合物，再加上细菌发酵，所以麝雉始终散发着一股霉臭之气。

中文名：麝雉
英文名：Hoatzin
学名：*Opisthocomus hoazin*
分类：麝雉目麝雉科麝雉属

红原鸡是家鸡们的老祖宗

红原鸡被认为是普通家鸡的祖先，分布于印度、尼泊尔、孟加拉国、中南半岛、马来西亚、印度尼西亚等地的热带森林中，在中国主要见于云南、广西、海南等地，有时也会进入农田和耕地活动。

红原鸡（尤其雄鸡）的外形和羽色都与家鸡十分类似，鸣声也与家鸡相近，都是"喔、喔、喔、喔"的连续四声，只是最后一"喔"发音短促、戛然而止，声音类似滇方言的"茶花两朵"，故此，云南当地少数民族又叫它"茶花鸡"。

与家鸡相比，红原鸡的听觉和视觉更加灵敏发达，飞行能力远超"后辈"，遇到敌害时能迅速飞走。它们的生活相当"规律"：晨昏活动觅食，午间天热时躲进丛林深处"洗沙浴"降温并清洁自己，利用沙土吸收羽毛中过度分泌的油脂，天黑后则飞上树木栖息。

和家鸡一样，红原鸡的孵化期也是 21 天左右。

中文名：红原鸡　　学名：*Gallus gallus*

英文名：Jungle Fowl　　分类：鸡形目雉科原鸡属

日鳽一展开翅膀就变身蝴蝶

中南美洲热带地区的沼泽、湿地与河流中生长着多种以淡水为生境的鸟类，其中绝大部分与世界各地的水鸟在分类学上基本一致，生活习性也大体相同。但其中有一种相当特殊的鸟儿叫作日鳽（jiān），它和其他“鳽”字辈成员如麻鳽、苇鳽等毫无关系，反倒是自数亿年前的冈瓦纳大陆时期起就单科独属，自成一家。

日鳽收起翅膀时，乍看就是只体色黑灰、外表平淡无奇的细瘦水鸟。然而，当日鳽双翅一展，显露出羽翼外侧的红色、黑色、白色、金棕色和褐黄色羽毛时，这灰扑扑的水鸟瞬间“变身”美丽的“花蝴蝶”，再配上鲜红的眼斑，可谓“一秒惊艳”。

日鳽常在闷热潮湿、树荫浓密的溪流两岸栖息。它们爱吃昆虫，也会涉水捕食虾蟹、蝌蚪、蛙和鱼等。繁殖期间，日鳽在大树上筑巢产卵，“夫妻”共同抚育后代。

中文名：日鳽

英文名：Sunbittern

学名：*Eurypyga helias*

分类：日鳽目日鳽科日鳽属

盲鳗是一根长着尖牙利齿的大胶棒

全世界现存的鱼类分无颌鱼、软骨鱼和硬骨鱼三大类。其中，无颌鱼不仅是最古老的鱼类，也是目前最原始的脊椎动物。所谓“无颌”，是指这一类的鱼没有进化出上颌和下颌，嘴巴呈圆环形。目前无颌鱼仅存两类——七鳃鳗和盲鳗——但它们和鳗鱼毫无关系。

盲鳗在全球范围内的深海海域底层中栖息，全身裸露无鳞，体表光滑柔软，眼睛已经完全退化，隐藏在皮下。它们的口部周围长有成对的触须，嘴里有一条带着两排锉刀状角质齿的舌头。盲鳗会钻进垂死的鱼或死鱼体内，把肉和内脏吃光，只剩皮与骨。

盲鳗有一种“护体神功”：一旦被攻击，它们能在极短的时间内分泌出巨量不溶于水的高韧性透明黏液。此时的敌人轻则屡咬不中，重则可能被闷得窒息身亡，而盲鳗便乘机抽身而去。

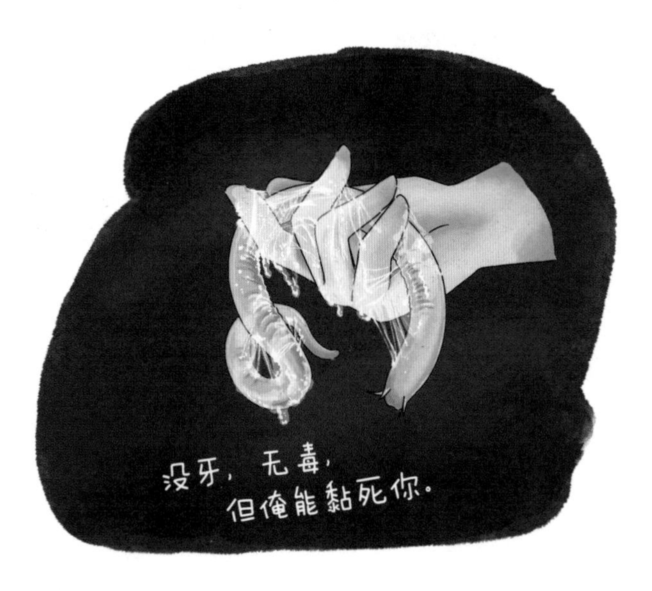

中文名：盲鳗　　学名：*Myxine* spp.

英文名：Hagfish　　分类：盲鳗目盲鳗科盲鳗属

芫菁能让人起水泡但也能治病

“还有斑蝥［máo］，倘若用手指按住它的脊梁，便会啪的一声，从后窍喷出一阵烟雾。”鲁迅先生在《从百草园到三味书屋》里的这段描写，虽然生动形象，可惜错摆乌龙：从体内发射毒气的是另一种甲虫——气步甲，而大名为芫菁（yuán jīng）的斑蝥，和气步甲不是一回事。

芫菁是鞘翅目甲虫，全世界分布有7000余种。许多芫菁身体底色黝黑铮亮，长有亮眼的大块淡色斑纹，起到警戒色作用。其中有一种红头豆芫菁，喜欢落在葛花上，全身黑色，顶着一颗鲜红色的脑袋，活像古时身穿皂衣、头戴红冠的小官——亭长（汉高祖刘邦曾经担任的职务），古人将其形象地称为“葛上亭长”，真是诗意十足。

芫菁体内分泌出的毒素——斑蝥素，人不慎接触时会令皮肤起泡，使人相当痛苦。但将其制成斑蝥素乳膏之后，却能用于去除皮肤疣。

中文名：芫菁
学名：Meloidae
英文名：Blister Beetle / Spanish Fly
分类：昆虫纲鞘翅目芫菁科

黄猄蚁防虫是世界上最早记载的生物防治案例

中国西晋时的文学家、植物学家嵇含（263—306，竹林七贤“群主”嵇康之侄孙）在中国最早的岭南植物志《南方草木状》中记载：“交趾人以席囊贮蚁鬻［yù］于市者，其窠如薄絮，囊皆连枝叶，蚁在其中，并窠而卖。蚁，赤黄色，大于常蚁，南方柑树若无此蚁，则其实皆为群蠹［dù］所伤，无复一完者矣。”

寥寥 61 字，生动地描述了黄猄（jīng）蚁的最大特点：这种集群出没的蚂蚁，能够猎杀众多危害柑橘果树的昆虫。因此我国两广一带的果农早在 1700 年前就懂得利用它们进行“以虫治虫”的“神操作”，这也是人类历史上最早的生物防治实例记载。

黄猄蚁名字中的“黄猄”其实是粤语地区对一种身材娇小的鹿科动物——赤麂（jǐ）的简称。我们的先人发觉这种蚂蚁黄澄澄的，竖着两条触须，很像一只长着两根小短角的赤麂，因而称其为黄猄蚁，并沿用至今。

中文名：黄猄蚁
英文名：Asian Weaver Ant
学名：*Oecophylla smaragdina*
分类：膜翅目蚁科编织蚁属

黑刃蛇鲭白天潜水休息夜晚上浮觅食

1947 年 4 月，挪威探险家托尔·海尔达尔（Thor Heyerdahl，1914—2002）与五名同伴乘坐“康提基号”（Kon-Tiki）木筏，从南美洲秘鲁海岸出发，横穿大半个太平洋，历经 102 天，于当年 8 月抵达法属波利尼西亚土阿莫土群岛。

一路上，六人遇到了无数奇怪的动物。某天夜晚，一位船员在木筏上抓到了一条怪鱼：三英尺（约 91 厘米）多长，细得像条蛇，两眼黝黑无光，长嘴的两颚长满了长而尖的牙齿，牙齿像刀子一样锋利。它是啥？

原来，这是黑刃蛇鲭（qīng），一种深海鱼，蛇鲭科 20 多个物种之一，分布于全球热带和亚热带海域。白天它们在深达数百米的水中休息，夜间就上升到浅海水域甚至接近水面，靠强大的爆发力和尖锐的牙齿捕食其他鱼类以及鱿鱼等动物。这种现象，称为“昼夜垂直迁移”——难怪夜间黑刃蛇鲭误上了“康提基号”，会被水手抓住。

中文名：黑刃蛇鲭　　学名：*Gempylus serpens*

英文名：Snake Mackerel　　分类：鲭形目蛇鲭科蛇鲭属

白带鱼喜欢跟着灯火找吃的

带鱼是我们普遍爱吃的海鱼，无论红烧或是清蒸都是一道美味。哪怕是在物流和电商都不发达的20世纪，以“冻品”身份出现的带鱼也在老百姓的餐桌上为大家提供着必要的营养。如今，我国国民一年能吃掉120万吨带鱼。

带鱼是带鱼科9属（一说10属）40余种鱼类的统称，中国海域产10种，白带鱼就是其中一种。

白带鱼体长0.6～1.2米，有长达2.3米的记录。它们遍体银白发亮，黄色眼珠大而圆，长着一口尖锐细牙，没有腹鳍（qí）和尾鳍，整条鱼尾越往后越细，难怪英语中将带鱼叫作hairtail，即“头发尾巴”之意。

白带鱼日间沉入深海休息，夜间浮上海面觅食。它们喜欢成群追逐亮光，渔民们便在夜间点亮灯火诱捕白带鱼，但带鱼上钩后应激性强，不易运输，因此我们很难在菜场里或鱼市上见到活体。

中文名：白带鱼 / 高鳍带鱼
学名：*Trichiurus lepturus*
英文名：Largehead Hairtail
分类：鲈形目带鱼科带鱼属

折衷鹦鹉是唯一雌雄二态的鹦鹉

不是红男绿女，
是红女绿男！记住了？

“折衷主义”一词，源自希腊语 Eklektikos，意为“选择最好的”。要说思想，就是从众多流派中，挑选最好的来创建自己的学说。要说艺术，就是拣选各种最佳要素，进行自己的全新创作。通俗说就是不受拘束、自由自在地混搭。

奇特的是，在所罗门群岛、巴布亚新几内亚、澳大利亚东北部与摩鹿加群岛等地有一种鹦鹉也叫“折衷”。没错，折衷鹦鹉也堪称“混搭之鸟”了，它们是少见的具备显著性二型特征的鹦鹉：雄鸟羽毛呈翠绿色，翼下和两肩呈猩红色；雌鸟是深红色，腹部带蓝紫色。

这多种混色，令我们中国的老百姓给它们起了两个名儿：雄鸟为“红胁绿鹦鹉”，很显然符合了雄鸟红红绿绿的色彩；而雌鸟，简单直白地被叫作“大紫红鹦鹉”。民间俗称倒是很形象，俨然就是两份调色盘。可是这红绿蓝紫明明是一种鸟，只能有一个中文大名，还得符合拉丁文学名中的关键词 Eclectus，于是撞色调和守正：折衷鹦鹉。

中文名：折衷鹦鹉
学名：*Eclectus roratus*
英文名：Moluccan Eclectus
分类：鹦形目鹦鹉科折衷鹦鹉属

大紫胸鹦鹉生娃得轮流进产房

晚唐诗人皮日休（834—883）在《正乐府十篇·哀陇民》中写道："陇山千万仞，鹦鹉巢其巅。穷危又极险，其山犹不全。"这说明，在1000多年前的唐代，横跨宁夏、甘肃、陕西三省的山脉——陇山的深山峡谷之中，有鹦鹉在其间筑巢栖息。那么如今呢？

鸟类学家告诉我们，虽然目前陇山并没有鹦鹉出没，但中国确实出产全世界分布地最北的鹦鹉，这就是产于印度东北部，我国藏东南、滇西北和川西南等地的大紫胸鹦鹉，又称"大绯胸鹦鹉"。

鸟如其名，大紫胸鹦鹉胸部的羽毛呈紫蓝灰色，雄鸟的上喙部是红色，下喙部为黑色，而雌鸟喙部则完全是黑色。它们会结成近百只的大群在高大树木上的树洞内做窝繁殖。不过一旦树洞被动作快的"群友"抢先拿下，那么剩下的"成员"只能耐心等待近百日，直到对方育儿成功，携娃"退房"，才能入住。

中文名：大紫胸鹦鹉 / 大绯胸鹦鹉
英文名：Lord Derby's Parakeet / Derbyan Parakeet
学名：*Psittacula derbiana*
分类：鹦形目鹦鹉科鹦鹉属

罗默刘树蛙消失 32 年后再度出现

大家好，我系新嚟（gě）嘅（lí）同学，我钟意食蚁。

1952 年，中国香港负责虫鼠防治的英国人约翰·卢文（John Romer，1920—1982）在香港第三大岛——南丫岛的一个岩洞里发现了一种体态“迷你”的小蛙，为其起名为卢氏小树蛙。然而正在他准备开展进一步研究时，1953 年，洞顶坍塌，封死了洞口。卢文认为这种蛙就此灭绝，他本人也于 1980 年回到英国，两年后去世。

谁知，1984 年，在应香港市政厅要求撰写香港本地两栖爬行动物手册时，香港大学的研究人员在南丫岛的另一个岩洞中再次发现了这种小蛙的种群——消失 32 年的香港蛙儿“满血复活”。如今，更名为罗默刘树蛙的它们，成为香港《野生动物保护条例》中的被保护物种。

罗默刘树蛙极为娇小，雄蛙体长仅约 1.5 厘米，雌蛙也不过 2.5 厘米左右，趾端长有吸盘，因而擅长爬树。它背部的一个 X 形深色斑纹和其后的一个“∧”形深色斑纹，是最明显的辨识标识。

中文名：罗默刘树蛙 / 卢氏小树蛙

英文名：Romer's Tree Frog

学名：*Liuixalus romeri*

分类：无尾目树蛙科刘树蛙属

香港瘰螈是香港唯一的有尾目动物

香港瘰（luǒ）螈在香港《野生动物保护条例》中被称为香港蝾螈，是香港出产的唯一两栖纲有尾目动物。除香港本地外，在广东深圳、东莞、惠州、郁南、恩平、阳江等地也有分布。

香港瘰螈体长 11 ～ 15 厘米，身体为黑褐色，背部中央长有一条突起的浅褐色脊棱，腹部长有橘红色圆斑。雄螈在繁殖期间为争夺雌螈会爆发激烈打斗——不用担心，即使打断了腿脚，它们也能再生出完整的肢体。雌螈产下的卵一个月左右孵化，幼螈靠头部两侧的羽毛状外鳃呼吸，约在两个月后完成变态，褪去外鳃，三年后正式“长大成螈”。

香港瘰螈白天栖息在水流平缓而清澈的山溪石缝中，但需要游到水面呼吸换气。夜间则活动频繁，捕食鱼、虾、蝌蚪和水生昆虫等。它们是对生存环境中的水质要求极高的物种，稍有污染就难以存活。

中文名：香港瘰螈　　学名：*Paramesotriton hongkongensis*

英文名：Hong Kong Warty Newt　　分类：有尾目蝾螈科瘰螈属

麝牛是毛长味道重的北极大羊

1972年，时任美国总统理查德·尼克松（Richard Nixon，1913—1994）对中国进行了成功的访问。在他离京前的国宴上，周恩来总理正式宣布，将赠送一对大熊猫“玲玲”和“兴兴”给美国人民。

当年4月，一对大熊猫飞抵美国首都华盛顿的美国国家动物园。“来而不往非礼也”，同月，一对来自旧金山动物园的麝牛——雄牛“米尔顿”（Milton）和雌牛“玛蒂尔达”（Matilda）也正式入住北京动物园，中国动物园第一次迎来了这种古怪的北极巨兽。

麝牛是北极冻土苔原生境的代表性动物，体形酷似一头大牛，但在分类上却与我国的扭角羚和鬣（liè）羚更加接近，同属于羊亚科，本质上更应该说是一头巨羊。它们全身长满深褐色浓密长毛，几乎“毛长过膝”，脖颈处的毛看起来就像是一把大胡子，因而在北极地区的因纽特人方言中，麝牛被称作oomingmak，意为“毛茸茸”或者“有胡子”。

麝牛的体腺分泌物味道浓烈，故又得名“麝香牛”。发情期间，雄牛更会将分泌物通过尿液排出后沾湿腹部皮毛，吸引雌性。

中文名：麝牛　　学名：*Ovibos moschatus*

英文名：Musk Ox　　分类：偶蹄目牛科麝牛属

湍鸭一出生就得学会在急流中游泳

除了多数昆虫和两栖爬行类等低等动物，多数动物对自己的后代都十分慈爱，精心抚育。然而，生活在南美安第斯山脉沿线高山河流中的湍鸭却不是如此。

安第斯山间的河水风高浪急，奔涌不息，寒冷彻骨，少有鸟类涉足，湍鸭们却祖祖辈辈在此“安居乐业”。它们宽厚而富于弹性的脚蹼，用于在河中大力划水；脚踝上的一个尖锐爪趾，能够抠住水中滑腻的岩石；又长又硬像舵一样的尾巴，可以在游泳时把握方向……可以说，湍鸭们全身上下都配备着精良的“冲浪设备”。

雌鸭登上河边20多米高的石壁，在苔藓上铺上一层羽毛，做成鸟巢。小湍鸭们在巢中孵化出壳后，鸭妈妈直接带着它们“高空跳水”，落进下方的河中，与早就在那里接应的鸭爸爸会合。湍鸭宝宝们就在汹涌的波涛中跟着父母，开始自己的“鸭生”第一课。

中文名：湍鸭
英文名：Torrent Duck
学名：*Merganetta armata*
分类：雁形目鸭科湍鸭属

山河狸既不住在高山上也不会下河游泳

山河狸是山河狸科山河狸属下的唯一物种，大约在距今12.6万年（±5000年）至1万年前的晚更新世出现并存活至今，很可能是最为古老的一种啮齿类动物。

山河狸产于北美洲西部，从加拿大不列颠哥伦比亚省南部经美国华盛顿州和俄勒冈州西部一直到加利福尼亚州中部和内华达州西部都有分布。

尽管名叫"山河狸"，但它们其实既不生活在高山环境中，也不像真正的河狸那样会在水中用树枝和泥土建筑"水坝"，反而在分类学上与松鼠和花鼠等更为接近。山河狸主要的生境是温带次生林，并高度依赖植被茂密且质地湿润的土壤来"建设"它们的洞穴系统。它们用前爪"舀"起泥土，推到身体下方，再用后脚移走。山河狸能挖出四通八达、纵横交错的地底洞穴，出口可能多达二三十个。

山河狸最爱吃蕨类植物。它们的视力与听力较差，但嗅觉和触觉相当发达。

中文名：山河狸
学名：*Aplodontia rufa*
英文名：Mountain Beaver
分类：啮齿目山河狸科山河狸属

比目鱼不是一种鱼而是四大类鱼

“得成比目何辞死，只羡鸳鸯不羡仙。”“初唐四杰”之一的诗人卢照邻这两句诗里的“鸳鸯”大家都很熟悉，可“比目”又是个什么呢？

一言以蔽之，“比目”就是比目鱼的简称。比目鱼并不是一种单一的鱼，而是辐鳍鱼纲鲽（dié）形目下700余种鱼类的统称。这一类鱼永远拍不了“正面照”，因为它们的眼睛长在身体的同一侧。所谓“比目”就是双眼两两相邻的意思。

这为数众多的比目鱼该怎么辨认呢？简单地说，比目鱼可分为鲆（píng）、鲽、舌鳎（tǎ）和鳎四大类，记住以下口诀就可以区分它们了：两眼在左有尾是鲆、两眼在右有尾是鲽、两眼在左没尾巴是舌鳎、两眼在右没尾巴是鳎。当然也有特例，如星突江鲽的眼睛多位于左侧。

比目鱼出生时和普通鱼类一样，一边一眼，但随着它长大，其中一只眼睛会越过头顶不断地向另一只移动，最终双眼在身体的同侧顺利“会师”，整条鱼也彻底“躺平”。

中文名：比目鱼
英文名：Flounder / Flounder Fish
学名：Pleuronectiformes
分类：辐鳍鱼纲鲽形目

藏酋猴群的猴王既享受特权又承担责任

藏酋猴，为中国特有灵长类动物，共分 4 个亚种，人们熟知的“峨眉猴”和“黄山猴”就是其中的指名亚种和黄山亚种。清朝康熙年间的《黄山志》中曾有“伭［xuán，“凶狠”之意］猿，身大颀长不畏人，来往天都峰下”的记载。此“伭猿”即藏酋猴黄山亚种。

藏酋猴体形粗壮，是中国出产的 8 个猕猴属物种中块头最大的，成年雄猴两颊和下颌生有络腮胡一般的长毛，雌猴则面颊肉红，相对“娇嫩”。它们的尾巴很短，一般不超过 10 厘米。

藏酋猴是社会性极强的群居动物，雄猴之间通过激烈的厮打，由最终获胜的个体“登基封王”，带领全群成员觅食、栖息并探索活动路线，而失败者则瞬间从一呼百应的“猴上猴”跌落为无权无势的一介“平猴”。猴王虽然享有全群的唯一繁殖权和饮食优先权，但当猴群遭遇敌情时，它也必须责无旁贷地挺身而出与来犯之敌奋力搏斗。

中文名：藏酋猴　　学名：*Macaca thibetana*

英文名：Tibetan Macaque　　分类：灵长目猴科猕猴属

蓑羽鹤的迁徙路线来回不一样

蓑羽鹤英文名字中的 demoiselle 一词来自法语，意为“姑娘”。它是全世界 15 种鹤类中体形最为娇小的一种，体长通常不到 1 米，身高约 80 厘米，翼展 1.55 ～ 1.8 米，体重仅 2 ～ 3 千克。它们的羽毛多是灰黑色，双眼赤红，两颊各长有一丛白色的长羽，显得端庄娴淑、秀美娴静，无怪乎其又被称为“闺秀鹤”。

别看蓑羽鹤这般小巧玲珑，它们却能进行一年两次、艰苦卓绝的鸟类迁徙：每年秋季，它们从俄罗斯和蒙古的繁殖地集结出发，沿我国河北与内蒙古交界处西偏南飞行到青海，由青海湖东侧南下抵达西藏，再在 10 月初前后飞越海拔 6000 ～ 8000 米的喜马拉雅山脉到达尼泊尔，最后前往印度滨海地区越冬。而来年春天回程时，它们则选择“全新航线”：直接从印度北上，先飞越塔克拉玛干沙漠，来到伊犁河谷，再越过古尔班通古特沙漠，最终回到繁殖地。

中文名：蓑羽鹤　　学名：*Grus virgo*

英文名：Demoiselle Crane　　分类：鹤形目鹤科鹤属

猪鼻龟的生存高度依赖淡水

要说最能适应淡水环境的龟类，那一定非产于澳大利亚北部和新几内亚岛南部的猪鼻龟莫属了。它体长可达 75 厘米，体重可超过 20 千克，头部和四肢都无法缩进壳里，长着一个如同猪鼻一般的鼻子，因而得名。

猪鼻龟的甲壳像鳖一样，覆盖有一层柔软的革质皮肤，而脚则完全特化成了海龟一般的鳍状肢，在陆地上几乎派不上用场——除了每年旱季在河岸边的沙土中产卵，它们几乎从不上岸。它们是龟鳖目中唯一几乎完全生存于淡水中的物种，食性偏杂，既吃水生植物的根、茎、叶、种，又吃昆虫、甲壳类和软体动物。

猪鼻龟外形“呆萌”可爱、性情活泼，这却为它们招来了无妄之灾。据统计，从 2013 到 2020 年，先后有 5.2 万余只猪鼻龟被捕捉成为非法宠物在世界各地出售。切记，它是位列濒危物种的“牢底坐穿龟”，无证私自饲养，万万使不得！

中文名：猪鼻龟 / 两爪鳖
英文名：Pig-nosed Turtle / Fly River Turtle
学名：*Carettochelys insculpta*
分类：龟鳖目两爪鳖科两爪鳖属

鳄雀鳝一旦成为入侵物种就会破坏生态位

2022 年 8 月，为了抓捕两条鳄雀鳝，河南省汝州市城市中央公园不惜抽干了 20 多万立方米的湖水。那么问题来了，这鳄雀鳝是何方神圣，竟有如此“法力”，以至非抓不可？

鳄雀鳝产于北美东部，是 7 种现存雀鳝科动物中的一种。它体长约 1.8 米，大者可达 2 ～ 3 米，全身覆盖着铠甲般的坚硬鳞片，嘴部扁平而长有利齿，酷似鳄鱼嘴，因而得名。它们是美洲最凶猛的淡水鱼之一，主要以鱼类为食，偶尔也会伏击水禽、龟等游过水面的小型动物。

在原产地，因鳄雀鳝有短吻鳄之类的天敌，所以数量能够得到控制。但当它被引进非原产地的天然水域而成为入侵物种后，因其适应力和繁殖力都超强，一次可产卵 15 万枚，且鱼卵又有剧毒，能导致原生物种死亡，故而一定要加以注意，不可随意弃养，更不可胡乱放生，否则就会对当地的生态位带来灭顶之灾。

中文名：鳄雀鳝　　学名：*Atractosteus spatula*

英文名：Alligator Gar　　分类：雀鳝目雀鳝科大雀鳝属

倭犰狳是仙气十足的粉红色小仙女

阿根廷中北部门多萨（Mendoza）、里奥内格罗（Río Negro）和布宜诺斯艾利斯（Buenos Aires）三省的干旱草原地区，气候干燥、植被贫瘠，但却生活着犰狳（qiú yú）家族中相当迷你可爱的一个物种——倭犰狳。

倭犰狳身长仅 12 厘米左右，小眼珠漆黑，甲壳呈粉红色，前爪上长有四根锋利粗壮的爪趾用于挖洞藏身，整体看去活像一块插着两把叉子的鲜虾寿司。

多数犰狳的甲壳直接与皮肤相连包住身体，而倭犰狳的皮肤上长有一层柔软的白色体毛，其上又长有一层皮膜，它的甲壳便是直接与这层皮膜而不是与皮肤相连的。体毛保证了在夜间低温下为倭犰狳最大程度地保暖，而这种独特的甲壳结构，又赋予了它极大的身体灵活度与柔软性。

倭犰狳的尾巴不算灵活，总是向下耷拉着。由于它本身是个小短腿，因此倭犰狳经过的地方会同时留下脚印和尾巴印，这在动物中是很特别的。

中文名：倭犰狳 / 姬犰狳 / 粉红色仙女犰狳　　学名：*Chlamyphorus truncatus*
英文名：Pink Fairy Armadillo / Pichiciego　　分类：带甲目倭犰狳科倭犰狳属

红羽极乐鸟的名字来自意大利热那亚贵族

早在16世纪，前来太平洋西南部巴布亚新几内亚探险的欧洲水手们第一次在高山密林中见到极乐鸟。惊叹于它们的华美，水手们想象这是一种以蜂蜜和露水为食、永远不会落地、终生遨游天际的“神鸟”。当时甚至连一部分艺术家和博物学家都以为这是事实。

红羽极乐鸟是诸多极乐鸟中的一种，成年雄鸟有着明黄色的头部、灰蓝色的喙部、翠绿色的喉部，上胸部呈黑色，身体为栗红色，一双褐色翅膀两侧的橘红色饰羽长而披散，并出现在巴布亚新几内亚的国旗和国徽上。它以果实和昆虫为食，是重要的种子传播者，尤其是部分肉豆蔻树和桃花心木种子的播散高手。

红羽极乐鸟学名中的种加词 Raggiana 是探索巴布亚新几内亚的首位意大利科学家路易吉·玛利亚·达尔贝蒂斯（Luigi Maria D'Albertis，1841—1901）为了纪念其家乡热那亚的一位贵族弗朗切斯科·拉吉侯爵（Marquis Francesco Raggi，1807—1887）而起。

中文名：红羽极乐鸟

学名：*Paradisaea raggiana*

英文名：Raggiana Bird-of-paradise

分类：雀形目极乐鸟科极乐鸟属

泽氏斑蟾既用声音又用手势来互相沟通

除了“黄金水道”巴拿马运河，位于中美洲的国家巴拿马境内还有一种同样顶着“黄金”名头的动物——俗称“巴拿马金蛙”的泽氏斑蟾。当地人认为金蛙在死后会变成黄金，而见到这种金光闪闪的小动物会给人带来好运。巴拿马官方还将每年 8 月 14 日定为“国家金蛙日”。

泽氏斑蟾的栖息地水流湍急，山溪与河水的鸣溅之声令它们不得不多寻找“交流”之道：为与同类沟通，除了一般蛙类具备的鸣叫技能以外，泽氏斑蟾还发展出了一套“绝活儿”：挥动前爪，用“手势”“打招呼”。如此“双管齐下”，方可保证顺畅的“对话”。

虽然泽氏斑蟾的金色是一种有效的“有毒勿近”警戒色，但它们自己却无法抵御对两栖动物极为致命的真菌——蛙壶菌的侵害。至今，人们已有十余年未曾见过野生泽氏斑蟾了——全世界最后的数百只泽氏斑蟾，都是生活在动物园中的人工繁育个体。

中文名：泽氏斑蟾 / 巴拿马金蛙　　**学名**：*Atelopus zeteki*
英文名：Panamanian Golden Frog　　**分类**：无尾目蟾蜍科斑蟾属

海蟑螂既不是水生动物也不是蟑螂

当你来到大海之滨，就会在露出水面的礁石、近岸的防波堤和潮间带高位的岩石缝中发现一群又一群密密麻麻的黑色“小强”，一旦靠近，它们立即化整为零、四散逃窜、踪影全无。这些动作神速的小黑虫就是海蟑螂。

“海蟑螂”虽有其名，但却和地上的蟑螂风马牛不相及。蟑螂是昆虫纲蜚蠊目物种，海蟑螂则是软甲纲等足目物种，反倒与常见的鼠妇（即“西瓜虫”）是亲戚。它们通常在潮上带至潮间带区域活动，七对步足在陆地上每秒能跑出 16 步之多，但水性却不甚佳，若淹没在海中便会溺水而亡。海蟑螂以动物腐尸和有机碎屑为食，在海边扮演着“分解者”与“清道夫”的角色。

中文名：海蟑螂　　学名：Ligiidae

英文名：Sea Roach / Wharf Roach　　分类：软甲纲等足目海蟑螂科

大耳狐的一对大耳朵是它们觅食时的利器

大耳狐是一种生活在非洲东部和南部矮树草原和半沙漠区域中的狐狸，是犬科大耳狐属下的唯一物种。

看名字就知道，大耳狐必是“因耳得名”的。确实，它们那一对巨大的耳朵在犬科动物中仅次于聊（guō）狐，可长达 13 厘米。这对大耳朵与蝙蝠的耳朵颇为神似，故而大耳狐又被称作蝠耳狐。

大耳朵为大耳狐带来了绝佳的听力：当它们低头“倾听”的时候，能够听到地下昆虫发出的动静并确定其位置，再刨开地面，一举捕获猎物并吃掉。与多数长有 42 颗牙的犬科“同胞”相比，大耳狐比它们多了 6 颗牙，达到 48 颗，但锋利程度却差了一截。难怪它们会成为狐狸家族中一个不爱吃肉爱吃虫的“另类”。

白蚁和蜣（qiāng）螂是大耳狐最爱的食物。在草原上，白蚁会采食储存植物的嫩芽，蜣螂则需要收集食草动物的粪便，因此这两种昆虫会追随着草食动物的行踪移动，而大耳狐也就“逐昆虫而居”，过着循环往复的生活。

中文名：大耳狐　　学名：*Otocyon megalotis*

英文名：Bat-eared Fox　　分类：食肉目犬科大耳狐属

崇安髭蟾每年都会“错峰繁殖”

崇安髭（zī）蟾是中国特有的两栖动物，分布于福建武夷山，浙江龙泉、遂昌，江西井冈山与湖南交界处等地海拔 800 ～ 1000 米的林间溪流以及周边的草丛、土穴中或石块下，有时也出没在农田中。

多数雄性髭蟾的上唇左右两边各长有一枚坚硬的黑色锥状角质刺，仿佛玫瑰花上的刺，因此雄蟾又被称为“角怪”。雌蟾相应位置无刺而长有橘红色圆点。髭蟾的眼球十分怪异：上半部黄绿色、下半部蓝紫色；在强光下瞳孔会缩小成一条竖直的缝，犹如猫眼。

崇安髭蟾的生活习性也与多数蛙类和蟾蜍迥然有别：它们不在春夏季节繁殖，雄蟾每年 11 月左右才在溪水中发出鹅叫般的鸣声吸引雌蟾前来配对，雌蟾产下的卵块呈灰白色，黏附在石块上，约一个月后孵化为蝌蚪，但需要再经过两个冬天才能正式长成“小角怪”。

中文名：崇安髭蟾
学名：*Leptobrachium liui*
英文名：Chong’an Moustache Toad
分类：无尾目角蟾科拟髭蟾属

蓝田花猪的火腿制作技艺是安徽省非物质文化遗产

顾名思义，蓝田花猪中的“蓝田”二字必然来自其产地。但这里的蓝田并非以出土“蓝田猿人”闻名的陕西省蓝田县，而是原产于安徽省徽州（今黄山市）休宁县蓝田镇的家猪品种。这种猪的毛色黑白相间，各种花纹被美誉为“马鞍花”“两头乌”“乌云盖雪”等，如今，蓝田花猪在整个皖南地区被广泛饲养，故又名“皖南花猪”。

皖南山区林木多，粮食作物少，蓝田花猪适应环境，对青草树叶类青饲料耐受度高。产崽率高，母猪平均产崽 8 ～ 14 头。生长发育极快，小猪 40 天就断奶，平均日增 275 克。

蓝田花猪皮薄骨细，瘦肉偏多，肉味鲜嫩，香味浓郁。古时某徽商用其肉做成小炒肉待客，客人“点赞”曰：“此肉似天鹅肉矣，食此肉，天下猪肉皆败味也。”2008 年，使用蓝田花猪猪腿制作兰花火腿的“皖南火腿腌制技艺”被列入安徽省非物质文化遗产名录。

中文名：蓝田花猪　　学名：*Sus scrofa domestica*

英文名：Lantian Pig（意译，无通用名）　　分类：偶蹄目猪科猪属

野骆驼的全部“装备”都是为了适应沙漠生活

骆驼的祖先起源于北美，后来分为两支：一支前往南美，演化为今日的骆马和大羊驼等；另一支则跨越白令地峡，进入欧亚大陆，进化成了双峰驼和单峰驼，即一般人印象中的两种骆驼。其实骆驼有三种，前面所说的双峰驼指的是已被驯化的家骆驼，另一种，应被称为野骆驼或野双峰驼，两者约在 110 万年前就已分化。

野骆驼历史上生活于蒙古高原荒漠戈壁至新疆到哈萨克斯坦的广大地区，如今只有 1000 余头，分布在蒙古大戈壁地区和我国内蒙古、甘肃、青海、新疆等地。

比起家骆驼，野骆驼体形略小而纤细，驼峰更尖，呈圆锥状。野骆驼是一种极其适应沙漠生活的物种：为了抵御风沙，它们长有复层眼睑和多层睫毛，鼻孔也能随时关闭；足趾大而扁平，足底长有胼胝（pián zhī），不易陷入沙中；口腔内皮糙肉厚，能够吃下其他动物不敢碰也嚼不动的带刺的枝条；可以十天不喝水，也可以饮用盐碱地中的低浓度咸水……总之，“沙漠之舟”当之无愧。

中文名：野双峰驼 / 野骆驼
学名：*Camelus ferus*
英文名：Wild Bactrian Camel
分类：偶蹄目骆驼科骆驼属

裸鼹形鼠“女王”只生娃不干活

东非的肯尼亚、索马里、埃塞俄比亚三国交界处是一片干旱稀树草原，地面上可以见到比蚁蛳（蚁蛉科昆虫的幼虫）挖的小洞，大多状如火山口，高 30 厘米左右，有时洞底中心会出现一根弯曲的小尾巴，还有被小爪子向后刨出的沙土。

“小挖机”大名裸鼹形鼠，长相堪称惊悚：全身皮肤皱皱巴巴，裸露无毛，眼睛退化得只剩两个黑点，耳朵缩成了两个洞，胡子稀稀拉拉，两对大板牙龇出嘴外。也正是这大牙，验明了它的“正身”：它是啮齿目成员，是“长得像鼹鼠的老鼠”，而不是真盲缺目的鼹鼠。

裸鼹形鼠以“家庭大群”形式住在地洞里，“群规模”从七八十只到 300 只，“群主”是一只负责繁殖的“女王”，另有几只专司生育的雄鼠担任“群管”，其余成员均无权繁殖，只能干活。“女王”死后，群内的雌鼠会大战一场，由最终的胜者即位。

中文名：裸鼹形鼠 / 裸鼹鼠　　学名：*Heterocephalus glaber*

英文名：Naked Mole-rat　　分类：啮齿目裸鼹形鼠科裸鼹形鼠属

黑额织巢鸟在“房子”问题上“男女”分工有别

织巢鸟又名织布鸟，全世界织布鸟属下共 60 多种。产于非洲南部，面部深黑、眼珠发红、身体金黄的黑额织巢鸟就是其中之一。这种体长不过 15 厘米的“筑巢高手”无须任何工具，仅靠一张鸟嘴，就能编织起一个坚韧紧密的大鸟巢。巢的出入口是下方的一个小洞，巢内有隔层，还铺有羽毛、蛛网和干草等“垫层”，结构坚实牢固，足以遮风挡雨。

黑额织巢鸟历代遵循“雄鸟盖房，雌鸟验收”的“族规”：雄鸟要选择好合适的枝条，再把草叶、棕榈和芦苇等用嘴撕成编织材料，一点点地穿起来，织成一个状如泪珠的鸟巢。“完工”后，雄鸟会请自己“钟情”的雌鸟前来“验收”，雌鸟若觉得“房型”不佳，拒绝入住，雄鸟将不得不“拆屋重建”——据说最为挑剔的雌鸟曾经在连续拒绝了雄鸟七次之后才终于点头应允，入住“新房”。

中文名：黑额织巢鸟
学名：*Ploceus velatus*
英文名：Southern Masked Waver
分类：雀形目织布鸟科织布鸟属

日本鳗鲡的一生要历经六个阶段

日本鳗鲡（mán lí）名字里的“鳗鲡”二字常被人读作第四声，其实都应当读作第二声。它们也并非日本特有鱼类，朝鲜半岛，中国的大陆、台湾岛等地都有其分布。

日本鳗鲡是肉食性鱼类，以小鱼、虾、蟹、昆虫及动物尸体等为食，它们和黄鳝都具有利用表皮直接吸收空气中的氧气进行呼吸的能力，因此也像黄鳝一样能短暂“登陆”活动。

日本鳗鲡是降海洄游鱼类，一生要经历非常复杂的变态发育：卵在海里先是发育成柳叶状的柳叶鳗，之后逐渐长成为玻璃鳗，随洋流漂到岸边，体内色素逐渐沉积，变成黑色的鳗线，再进入淡水发育为黄鳗，在淡水中定居 6 ～ 8 年后，最终成为成体银鳗，于秋冬季顺河游入大海，不远万里，返回故乡找到“另一半”后产下鱼卵，实现“爱的轮回”之后“含笑九泉”。但目前日本鳗鲡的产卵场尚不明确，仅知根据推测可能在太平洋马里亚纳海沟附近。

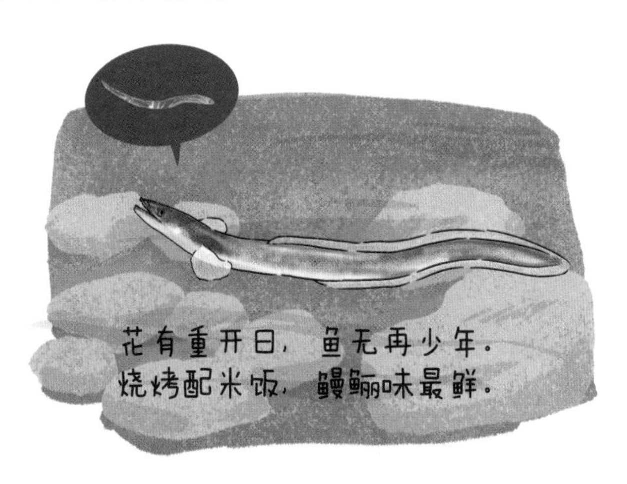

中文名：日本鳗鲡
学名：*Anguilla japonica*
英文名：Japanese Eel
分类：鳗鲡目鳗鲡科鳗鲡属

三趾心颅跳鼠把冬眠时需要的脂肪存在尾巴上

2022 年 1 月，中国科学院新疆生态与地理研究所召开了 2021 年度学术年会。会议期间，一位专家谈到，有一位“驴友”在阿克苏地区沙雅县徒步时，在沙漠里的红柳丛下发现了一只可爱的“有线鼠标”。

这只萌萌的“有线鼠标”就是跳鼠家族中身材极其“迷你”的一种：由于后脚长有三个脚趾而得名的三趾心颅跳鼠。它毛茸茸的身体又小又圆，平均长度只有 5.5 厘米左右，却拖着一条长约 12 厘米的尾巴。可别认为这尾巴是个累赘：入冬之前，跳鼠们都需要大吃大喝各种植物、种子和昆虫来储存冬眠时需要的能量，但体重不过 10 克左右的三趾心颅跳鼠实在太“袖珍”了，体内存不下多少脂肪，只能把脂肪存在尾巴上“增肥”。

三趾心颅跳鼠在中国境内分布于新疆西部、内蒙古西部以及甘肃、宁夏的荒漠中，国外则主要见于蒙古国。

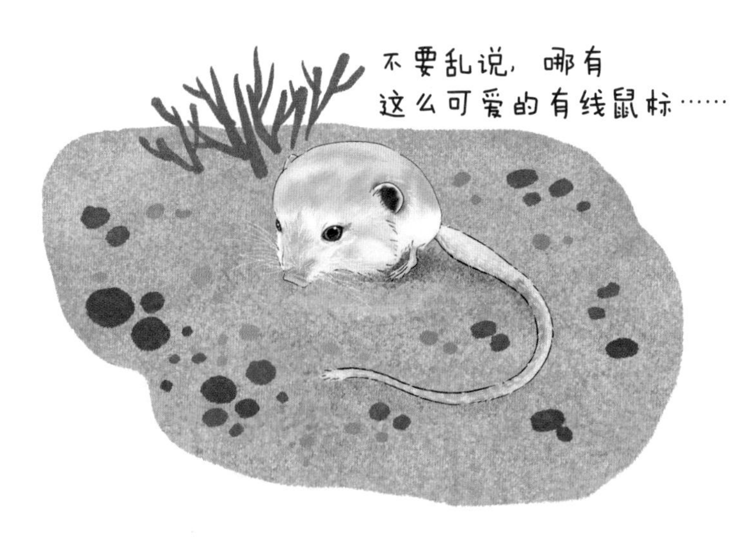

中文名：三趾心颅跳鼠　　学名：*Salpingotus kozlovi*

英文名：Kozlov's Pygmy Jerboa　　分类：啮齿目跳鼠科三趾心颅跳鼠属

马恩岛猫的尾巴缺失是基因突变导致

马恩岛猫是一种起源于英国马恩岛（Isle of Man，又称“曼岛”，位于英国和爱尔兰之间的爱尔兰海中）的家猫品系，这种猫的体形和毛色与全世界其他地方的家猫别无二致，但它们外观上最为显著的差异就是完全没有尾巴或只有一个短短的残端，因此它们也被称为曼岛无尾猫。

在当地传说中，马恩岛猫比其他动物慢了一步搭上诺亚方舟，结果好端端的尾巴被船舱的门夹断，从此变成了无尾猫。如今我们知道，马恩岛猫的尾巴缺失其实是一种遗传基因突变导致的生理缺陷。

根据长度的不同，马恩岛猫的尾巴可以分为以下类型：rumpy（完全没有尾巴）、riser（尾巴处有一截软骨质突起）、stumpy（有一截退化的尾巴残端，约 3 厘米长）、stubby（有一条长度约为普通猫一半的尾巴）、longy（尾巴正常）。

中文名：马恩岛猫
英文名：Manx Cat
学名：*Felis catus*
分类：食肉目猫科猫属

金环胡蜂的螯针其实是特化的产卵管

胡蜂是昆虫纲膜翅目下胡蜂科所有 1 万多种蜂类的统称，其中体形最大、攻击性较强的，就是在英文中被称为“亚洲巨黄蜂”的金环胡蜂。

金环胡蜂并不采集花粉酿造蜂蜜，而是能够捕食多种昆虫甚至其他胡蜂和螳螂的凶猛肉食性昆虫。但它们也喜爱味道香甜的植物汁液，柳树、栎树和榆树之类的流汁树和掉落地面的腐烂水果上常能发现金环胡蜂们的身影。

胡蜂属于真社会性昆虫，一个家族内的成员分工合作、各司其职，维持着以蜂后为核心的蜂群的日常秩序和正常运转。它们屁股尖上的那根螯针其实是特化的产卵管，但在一个蜂窝中，只有蜂后的产卵管能够发挥最为原始的作用：产卵。人若被其成员的螯针戳中，毒液中高量的血清素和其他蛋白质成分能引发剧烈疼痛和发炎，严重过敏体质者甚至有肾衰竭和性命之虞。

中文名：金环胡蜂 / 中华大虎头蜂　　学名：*Vespa mandarinia*

英文名：Asian Giant Hornet　　分类：膜翅目胡蜂科胡蜂属

黑天鹅夫妻在水上构筑“浮巢”育儿

荷兰探险家威廉·德·弗拉明（Willem de Vlamingh，1640—1698）于1697年在澳大利亚西南海岸首次发现黑天鹅，此前，“所有的天鹅都是白色的”在欧洲可谓是一句至理名言。而黑天鹅的出现，不仅为down under（英语中对澳大利亚和新西兰的戏称）成为“古怪之地”建立起了声誉，更奠定了今天我们用“黑天鹅事件”一词来形容可能性极低但影响力极大的事件的基础。

去除以上的背景，其实黑天鹅在全世界7种天鹅中是唯一周身羽毛以黑色为主的。它们长着红色的喙和灰黑色的脚，栖息在澳洲海岸、海湾、河流、湖泊等水域，主食各类水草。黑天鹅夫妻终身配对，繁殖期间，用枯枝、芦苇和灯芯草等筑成一个直径1米左右的漂浮巢穴，再在里面产下8～9枚卵，小天鹅们在35～40天后孵化。

黑天鹅作为观赏鸟被大规模引入世界各地，并出现在西澳大利亚州州旗上。

谢谢柴可夫斯基让我出名，但我其实是澳大利亚鹅……

中文名：黑天鹅
英文名：Black Swan
学名：*Cygnus atratus*
分类：雁形目鸭科天鹅属

雄性白钟伞鸟为了吸引雌性会发出“电音”

喧嚣的南美亚马孙雨林里居住着成百上千的鸟类，在这种吵嚷的环境里，一只雄鸟要想成功地引起雌鸟的注意，必须得有点绝活儿才行。主要分布于圭亚那地区（圭亚那、法属圭亚那和苏里南三国）的白钟伞鸟就成功地做到了这点。

雄性白钟伞鸟全身羽毛洁白，只有眼珠、喙部和脚爪是灰黑色。奇特的是，在它的鸟喙旁边（左右因个体而异），长着一大条黑色的垂肉，几乎垂到了前胸，上面还长着稀疏的白色羽毛；而雌性白钟伞鸟体色介于淡黄色和橄榄色之间，朴素无华，毫不起眼。

有了奇特的外形，还得能“推广”自己。体形如同普通家鸽的雄性白钟伞鸟有着宽大厚实且轮廓分明的腹肌。靠着这样的“底气”，当它张开嘴巴全力鸣叫时，竟能发出高达 116 ～ 125 分贝的尖锐“电音”——几乎与手提电钻或摇滚音乐会的声音相当。如此，它才能在喧闹的丛林中“撩”到雌鸟。

中文名：白钟伞鸟　　学名：*Procnias albus*

英文名：White Bellbird　　分类：雀形目伞鸟科钟雀属

南极中爪鱿的触手上长着勾爪

南极中爪鱿又称“南极大王鱿”，分布在南极周边海域，活动范围最北可达南美洲、南非和新西兰一带。它和另一种巨型头足动物大王乌贼的主要差异在于触手。大王乌贼的触手上长满了带有锯齿的吸盘，而南极中爪鱿的触手前端密布的则是长达 5 厘米左右的勾爪，用于捕食或自卫。它的属名“梅思乌贼属”的原文 Mesonychoteuthis 就源自三个希腊语单词 mesos（middle，中等）、nychus（claw，勾爪）、teuthis（squid，乌贼）的组合，意为“有着中型钩爪的乌贼”，也被意译成“中爪鱿属”。

由于新鲜样本极难获得，因此人类对南极中爪鱿的了解并不足。它体长 5 米左右，体重近半吨，出没于水深 1000 ～ 4000 米的海洋中上层至深海区域，有一对直径 20 余厘米的巨大眼球，眼球中的发光器官内的共生发光菌能在海中发光。

很多抹香鲸身上的伤痕都是在它们捕食南极中爪鱿时被勾爪划伤留下的。

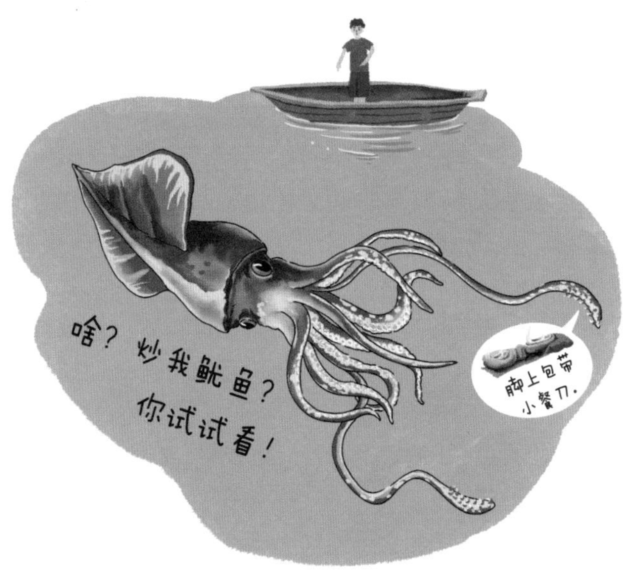

中文名：南极中爪鱿
英文名：Colossal Squid
学名：*Mesonychoteuthis hamiltoni*
分类：开眼目小头乌贼科梅思乌贼属

骡不能生儿育女是因为染色体不能正常配对

“种瓜得瓜，种豆得豆。”“龙生龙，凤生凤，老鼠生儿会打洞。”这是大家熟知的遗传规律。然而万事总不绝对：我国北方农村的常见家畜——骡（俗称“骡子”）就不能生小骡。这是为什么呢？

原来，骡其实是马和驴的杂交种，所以学名里同时带上了“马”（ferus）和“驴”（asinus）两种动物的学名，这种书写方式堪称绝无仅有。严格说，公驴和母马的后代才能称为“骡”或“马骡（“蠃[luó]，驴父马母者也。”《说文解字注》。“骡”是“蠃”的俗字）；而公马和母驴的后代则叫“駃騠”（jué tí）或“驴骡”，体力不如马骡。

马有 32 对 64 条染色体，驴有 31 对 62 条染色体，因此骡有 63 条染色体，难以成对且生殖细胞不能进行减数分裂，自然也就无法繁殖了。

清代文学家纪晓岚（1724—1805）曾在新疆品尝过骡肉并在《阅微草堂笔记》中形容其为“肥脆可食”。

中文名：骡　　学名：*Equus ferus × asinus*

英文名：Mule　　分类：奇蹄目马科马属

白尾梢虹雉对于“产房”的要求非常苛刻

“世界虹雉三兄弟”分别是尼泊尔国鸟棕尾虹雉，中国特有物种绿尾虹雉，分布在缅甸、印度和我国滇西北高黎贡山北部、藏东南海拔2500～4200米的高山森林、灌丛和草甸地区的白尾梢虹雉。

鸡如其名。成年雄性白尾梢虹雉体长近70厘米，脸部暗蓝，体色上浅下深，闪烁着绿色的金属光泽，带栗色条纹的白色尾巴是它与另两种虹雉之间的最大区别。此外，白尾梢虹雉的喙部更长更弯，所以它也更喜爱在地面上啄食而不是用脚爪抓刨地面。

每年4月上旬是白尾梢虹雉的繁殖期，为争夺交配权，数只雄雉之间先爆发激烈的打斗，获胜者在雌雉面前尽力展示自己的帅气，求偶成功者方可与雌雉“喜结良缘”。

“洞房花烛”后，雄雉一去不归，雌雉独自在悬崖或巨石上挑选一处上有遮蔽、后靠石壁、前有阳光照射和植物遮挡的地方产下2～3枚卵，约28天后孵化。

中文名：白尾梢虹雉　　学名：*Lophophorus sclateri*

英文名：Sclater's Monal　　分类：鸡形目雉科虹雉属

黑鸢是一种最不挑嘴的猛禽

老百姓们通常把所有的猛禽都统称为“老鹰”，其实不然。就动物分类学而言，猛禽中并没有一种中文正名为“老鹰”的。与人们心中的“老鹰”最为接近的，可能就是黑鸢了。

黑鸢是广泛分布于非洲撒哈拉沙漠与南亚、东亚和东南亚的中型猛禽，体长约 70 厘米，翼展近 1.6 米，通体黑褐色，尾巴形状很像鱼尾。它们是优秀的“空气动力学家”，常常利用热气流在空中缓慢盘旋，随时寻找“干饭”机会，一旦发现吃的，便集群降落，大快朵颐。

黑鸢可能是都市生活中最为常见且俗称最多的猛禽：它们既会在城市中抓捕蛇鼠和鱼类，也会在垃圾堆中与喜鹊和乌鸦一起翻捡厨余垃圾，取食腐肉。长三角地区把它们叫作“黑耳鸢”；粤语地区称其为“麻鹰”(广州动物园就位于一处名为“麻鹰岗”的地段)；而在台湾地区，黑鸢则“荣登”基隆市市鸟。

中文名：黑鸢　　学名：*Milvus migrans*

英文名：Black Kite　　分类：鹰形目鹰科鸢属

剑嘴蜂鸟的嘴巴有身体的一半长

小巧玲珑的蜂鸟被巴西人形容为“花的亲吻者”，美国鸟类学家约翰·奥杜邦（John Audubon，1785—1851）则称它们为“闪闪发光的彩虹碎片”。

见于美洲地区的蜂鸟共有360多种，而分布在委内瑞拉西部、哥伦比亚、厄瓜多尔、秘鲁、玻利维亚北部2500～3000米的安第斯山脉的剑嘴蜂鸟是其中极具辨识度的一种。

剑嘴蜂鸟通体深绿，头部呈铜色，眼后有明显的白斑，腹部是深灰色。令人惊奇的是，它全身仅长17～22厘米，但却长着一张修长挺拔、末端上翘的鸟喙，这长嘴竟可长9～11厘米，整整占去了体长的一半。猛一看，活脱是一把倒插在底座上的小宝剑！

由于嘴喙太长，剑嘴蜂鸟在栖息时通常保持着“拔剑问苍天”的抬头姿势。而且它们也只能使用脚爪而不是嘴巴为自己理毛。与之相适应的是，它们也选择“专职”为花托细长的植物传粉。

中文名：剑嘴蜂鸟
英文名：Sword-billed Hummingbird
学名：*Ensifera ensifera*
分类：雨燕目蜂鸟科剑嘴蜂鸟属

红交嘴雀的怪奇鸟喙完全是为了嗑松子

不同的鸟长有不同形状的喙，而喙的不同形状在很大程度上和它们的食性有着极大的关系：鹰类食肉，喙部利而尖；鹭类捕鱼，喙部长而直；在水中滤食浮游生物和甲壳类动物的火烈鸟口中甚至自带“过滤板”……而分布于欧亚大陆与北美洲的红交嘴雀，则着实长了一张形状最为稀奇古怪，似钳子又似剪刀的鸟喙。

红交嘴雀的黑色鸟喙上下弯曲，左右交叉，上喙斜搭在下喙之上，无法像其他鸟喙一样正常合拢。如此“歪嘴”，看似先天畸形或严重受伤，但红交嘴雀最爱的食物——松树和杉树等针叶树的种子都长在厚实的球果中，这样一把不对称的“松子钳”恰能让它们得心应“嘴”地嗑松子：先用“钳子”上端敲碎或撬开外壳，再用“钳子”下端从侧面剜出果仁并托住以防掉落，最后伸出肌肉发达的舌头，将果实舔入嘴中。

中文名：红交嘴雀　　学名：*Loxia curvirostra*

英文名：Red Crossbill　　分类：雀形目燕雀科交嘴雀属

黑长喙天蛾就是“朋友圈蜂鸟”的真身

这些年社交媒体常常爆出“××地区惊现蜂鸟”之类的新闻，甚至我们自己可能就在自家的院子或路边的花丛中见过一只翅膀振动极快的黑色“蜂鸟”一闪而过——但只要略知生物地理学，就会知道，蜂鸟是美洲特有的热带鸟类，几无可能远渡重洋来到中国。那这个神秘的身影又是谁呢？

昆虫研究者告诉我们，社交媒体上的所谓“蜂鸟”多半是日行性的长喙天蛾，这其中“出镜率”最高的，便是黑长喙天蛾。它可谓是昆虫中的“三不像”：既和蝴蝶一样有着色彩绚烂的翅膀；又像蜜蜂在花丛中发出嗡嗡声采食花蜜；取食时还像蜂鸟一样能够在空中悬停，难怪大家不明就里了。

黑长喙天蛾的分布极其广泛，从俄罗斯远东经日本，跨越大半个中国到喜马拉雅山南麓，甚至在上海和香港的市中心，都能见到它的身影。

中文名：黑长喙天蛾
英文名：Maile Pilau Hornworm / Burnt-spot Hummingbird Hawk-moth
学名：*Macroglossum pyrrhosticta*
分类：鳞翅目天蛾科长喙天蛾属

吕宋鸡鸠不用化妆就能演出胸口受伤的效果

在菲律宾吕宋岛的森林中，你很可能会看到一只圆圆胖胖、背部和翅膀呈现宝石蓝或荧光紫、腹部为纯白色的小胖鸟……且慢！它的心口怎么有一块鲜红的血迹，难道是挨了一枪或中了一箭？要不要赶快带走抢救？

不要紧张。这只鸟儿并没有受伤，而且它是世界自然保护联盟（IUCN）近危（NT）物种，你若贸然施救，反倒可能违法。它的大名叫吕宋鸡鸠，仅分布于吕宋岛海拔 1400 米以下的低山原始森林中，是鸡鸠属 5 个物种中的一种。

吕宋鸡鸠性情羞怯，行动隐秘，不擅飞行，通常在地面活动，觅食种子、块茎和浆果等，夜间在矮树上过夜。全身最扎眼的特征，就是胸口那一抹常常被人当成受伤流血的深红色羽毛。故而它们最早被西班牙殖民者称为 Paloma de la puñalada，意为“被刺中的鸽子”，如今在英语中，人们称之为“吕宋滴血之心”。

中文名：吕宋鸡鸠　　学名：*Gallicolumba luzonica*

英文名：Luzon Bleeding-heart　　分类：鸽形目鸠鸽科鸡鸠属

豚鹿的中文名和英文名都带着“猪”字

豚鹿是体长 1.1 ～ 1.5 米、肩高 70 厘米左右、体重 35 ～ 50 千克的小型鹿类，因身体圆润粗壮、四肢短小而在中文（豚）和英文（hog）名字中均以“猪”字冠名。

它们分布于南亚次大陆至东南亚的中南半岛，但在如越南、老挝、缅甸等历史分布区已绝迹，如今可见于柬埔寨、孟加拉国、尼泊尔、不丹、印度北部与巴基斯坦的印度河 - 恒河平原。中国云南西南地区部分低海拔河谷历史上曾是豚鹿的边缘分布地，但在 20 世纪 60 年代后已区域性灭绝。

豚鹿是典型的热带 - 亚热带鹿类，主要在海拔 1000 米以下的河岸芦苇沼泽区周边活动，它们泳技一流，连遇敌逃跑时都会尽量入水求生。豚鹿会组成 2 ～ 3 只的“小群”在晨昏和深夜活动，主要取食芦苇和水草，也吃落果。领地范围很小，通常不到 1 平方千米。

当前全中国饲养豚鹿最为成功的动物园是成都动物园，共有 90 余头。

中文名：豚鹿
英文名：Hog Deer
学名：*Axis porcinus*
分类：偶蹄目鹿科花鹿属

“诺第留斯号”潜水艇的原型就是鹦鹉螺

早在南朝时期，宋代学者刘敬叔在《异苑》中写道：“鹦鹉螺形似鸟，故以为名。”数千年后，法国著名科幻小说作家儒勒·凡尔纳（Jules Verne，1828—1905）在《海底两万里》中描写了一条名为“诺第留斯号”的神奇潜水艇航行五湖四海的故事。那这艘潜水艇的名字和鹦鹉螺有何关系呢？

答案：“诺第留斯”（Nautilus）在英语和拉丁语中都是“鹦鹉螺”的意思。

一听“螺”字，想必大家都会把“鹦鹉螺”这种动物脑补为长着壳的螺蛳、田螺和蛤蜊等一类物种。实则非也。鹦鹉螺真正的亲戚是那些身体柔软的章鱼、乌贼和鱿鱼等头足类动物。而它们与这些“同门兄弟”最大的差异，就是身披的这个卷曲而形似鹦鹉嘴的外壳。鹦鹉螺的外壳内部被隔膜分为数个气室，气室之间的数个小孔相连成室管，鹦鹉螺通过控制流过室管的气体和水流让自己在水中上浮下潜——难怪“诺第留斯号”以它为名了。

中文名：鹦鹉螺
英文名：Nautilus
学名：*Nautilus* spp.
分类：鹦鹉螺目鹦鹉螺科鹦鹉螺属

安第斯神鹫是西半球翼展最宽的猛禽

享誉世界的秘鲁民歌《神鹰飞过》(*El Cóndor Pasa*)旋律悠扬、风格古朴，歌颂了为自由献身的秘鲁印第安战士 Tupac Amaro，如神鹰般永远翱翔于安第斯山上。歌中的“神鹰”是一种怎样的鸟儿呢？

安第斯神鹫又名南美神鹰，西班牙语中称 Cóndor Andino，是分布于南美安第斯山脉海拔 3000 ～ 5000 米的高山峡谷及近海开阔草原地带的一种新大陆秃鹫。它们是西半球翼展最宽的猛禽，双翅完全展开时可长达 3.5 米(仅次于信天翁的翼展)。在起飞腾空到一定高度后，为节省体力，它们会停止拍击翅膀而只是平展双翼，依靠上升的高空气流在空中滑翔。

在秘鲁的印加文化中，作为太阳神的使者，正是安第斯神鹫在每日清晨将太阳托上天空，为世界带来光明。它还是哥伦比亚、智利、玻利维亚和厄瓜多尔的国鸟，出现在后两国的国旗上和这四个国家的国徽上，玻利维亚国家足球队也以它为标志。

中文名：安第斯神鹫 / 南美神鹰　　学名：*Vultur gryphus*

英文名：Andean Condor　　分类：美洲鹫目美洲鹫科安第斯神鹫属

北极狐并不是一年到头全身纯白

某创立于1960年的瑞典户外品牌Fjällräven堪称世界闻名，而“Fjällräven”一词在瑞典语中正是“北极狐”之意，也就是其标志上那只可爱的小动物。

北极狐广泛分布于斯堪的纳维亚半岛、俄罗斯、加拿大、阿拉斯加和格陵兰等国家和地区的高纬度地带。它们全身的毛发浓密厚实，甚至包裹了耳朵和脚掌，因而能够适应北极圈内低至–50℃的极寒气候。但北极狐并非终年一身洁白，它们在夏天也需要融入当地植被的颜色，那时它们会换上灰褐色的夏毛。

在北极这种严酷的环境中要想生存下去，必须具备极好的感官和充沛的体力。这两点北极狐都做到了：它们能在1.6千米外嗅到猎物的味道，从水果、鱼类、旅鼠、雪兔到腐肉或尸体无所不吃。根据科学家的调查，一只北极狐在一年内为了寻找食物可以跑出1530千米之遥。

中文名：北极狐　　学名：*Vulpes lagopus*

英文名：Arctic Fox　　分类：食肉目犬科狐属

小头睡鲨无时无刻不将自己“腌”在尿里

在欧洲杯和世界杯上一鸣惊人的冰岛国家足球队曾在接受采访时表示，球队成功的要素之一是食用 Hákarl——一道用腐烂发酵的鲨鱼肉腌制后风干而成的重口味“黑暗料理”。

鲨鱼，竟然成了一个国家足球队崛起的秘密武器？原来这道菜的原料就是鲨鱼家族中的大块头：小头睡鲨。

小头睡鲨又称“格陵兰睡鲨”，目前已知的体长最大记录为 5.5 米，体重 700 ～ 1000 千克，分布于北大西洋和北冰洋的深海区域，主食鱼类，也捕食海豹，甚至还在它们的胃里发现过驯鹿和北极熊的遗骸，是体形最大的掠食性鲨鱼之一。它们的已知最大年龄可达 400 岁左右，是现存已知最长寿的脊椎动物。有些桡（ráo）足类动物会寄生在小头睡鲨的眼部，严重时能导致其失明，但小头睡鲨主要依靠嗅觉捕食，故而对于它们的生存并无甚影响。

鲨鱼家族的成员主要依靠体内的尿素调节渗透压，也就是说尿素会渗透在其肌肉中。那么冰岛足球队最爱的这一口，味道也就可想而知了。

中文名：小头睡鲨 / 格陵兰睡鲨
学名：*Somniosus microcephalus*
英文名：Greenland Shark
分类：角鲨目梦棘鲛科睡鲨属

蝶角蛉不是长着触角的蜻蜓

夏天，你可能会在路旁的植物上看到一只身材修长的“蜻蜓”。当你掏出手机想为它拍张照发个动态时，却猛然发现这“蜻蜓”的头顶上赫然冒出了两根高尔夫球杆一样的长触角——它居然不是蜻蜓！那它是个啥呢？

原来，这种昆虫叫蝶角蛉，又叫长角蛉。虽然它长着蜻蜓一般的复眼和细长的身子，但两根顶端膨大的触角却酷似蝴蝶，才得了这么个称号。它们在分类上属于草蛉和蚁蛉所在的脉翅目，而和蜻蜓以及豆娘所属的蜻蜓目毫无关系。

蝶角蛉幼虫身体扁平如纸片，体表具有枝刺及顶饰毛，却长着一对尖锐有力的大颚，趴伏在植被叶片或地面上时能像苔藓、藻类一样与环境融为一体，当猎物经过，它便一口咬住，再向其体内注入消化酶，将猎物分解成“肉汤”饮用。

全世界约有 450 种蝶角蛉，中国出产约 30 种。

什么蜻蜓……蜻蜓哪有这么好看的触角呢？

中文名：蝶角蛉
英文名：Owlfly
学名：Ascalaphidae
分类：昆虫纲脉翅目蝶角蛉科（一说蚁蛉科）

日本猕猴为了御寒学会了泡温泉

日本猕猴，也叫雪猴，是分布在日本本州岛、九州岛和四国岛的一种猕猴。它们是世界上分布最北的非人类灵长目动物，最北可达本州岛青森县北部的下北半岛。但请注意，日本最北方最为寒冷的北海道岛并不产日本猕猴。

日本猕猴的背毛为灰褐色，腹毛为灰色（其学名种加词 Fuscata 就有“暗色”之意），脸部和臀部为红色。犬齿发达，尾巴很短，仅 7 ～ 12 厘米。

日本猕猴在森林中集成规模为 20 ～ 100 头，雌雄比例约为 1 ∶ 3 的大群四处活动觅食。为了在多数灵长类动物难以忍受的 -15℃左右的低温中生存，部分种群，如长野县“地狱谷野猿公苑”的猴群演化出了集体泡温泉取暖的习性。为了从温泉底部捡起山芋和土豆之类的食物，它们甚至能憋气潜入热水中长达 1 分钟之久。

中文名：日本猕猴 / 雪猴　　学名：*Macaca fuscata*

英文名：Japanese Macaque　　分类：灵长目猴科猕猴属

菲律宾雕是无所不吃的菲律宾国鸟

动画片《黑猫警长》中，有一只专在月黑风高之夜出动作案的巨大怪鸟先后吞吃了好几只小动物，又杀害了白鸽警探，最终这“身套布袋而来，被剃秃瓢而去”的恐怖杀手被黑猫警长用“直升机大法”缉拿归案，并点明了它的真身：食猴鹰。这个大名，对吗?

很遗憾，当时的动物分类学不够发达，给出的名称也不够准确。其实不但这只猛禽的体形被极度夸张了，而且它的大名应该是菲律宾雕——虽然雕与鹰都是鹰形目鹰科物种，但雕大而鹰小，不可混淆。

菲律宾雕体形巨大，体长约 90 厘米，翼展近 2.5 米。它是热带雨林中的顶级肉食动物，捕食蝙蝠、鼯猴、椰子狸、鼯鼠和长尾猕猴等。

1995 年，菲律宾雕被正式定为菲律宾国鸟。但目前它们的数量预计少于 400 对，已属极度濒危，亟待大力保护。

中文名：食猿雕 / 菲律宾雕　　学名：*Pithecophaga jefferyi*

英文名：Philippine Eagle　　分类：鹰形目鹰科食猿雕属

大齿锯鳐是自带“电锯”的长嘴怪鱼

大齿锯鳐是一种体长可达 6 米，体重超过 300 千克的大型锯鳐，从印度洋及太平洋的深海和浅海区域直到近岸的红树林沼泽与淡水河口都有出没。它身体扁平，一根细长的吻喙占据了身体的近三分之一，两边密密麻麻地长有锐利的“牙齿”，每一边有 14 ~ 24 枚——但这不是覆盖有珐琅质的真正牙齿，而是一种形状类似牙齿的突起，一旦折断，也不会像口中的牙齿那样再生。

大齿锯鳐视力不佳，觅食时，依靠吻部的生物电感应器接收到水中其他生物发出的电场后，猛冲上前，挥动“电锯”一通劈砍，将它喜爱食用的鱼类和甲壳类等动物先“打晕”，再“碎尸”，最后吃掉。

大齿锯鳐以卵胎生的方式直接产下锯鳐宝宝，刚出生的小锯鳐吻喙已发育并长有“利齿”，但这些突起上包着一层弹性皮膜，保证了锯鳐妈妈在分娩时不会受伤。

中文名：大齿锯鳐　　学名：*Pristis pristis*

英文名：Largetooth Sawfish　　分类：犁头鳐目锯鳐科锯鳐属

蜜熊不是猴子也不是浣熊

南美的动物向来以“不按常理出牌”闻名，分布于这里的浣熊科动物们也完全不是北美“干脆面”那种“土肥圆胖二”的画风。其中最为清丽的，当数一身蜜色毛皮的蜜熊。蜜熊分布在中美洲和南美洲的热带森林中，一生大部分时间都在树上度过，因此不少南美原住民干脆认为它是一种猴子。

蜜熊体长 40 ～ 55 厘米，身后拖着一条几乎同样长度的细长尾巴。靠着这条灵活的尾巴和一双能够 180° 扭转的后脚，蜜熊甚至能把自己倒吊在树枝上——它和亚洲的熊狸是全世界唯二能用尾巴缠卷抓握的食肉目动物——而睡觉时，尾巴又成了蜜熊自带的“毛毯”。

蜜熊是昼伏夜出的夜行性动物。以柔软多汁的水果为主食。进食时，蜜熊先用前爪握住水果，再用细长的舌头“舀”起果肉吃掉。有时，蜜熊也会食用花蜜、蜂蜜、鸟卵和昆虫。

中文名：蜜熊

英文名：Kinkajou

学名：*Potos flavus*

分类：食肉目浣熊科蜜熊属

浙山蛩和燕山蛩的区别就在于“涂装”

岳飞（1103—1142）在《小重山》中写道“昨夜寒蛩［qióng］不住鸣”——词中的“蛩”主要是指蟋蟀、螽（zhōng）斯、纺织娘等直翅目鸣虫，而并非我们这里要说的“山蛩”。

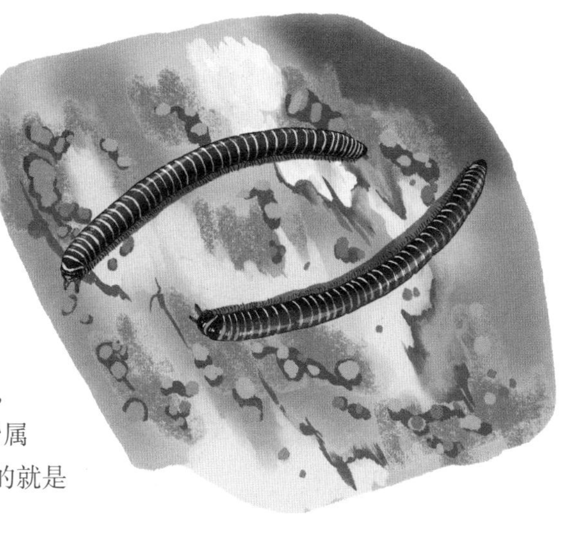

山蛩俗称为“马陆”，但其实马陆泛指倍足纲下的所有物种，而山蛩则是倍足纲山蛩属下的物种，其中最常见的就是浙山蛩和燕山蛩两种。

浙山蛩和燕山蛩酷似同一“模板”的“不同涂装”：浙山蛩体表环节呈橙红色，而燕山蛩体表环节则偏金黄色。雌雄两性很容易分别：由于性器官深藏于内，雄性山蛩的第七个体节明显膨大且下端无足——这样使用前半身交配的动物并不多。

两种山蛩都是夜行性食腐动物，是森林生态系统重要的分解者，对凋落物的分解量约占地区年平均凋落物量的20%。它们的御敌之术是“内卷”成团并释放臭液御敌。这液体虽难闻但对人并无大碍，接触之后及时消毒洗手就好。

中文名：浙山蛩，燕山蛩
英文名：Millipede
学名：*Spirobolus walkeri, Spirobolus bungii*
分类：山蛩目山蛩科山蛩属

筒蚓腹蛛的修长身材堪称蜘蛛界的“蛇精”

筒蚓腹蛛是全世界5.2万多种（中国约5000种）蜘蛛中外形和习性都极为怪异的一种。

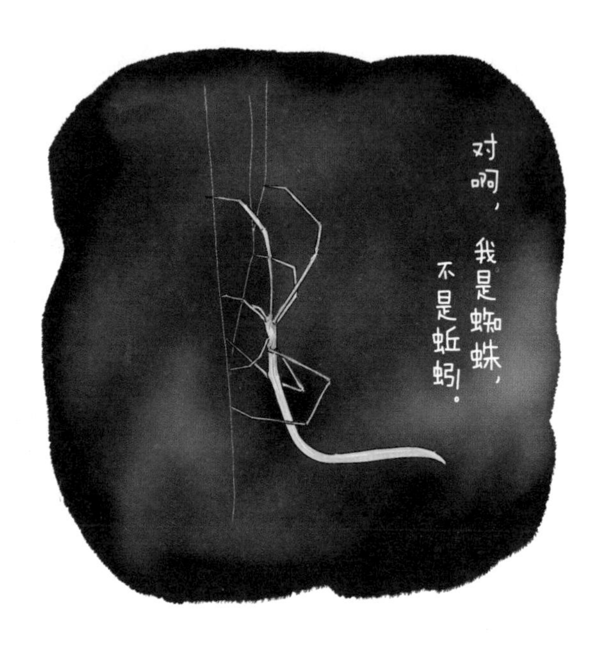

它不像多数蜘蛛一样有个鼓鼓的小肚子或者圆圆的大肚子。正相反，它的头胸部长度只占整个身体的约1/7，剩余的6/7全都是一条细长的圆柱形腹部，前半部分与头胸部粗细几乎相等，后半部分逐渐变细，尾端尖而突起，完全不像一只蜘蛛，反倒像一条蚯蚓，故而得名。

它也不像其他蜘蛛那样织造一个形状规整如同“八卦阵”的蛛网守株待“虫”：白天它们在树叶或植被下藏身，夜间，则把自己悬挂在一根单独的丝线上，将几对步足并拢伸直，与身体形成一条直线，看起来完全就是一根随风摇摆的小树枝。若被触碰，它还会当场表演“卷腹”绝技。

雄性筒蚓腹蛛长1.5～2厘米，雌蛛略长，为2.5～3厘米，体色主要有青绿或褐黄两种。

中文名：筒蚓腹蛛　　学名：*Ariamnes cylindrogaster*

英文名：Whip Spider　　分类：蜘蛛目球蛛科蚓腹蛛属

太平洋潜泥蛤就是著名的海鲜象拔蚌

文学大家梁实秋（1903—1987）先生在《雅舍谈吃》中写道："美国西海岸自阿拉斯加起以至南加州，海底出产一种巨大的蛤蜊，名曰geoduck，很奇怪当地的人却读如'古异德克'，又名之曰蛤王（king clam）。其壳并不太大，大者长不过四五寸许，但是它的肉体有一条长长的粗粗的肉伸出壳外，略有伸缩性，但不能缩进壳里，像象鼻一般，其状不雅，长可达一尺开外，两片硬壳贴在下面形同虚设。"

这种英文名叫作geoduck的贝类，其实就是如今生食可做寿司，熟食可爆炒的名贵海鲜"象拔蚌"。但请注意，它的大名实为太平洋潜泥蛤，隶属潜泥蛤科，和蚌科的河蚌完全是两回事。那条粗大的象鼻状肌肉，是它的进出水管和虹吸管，而不是斧足。它们小时候利用足部将自己固定在浅海底和潮间带的泥沙中，长大成"蛤"后，足部高度退化，只靠伸出地面的排水管和虹吸管排水、呼吸。

中文名：太平洋潜泥蛤

英文名：Geoduck

学名：*Panopea* spp.

分类：贫齿蛤目潜泥蛤科海神蛤属

阿特拉斯棕熊曾是非洲唯一的熊

阿特拉斯棕熊是棕熊一个已灭绝的亚种，也是唯一生存至全新世的非洲熊科物种，曾栖息于横跨摩洛哥、阿尔及利亚、突尼斯三国的阿特拉斯山脉以及利比亚部分地区，当地说阿拉伯语的游牧民族称它们为 dèb。与其共域（指同一地区分布）的大型肉食动物包括巴巴里豹和巴巴里狮，后者也已灭绝。

在罗马帝国时代，当帝国的势力深入北非地区时，罗马人大量捕捉阿特拉斯棕熊用于休闲和竞技活动，其中有不少阿特拉斯棕熊被捕获后送入了竞技场，被迫与角斗士和其他猛兽进行搏击。在现代化火器发明后，其数量更是急剧下降，最后一只阿特拉斯棕熊于 1870 年在摩洛哥被猎杀。

阿特拉斯棕熊的起源仍不清楚。有一说认为它的祖先是游过了直布罗陀海峡的欧洲棕熊，而另一派学者则坚持其为叙利亚棕熊西迁后演化而成。

中文名：阿特拉斯棕熊
英文名：Atlas Bear
学名：*Ursus arctos crowtheri*
分类：食肉目熊科熊属

褐云滑胚玛瑙螺不是田螺而是蜗牛

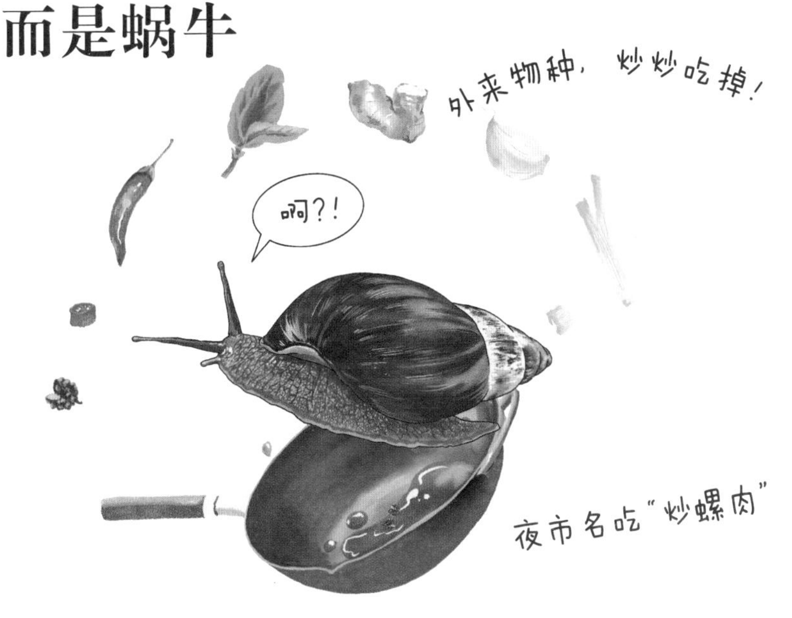

玛瑙螺并非水生田螺，而是一种部分产于非洲，体长 7 ～ 8 厘米，最长可达 20 厘米的大型蜗牛。玛瑙螺种类繁多，但除了专业人士外，一般人很难区分，便常把其中一部分俗称为“非洲大蜗牛”，褐云滑胚玛瑙螺就是这群“大蜗牛”中的一种。

褐云滑胚玛瑙螺是全世界体形最大的蜗牛，它们适应能力极强，原产于非洲大陆撒哈拉沙漠以南的东非地区，如今几乎扩散到了全世界所有的热带和亚热带地区并形成了自然种群。二战期间，日本人曾经将它们引进多处太平洋岛屿作为肉食来源。台湾人热爱的夜市小吃“炒螺肉”就是以褐云滑胚玛瑙螺为原料，加上罗勒、干辣椒、蒜片等烹制而成。据分析，每 1000 克褐云滑胚玛瑙螺肉中含有 115 克蛋白质，而仅含 11 克脂肪。

夏季，天干物燥时，褐云滑胚玛瑙螺会缩进壳内，分泌黏液封住壳口，只留一个小孔呼吸，等下一场降雨来临时再现身活动。

中文名：褐云滑胚玛瑙螺 / 非洲大蜗牛　　学名：*Lissachatina fulica*
英文名：Giant African Land Snail　　分类：柄眼目玛瑙螺科滑胚玛瑙螺属

马氏褶勇螺既不像蛞蝓也不像蜗牛

软体动物门是所有动物中除节肢动物门外最大的类群，近 10 万余种。而软体动物门下的腹足纲又是软体动物门中最大的纲，现生种有 6.5 万～ 8 万种。

NBA 球队有“三巨头”，腹足纲里也有代表陆生螺类三种形态的“三巨头”——蜗牛、蛞蝓和半蛞蝓，总数有 2.5 万种左右。

蜗牛长有完整的碳酸钙质外壳，虽说具备保护功能，然而外壳不仅需要靠补充钙质来维护，且在穿行某些狭窄地带时甚为不便，终于，外壳在某些蜗牛类群中开始退化，最终消失，演化成了今天的蛞蝓（俗称“黏黏虫”或“鼻涕虫”）。在这个演变过程中，某些外壳结构变得更为简单的蜗牛，逐渐成为蜗牛和蛞蝓之间的过渡形态——半蛞蝓。

马氏褶勇螺就是半蛞蝓中的一种。它原产于柬埔寨，长着一片退化为半透明黄色薄片状的壳，壳长约 1.5 厘米，宽约 1 厘米，尾部有一处明显突起。它们会取食山葵、木瓜等作物。

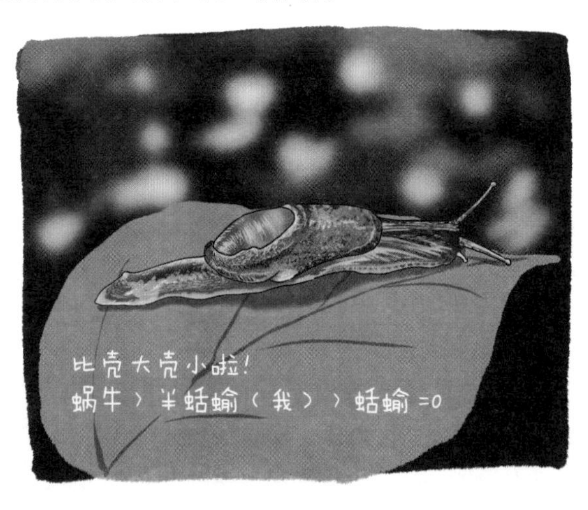

中文名：马氏褶勇螺 / 马氏鳖甲蜗牛

英文名：Yellow-shelled Semi-slug

学名：*Parmarion martensi*

分类：柄眼目拟阿勇蛞蝓科褶勇螺属

大理石芋螺会用剧毒杀死其他螺类

17 世纪时的著名巴洛克派荷兰画家伦勃朗·哈尔曼松·凡·莱因（Rembrandt Harmenszoon van Rijn，1606—1669）曾创作了一幅名为《鸡心螺》的素描作品，现收藏于荷兰国立博物馆。

从画中螺那标准如黑白棋盘一般的纹路，我们可以准确判断出它是一只大理石芋螺——所谓“鸡心螺”是对芋螺属物种的俗称，而大理石芋螺则是全世界第一种被正式描述的芋螺，因此它也是芋螺属的模式种。

芋螺由于外壳呈长圆锥形，类似芋头而得名。主要有食鱼、食螺和食虫三大类，大理石芋螺是第二类。捕食其他螺时，它们先用细长的吻管翻转猎物，再从吻管中飞速“弹射”出特化成鱼叉状的齿舌，随之向其体内注入名为“芋螺毒素”的毒液，待其麻痹而死后食用。目前，尚没有针对芋螺毒素的特效抗毒血清，若被刺中只能依靠心肺复苏和呼吸机救命。

切记：万勿随手捡拾不认识的漂亮生物！美丽的背后，或许是剧毒。

中文名：大理石芋螺　　学名：*Conus marmoreus*

英文名：Marbled Cone　　分类：新腹足目芋螺科芋螺属

翡翠贻贝没有手却能牢牢地抱住礁石

翡翠贻贝又称“孔雀蛤”，是常见海鲜，在广东俗名为“淡菜”，港澳地区称为“青口”，台湾地区叫它“绿壳菜蛤”。其学名种加词 Viridis 意为“绿色的”，极其恰当地描述了这种贻贝的色泽：外壳边缘呈绿色，越向壳顶颜色和光泽越深，壳顶部呈褐绿色或褐色。

翡翠贻贝的“大半生”都大片聚集并黏附在潮间带及浅海的海岸和礁石上，靠过滤流经自身的海水来获取食物，无论遭遇怎样的大风大浪都不会“失足”，可谓“风吹雨打万千重，我自岿然不动”。它们是如何做到的呢？

想必大家吃贻贝的时候，都会在它们身上见到一团黑色的“乱麻”，这种结构被称为“足丝”，是由其足部的足丝腺分泌的足丝蛋白形成的。足丝蛋白接触海水后会硬化，变得牢固而坚韧，可以附着在几乎一切硬质物体表面，即使想用刀割开都极费力气。这种原理对人工胶黏剂的研发，具有重大的仿生学意义。

中文名：翡翠贻贝 / 青口贝 / 孔雀蛤　　学名：*Perna viridis*

英文名：Asian Green Mussel　　分类：贻贝目贻贝科绿贻贝属

欧洲牡蛎是欧洲人民追捧的无上美食

文学巨匠大仲马（1802—1870）在《大仲马美食词典》（*Le Grand Dictionnaire de Cuisine*）中记载道："牡蛎的吃法……简单之至。剥开壳，掏出来，浇几滴柠檬汁，一口吞掉……最讲究的美食者会用醋、胡椒粉、葱花兑成调味汁，蘸一蘸再吞。还有的人——我以为这才算得上是真正的牡蛎爱好者——什么都不蘸，就这么一口生吞下去。"而短篇小说之王莫泊桑（1850—1893）则在《我的叔叔于勒》中描写道："一方精致的手帕托着蛎壳……然后嘴很快地微微一动，就把汁水喝了进去，蛎壳就扔在海里。"

以上描写的牡蛎，极大概率是黑海、地中海和法国的传统食用种——欧洲牡蛎，其种加词 Edulis 为"可食用"之意。希腊人在公元前 4 世纪便开始人工养殖牡蛎，古罗马贵族们无蛎不欢，法国人民更将它同鱼子酱、黑松露菌合称"世界三大美食"。

牡蛎虽然营养丰富，但仍应尽量避免生吃而应彻底熟食，身体虚弱者和老年人尤应如此。

中文名：欧洲牡蛎　　学名：*Ostrea edulis*

英文名：European Flat Oyster　　分类：牡蛎目牡蛎科牡蛎属

蜣螂才是屎壳螂的大名

“蜣（qiāng）螂”一词听起来令人颇感陌生，但一提它们的俗称“屎壳螂”大家就豁然开朗了——这可不就是小时候了解过的那种推着粪球跑的黑乎乎的小甲壳虫吗？

蜣螂属于昆虫纲第一大家族——鞘翅目中的金龟科，分布于北非、南欧、中亚甚至中国北方等地的圣蜣螂则是其中大名鼎鼎的一种。

圣蜣螂在阳光下飞行时，一旦嗅到宝贵的“粪源”，便循味而来，用头部唇基边缘的 6 个齿状突起和胫节上带有 4 个锯齿的前足将粪便先扒再刨到自己身下，再用中足和后足搓成粪球，翘起屁股反向推走。最后，雌性在粪球中产下 1 粒卵并将其掩埋，孵化后的蜣螂宝宝就可以边吃边成长了。

古埃及人认为，圣蜣螂推动粪球的行为就像太阳神每天将太阳推过天穹，因而将甲虫视为圣物，并由此设计了诸多形象与符号。蜣螂，堪称高居人类文化圣殿的甲虫了。

中文名：蜣螂　　学名：*Scarabaeus sacer*

英文名：Sacred Scarab, Dung Beetle　　分类：鞘翅目金龟科蜣螂属

虹鳟并不是什么“淡水三文鱼”

虹鳟俗称“虹鳟鱼”，因体表两侧各有一条直贯尾基部的亮丽紫红色彩虹状条纹而得名。它是大型广盐性冷水鱼，体长从 50 到 80 厘米不等，大者可达 1 米，它既能适应淡水环境，也能适应半盐水和海水环境。生存水温为 0 ～ 30℃，但在 12 ～ 18℃最为适宜。

虹鳟原产地为北美太平洋沿岸落基山脉以西的水域。1874 年，它在史上首次被迁至美国东海岸饲养，此后逐渐被全世界引进。1959 年，周恩来总理访问朝鲜，时任朝鲜最高领导人的金日成将虹鳟作为礼物赠送给周总理，之后又于 1964 年追赠了种鱼 24 尾。这便是虹鳟进入中国的开端。

虹鳟肉多刺少，口感鲜美，煎烤炖烧无一不可。但由于它是淡水鱼，体内长有寄生虫的概率远高于海鱼，故不建议生食。至于某些无良商家将其与海水养殖的大西洋鲑恶意混淆并炒作为“淡水三文鱼”，则更是偷换概念的下作之举了。

中文名：虹鳟
英文名：Rainbow Trout
学名：*Oncorhynchus mykiss*
分类：鲑形目鲑科马哈鱼属

大马哈鱼终身只生育一次

大马哈鱼是鲑科马哈鱼属下的肉食性鱼类，广泛分布于北太平洋沿岸中高纬度地区的亚寒带和温带水域。

大马哈鱼的属名 Oncorhynchus，是由希腊语 onkos（钩子）和 rynchos（鼻子）二词组成的，指这类鱼的上下颚在性成熟时会弯曲变形，形似鸟喙。

1934 年，民族学家凌纯声（1901—1978）在《松花江下游的赫哲族》一书中记载，赫哲语中称“鲑鱼”为 dau imaha——其中，imaha 是“鱼”的意思，意为“dau 鱼”。汉语把 dau 音译为“大”，imaha 音译为“马哈”，故有“大马哈鱼”一词。

多数大马哈鱼为溯河产卵的洄游性鱼类。它们在海洋中生长，发育成熟后在繁殖期逆流而上数千千米，回到出生地的淡水河流中交配产卵。它们终身只繁殖一次，在“传宗接代”后便安然离世，且最终也只有约 4% 的幼鱼能够“长大成鱼”。

大马哈鱼肉质鲜美，是人类、水獭和棕熊都爱食用的可口鱼类。

“鱼生”实属不易，“传宗接代”第一。

中文名：大马哈鱼　　学名：*Oncorhynchus keta*

英文名：Chum Salmon　　分类：鲑形目鲑科马哈鱼属

柴山多杯珊瑚能在浑浊多沙的海域生存

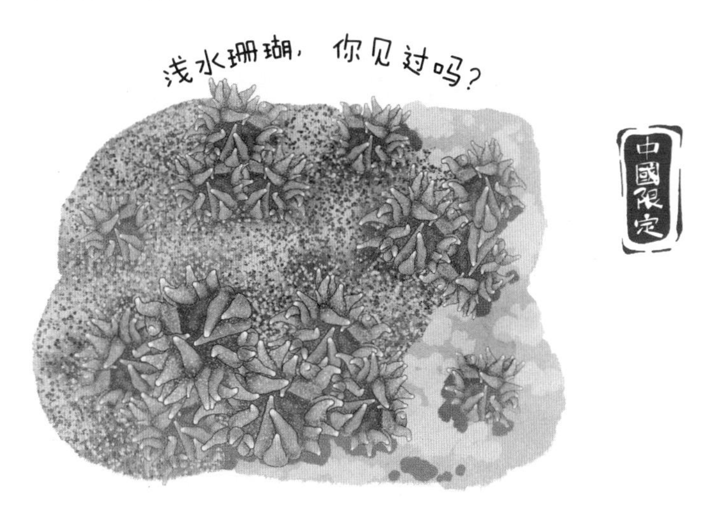

我国台湾地区特有的小型石珊瑚——柴山多杯珊瑚最早于 1990 年在高雄柴山西子湾被发现，因而得名。后由陈昭伦博士等于 2012 年正式在《动物学研究》上发表认定为全新物种，并在 2016 年被列为中国台湾濒危一级保育类物种。

多杯珊瑚属的珊瑚通常生存于水深 12 ～ 400 米的海域，然而像这样生存于水深不足 3 米的极浅海域的多杯珊瑚，全世界仅 2 种，另一种为厄瓜多尔加拉帕戈斯群岛特有的伊莎贝拉多杯珊瑚。

多数珊瑚需要依靠体内的共生藻完成光合作用，故通常生存于浑浊度较低的海域。而柴山多杯珊瑚却非常适应浑浊多沙、海流较强的潮间带区域，且部分种群还拥有共生藻，显见是一种生态位极其特殊的石珊瑚。

目前，全台湾最稳定的柴山多杯珊瑚种群位于桃园县观音乡与新屋乡沿岸的观新藻礁地带，但因工业开发而面临绝境。

中文名：柴山多杯珊瑚
英文名：Chaishan Coral（意译，无通用名）
学名：*Polycyathus chaishanensis*
分类：石珊瑚目葵珊瑚科多杯珊瑚属

台湾刺鼠的学名来自民族英雄郑成功

1662 年 2 月，时任荷兰东印度公司台湾长官的揆一（Frederick Coyett，1615—1687）向中国名将郑成功（1624—1662）正式投降并撤出台湾。至此，被荷兰殖民 38 年的宝岛台湾终于回到了祖国的怀抱。

郑成功曾被南明绍宗隆武皇帝赐姓朱，操闽南语的台湾同胞尊称他为“国姓爷”，发音类似 koku sen-ya 或 kok-sèng-iâ，而这个词儿又被荷兰人转写成了 konxinga 或 coxinga。

1864 年，时任英国驻台湾领事的博物学家郇（xún）和（Robert Swinhoe，1836—1877）正式以“国姓爷”一词命名了一只台湾岛内特有的小老鼠：台湾刺鼠。

台湾刺鼠是夜行动物，最大特征是体背有细针似的刚毛，体背与头部毛色为灰褐色，腹部为白色，背腹部毛色有明显分界，因而台湾同胞又称它为“白腹仔”。它主要栖息于台湾岛内海拔 400 ～ 2500 米的中低海拔山区森林中，是豹猫（台湾地区称石虎）经常捕食的一道“大餐”。

中文名：台湾刺鼠
学名：*Niviventer coninga*
英文名：Coxing's White-bellied Rat
分类：啮齿目鼠科白腹鼠属

爱偷懒的珠颈翎鹑会把蛋下在“闺密”的窝里

加利福尼亚州又称加州、金州（Golden State），昵称 Cali，总面积约 42 万平方千米，仅次于阿拉斯加州和得克萨斯州，为美国面积第三大的州，也是人口最多的州，有 3900 多万人。

根据加州鸟类记录委员会（California Bird Records Committee, CBRC）的记录，加利福尼亚州境内约生存有 710 种鸟类。其中有一种名叫珠颈翎鹑（chún）的鸟类，于 1931 年正式当选为加利福尼亚州州鸟。

珠颈翎鹑体长 24 ～ 28 厘米，前胸灰蓝色，腹部生有灰褐色鱼鳞状斑纹。头顶有一簇由数根位置重叠的羽毛组成的冠毛，看起来既像一滴泪珠，又像一个句号。

每年 5—6 月是雌鹑的产卵时间。它们的窝并不考究，通常在贴近地面的植物丛中扒拉出一个浅坑，再用一些树枝简单地拉起“围挡”了事。有些过于偷懒的“准妈妈”甚至连巢也不筑，干脆把蛋下在“闺密”的巢里，自己直接“走人”。

中文名：珠颈翎鹑
英文名：California Quail
学名：*Callipepla californica*
分类：鸡形目齿鹑科翎鹑属

中国是金鱼的起源地

金鱼的祖先是野生鲫鱼。金鲫，即红化变异的鲫鱼，是金鱼最初的称呼，后经人工选育逐渐形成金鱼品系。

西晋年间，江西庐山西林寺外，一口名曰“秀斗”的人工池塘中养着稀有的赤鳞鱼。当时的典籍中记载：“朱鲋［fù，鲫鱼之意］，庐山西林秀斗池中，世间罕有……”这当是中国历史上对于金鱼的最早记载。

唐时，诸多前来中国“公费留学”的日本遣唐使也目睹了中国饲养金鱼的状况。“唐宋八大家”之一的韩愈也曾作《盆池》五首，描述了自己的养鱼情趣。

南宋文学家、岳飞之孙岳珂（1183—1243）在《桯（tīng）史》中记载道：“豢鱼者能变鱼以金色。鲫为上，鲤次之。”可见人工培育金鱼技术在宋朝已相当成熟。

明朝张谦德所著《朱砂鱼谱》为我国首部论述金鱼生态和饲养方法的专著，清代拙园老人的《虫鱼雅集》则是古法养鱼的佳作。

杭州动物园曾是我国饲养金鱼最为成功的公立动物园，至今，它的园徽上仍有一条金鱼的形象。

中文名：金鱼　　学名：*Carassius auratus*

英文名：Goldfish　　分类：鲤形目鲤科鲫属

钓鱼岛鼹鼠目前全世界仅存一个标本

中国固有领土钓鱼岛是中国台湾的附属岛屿，位于中国东海海床边缘，东海大陆架边缘，冲绳海槽以北，台湾东北外海，距离台湾彭佳屿约 140 千米，距日本石垣岛约 175 千米。

钓鱼岛及其附属岛屿由钓鱼岛（主岛）、黄尾屿、赤尾屿、北小岛、南小岛、北屿、南屿、飞屿 8 座主要的岛礁及其部分附属岛屿共 71 个岛屿组成，总面积约 5.69 平方千米。岛上有淡水河、溪流及瀑布，具备一定的淡水资源。

钓鱼岛及其周边海域的生物种类繁多，但哺乳动物相对较少，其中最知名的就是钓鱼岛鼹鼠。目前全世界仅有一个 1979 年 6 月采集于钓鱼岛西部的标本，1991 年定为新种，现保存于日本九州大学农学院。2001 年，通过进一步研究发现，钓鱼岛鼹鼠与广泛分布于我国华南地区和台湾岛内的小缺齿鼹的亲缘关系最为接近。但钓鱼岛鼹鼠只有 38 颗牙齿，而缺齿鼹属下的其余种类则为 42 颗。

当然是中国的鼹鼠！

中文名：钓鱼岛鼹鼠　　学名：*Mogera uchidai*

英文名：Senkaku Mole　　分类：真盲缺目鼹科缺齿鼹属

水鼷鹿既会游泳又会开荤

鼷（xī）鹿科动物是小型偶蹄目动物，可以视为最原始的反刍动物。下分鼷鹿属、斑鼷鹿属和水鼷鹿属三个属：其中水鼷鹿属仅有1种，产于从塞拉利昂到乌干达西部的非洲热带地区。

水鼷鹿雌雄均无角，但雄鹿的上犬齿露出口外。它平均体长60～102厘米，肩高30～40厘米，体毛红褐色，从肩部到臀部长有数排形状独特的白色横斑。水鼷鹿的体形像个楔子，便于它在茂密潮湿的热带丛林的底层植被和灌木丛中穿行。水鼷鹿很少在远离水源地的地方活动——遭遇食肉动物攻击时，跳入水中，关闭鼻孔，憋气猛游是它们的求生秘诀。

水鼷鹿主要以林间的落果、树叶、花朵和真菌为食，在热带雨林中生态位近似于美洲的刺豚鼠。但有趣的是，它们在个别情况下甚至还会食用昆虫、螃蟹、腐肉和死鱼，是鼷鹿科中唯一“吃荤”的成员。

中文名：水鼷鹿
学名：*Hyemoschus aquaticus*
英文名：Water Chevrotain
分类：偶蹄目鼷鹿科水鼷鹿属

琵琶湖鲶是琵琶湖中的食物链之王

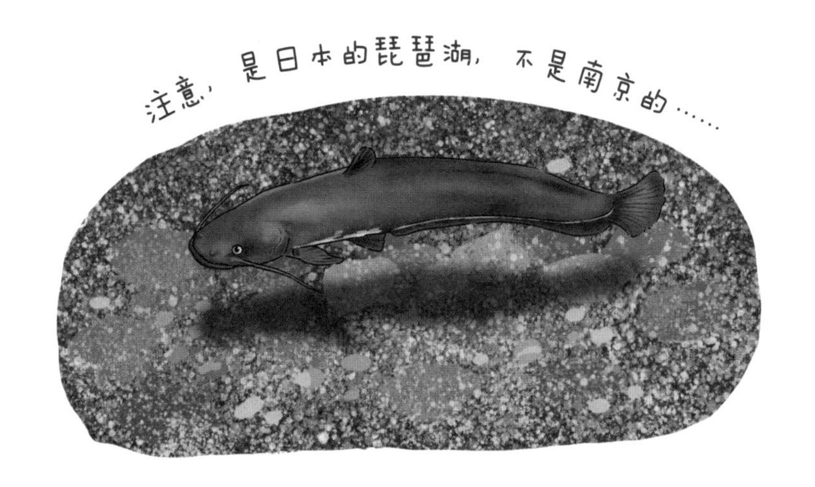

面积约670平方千米，湖岸长度约240千米的琵琶湖位于日本滋贺县，几乎占据了滋贺县六分之一的面积，为日本最大的湖泊。它是日本重要的淡水湖泊，为周边的大阪和京都两座城市的近1400万人口提供饮用水。1971年，琵琶湖全湖被划为野生生物保护区，1993年被列入国际重要湿地名录。

琵琶湖中的特有鱼种——琵琶湖鲶，是湖中最大最凶猛的鱼类之一。它是昼伏夜出的底栖鱼类，全身紫黑带暗纹，宽扁巨大的嘴边长有四根触须，目前可查证的最大一尾体长1.18米，体重17.2千克。作为琵琶湖头号“吃货”，湖中的各种中小型鱼类、水栖昆虫等都是它的盘中之餐，连大口黑鲈这样的入侵鱼种，它也照吃不误。

在日本民间传说中，地下长年睡着一条巨大的鲶鱼，每当它扭动身体的时候，就会造成严重地震，给地面上的人们带来灭顶之灾。

中文名：琵琶湖鲶 / 琵琶湖大鲶　　学名：*Silurus biwaensis*

英文名：Giant Lake Biwa Catfish　　分类：鲶形目鲶科鲶属

丛塚雉的孵卵方法可能是鸟类中最折腾的

丛塚雉是澳大利亚特有鸟类，从昆士兰州约克角半岛到新南威尔士州南海岸都有分布。它羽毛黑亮，脖颈殷红，肉垂鲜黄，与产于北美的火鸡有些相似，故而英语中又称其为“澳洲丛林火鸡”。

每年的9—12月（南半球的夏季），雄雉会将雨林和灌木丛中的落叶、草叶、树皮、根茎和泥土扒到一起，打好地基，逐层加高，堆起一个高约1.5米、直径近4米的巨大土堆作为巢穴，吸引雌雉前来交配。

巢穴的穴底是用湿润的树枝、树叶铺砌的一层堆肥床，枝叶腐烂后，雄雉再用一层半米多厚的沙子封住水分和分解出的热量。土堆的中心是与树叶和沙子隔离开的卵穴。

雌雉在卵穴中产卵后，雄雉会通过使用鸟喙和舌头判定巢穴内的温度来决定何时打开土堆移除沙子散热，何时再搬回沙子关闭土堆保暖。夙兴夜寐，周而复始，始终将巢穴内部的温度控制在33～36℃，直到雏鸟在大约50天后孵化破卵、钻出土堆为止。

中文名：丛塚雉 / 大塚雉　　学名：*Alectura latham*

英文名：Australian Brushturkey / Gweela　　分类：鸡形目冢雉科丛塚雉属

印尼猫屎咖啡豆是椰子狸拉出来的

被称为 Kopi Luwak 的“印尼猫屎咖啡”是由印尼语的“咖啡”（kopi）和“麝香猫”（luwak）二字组合而成的，但这“麝香猫”并非科学的称呼：其正式大名是椰子狸，属灵猫科动物，和猫科动物全不相干。

椰子狸体形类似于果子狸但略小，身长 40 ～ 70 厘米，尾长 33 ～ 66 厘米，体表长有斑点，整体毛色为灰黑色至浅棕黄色，眼睛上方沿耳朵根到脖子有一条灰白色宽纵纹。

在中国，椰子狸见于云南南部、广西与西藏东南部以及海南，在国外广泛产于南亚与东南亚，主要栖息于热带与亚热带丛林中，夜间及晨昏活动，爱在树上活动。

椰子狸的主食其实是各类植物果实，有时也会捕食小型脊椎动物和家禽。椰子狸将咖啡豆吃进胃里，发酵过后部分未被消化的，又“原封不动”排出体外，据说此咖啡豆冲泡出的“猫屎咖啡”味道诱人，堪称极品，但这也导致了人类对野生椰子狸的大肆捕捉，从而令这一物种面临巨大威胁。

中文名：椰子狸 / 椰子猫
学名：*Paradoxurus hermaphroditus*
英文名：Asian Palm Civet / Toddy Cat
分类：食肉目灵猫科椰子狸属

条纹臭鼬是北美洲最臭的动物

“臭不可闻”之兽，全世界不少。在中国，“臭名远扬”的当数俗称“黄鼠狼”的黄鼬，而在美国和加拿大，“臭名昭著”者，首选条纹臭鼬了。

产于北美洲的条纹臭鼬是臭鼬科下多个物种中分布最广、最为知名的一种，加拿大南部、美国本土全境、墨西哥北部都有分布。条纹臭鼬体大如猫，体色黑白，辨识度极高，想认错都难。它是杂食动物，在温暖的春夏二季主要食用各类昆虫，而在寒冷的秋冬季节则进食鸟蛋、田鼠、原螯虾等，偶尔也吃浆果和玉米。

条纹臭鼬有一对“大号”的肛门腺，被惊扰时，它先竖起蓬松的大尾巴，并用前爪跺地，警告对手。如果对方仍不离开，它便调转身体，从肛门腺中喷出黄色的恶臭液体，“射程”可达6米之遥，能导致对方剧痛、恶心甚至暂时性失明，数日之内都无法恢复。

中文名：条纹臭鼬
英文名：Striped Skunk
学名：*Mephitis mephitis*
分类：食肉目鼬科臭鼬属

冠海豹能用鼻子“吹气球”

冠海豹是一种产于北大西洋中部和西部的海豹，分布范围东起挪威斯瓦尔巴群岛，西至加拿大圣劳伦斯湾。有时也会迁徙前往西欧外海和美国东北海域。

冠海豹因雄性个体头顶的“冠”而得名：当雄冠海豹长到4岁左右时，面部会生出一个皮囊，从额头延伸到鼻子，垂挂在上唇上方。而当雄冠海豹面对威胁、争夺地盘和食物或在求偶季节需要吸引雌性时，它们会将鼻腔内膜吹出鼻孔，形成一个肉红色的“鼻囊”，充气后迅速膨胀成“大气球”，甚至有足球大小。猛力摇动下颜色随之由浅变深：或勇猛警告，或狂热求爱。

雄冠海豹是“充气老爸”，雌冠海豹则是“油腻老妈”：它的乳汁脂肪含量可高达60%～70%。吃了这种“高浓全脂奶”，小冠海豹在1～2周内就能体重翻倍，随后便直接断奶，独立生活。这让它们成为哺乳期最短的兽类。

中文名：冠海豹　　学名：*Cystophora cristata*

英文名：Hooded Seal　　分类：食肉目海豹科冠海豹属

伞蜥的脖子上自带一把伞但不是为了防雨

好莱坞科幻大片《侏罗纪公园》(*Jurassic Park*)中，偷窃恐龙胚胎的电脑工程师丹尼斯·内德里在深夜暴雨中遭遇了一条名为双脊龙的恐龙，结果先被它的毒液喷瞎了眼，再被它直接开膛破肚——死得那叫一个惨。

影片主创团队表示：双脊龙喷毒的情节虽属虚构，但它击杀丹尼斯·内德里之前在脖子周围 支棱起一把“大伞”的设计灵感，却确实来自一种真实的蜥蜴——产于澳洲北部和巴布亚新几内亚南部的伞蜥。

伞蜥是体长可超过 1 米的大中型蜥蜴，其属名 Chlamydosaurus 是希腊语中“斗篷”和“蜥蜴”两个单词的缩写，这也恰如其分地描述了它最大的特点：受惊时，伞蜥会“撑”起颈部的一层伞状薄膜，并张开大口发出嗞嗞声，试图吓走敌人。

2000 年澳大利亚悉尼第 11 届夏季残奥会吉祥物就是一条名叫 Lizzie 的伞蜥——设计师将它“打开”的“伞”巧妙地画成了澳大利亚地图的形状。

中文名：伞蜥

英文名：Frilled Lizard

学名：*Chlamydosaurus kingii*

分类：有鳞目飞蜥科伞蜥属

绿双冠蜥是身法轻捷的真正“水上漂”

欧洲神话中，鸡头蛇身的“万蛇之王”巴西利斯克（Basilisk）是一种法力无边的剧毒魔怪，所到之处寸草不生，与它对视者会变成石头——于是，产于中美洲和南美洲的双冠蜥属下的四个成员，便由于头顶长有形态各异的骨质饰冠而被冠以“巴西利斯克”之名。

绿双冠蜥是体形最大且唯一长有两个头冠的双冠蜥，眼珠鲜黄，身体翠绿，体长可达90厘米。它们后脚的第三、四、五枚脚趾极其细长，底面长有栉缘（某些蜥蜴指、趾侧缘的鳞片特化形成的锯齿状角栉）。当它们以高达10千米的时速在水面上飞奔时，这些栉缘会在水中击打出一个个“气穴”。正是这些“气穴”在水面产生的压力差，不仅将绿双冠蜥向上托举，还能令其双脚更易从水中抬离。

《圣经》中曾描述了耶稣在水面行走的神迹，因此当地人有时也将双冠蜥称为“耶稣基督蜥蜴”。

中文名：绿双冠蜥　　学名：*Basiliscus plumifrons*
英文名：Plumed Basilisk　　分类：有鳞目海帆蜥科双冠蜥属

华丽琴鸟几乎能模拟一切它能听见的声音

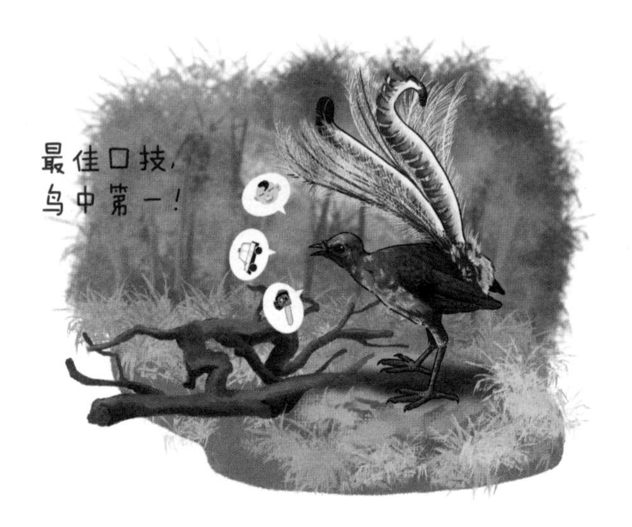

华丽琴鸟是澳洲特有鸟类，分布于澳大利亚维多利亚州南部、新南威尔士州东南部和塔斯马尼亚州南部的热带雨林中，主要食用落叶层中的昆虫、蜘蛛和蠕虫等，偶尔也吃植物种子。

华丽琴鸟上半身深褐色，下半身浅褐色，体长约 50 厘米，仅重 1 千克左右，却有一条长近 60 厘米的华丽尾巴，展开时犹如古希腊的七弦琴，故而得名。它的飞行能力一般，但脚爪结实有力，善于奔跑。

华丽琴鸟是优秀的“口技演员”，几乎能模仿它听到的一切声音：从其他鸟类的鸣叫声，到汽车警报声，再到伐木电锯声，甚至是玩具激光枪和照相机快门的声音，它都能学得活灵活现，几乎能以假乱真，从鸟到人都曾被它“忽悠”过。

雄性华丽琴鸟在林间空地求偶时，将上方为褐色、下方为银色的尾巴直翻过头，旋转、跳跃、鸣唱，直到打动“梦中情鸟”为止。

中文名：华丽琴鸟
英文名：Superb Lyrebird
学名：*Menura novaehollandiae*
分类：雀形目琴鸟科琴鸟属

棉蝗是蝗虫中的头号“巨无霸”

云南有句俗话“蚂蚱能当下酒菜”，其实这里说的“蚂蚱”只是民间口语，并非科学名称，真正与这个词对应的是昆虫纲直翅目第一大家族——蝗总科下各类昆虫的统称，也就是另一个俗语：蝗虫。

棉蝗，身体呈青绿色，因而又叫大青蝗。作为蝗虫家族当之无愧的“巨灵神”，它比人的大拇指还要粗壮，体长几近 9 厘米，一对大而明亮的复眼视力甚佳，两条后足强健发达，发力跳跃时的后坐力似乎能把山都蹬倒，难怪北方老百姓会戏称它为“蹬倒山”。

不仅粗壮有力，棉蝗后腿的胫节背面还布满了一排短而尖锐的利刺，若是贸然伸手去抓，很有可能被蹬得皮破血流。

唐朝贞观二年（628），关中地区遭遇蝗灾。唐太宗李世民（599—649）一怒之下，当着众官员的面抓起几只蝗虫“吞之”。棉蝗那么大又带刺儿，想来皇帝老儿吞的应该不是它们吧。

中文名：棉蝗
英文名：Citrus Locust
学名：*Chondracris rosea*
分类：直翅目斑腿蝗科棉蝗属

蜡白地狱溪蟹是真正意义上的盲蟹

2016年5月，我国大陆学者黄超等人在位于贵州省黔西南布依族苗族自治州的安龙县发现了一种分布于石灰岩溶洞内的地下水中的淡水蟹。次年2月，经与中国台湾学者施习德、新加坡学者黄麒麟共同研究后，正式被发表为全新物种，被定名为蜡白地狱溪蟹。

蜡白地狱溪蟹产自贵州和广西交界处深200余米的安龙天坑，其栖息的地下溪流距离天坑底部的流石约有30米的高度。它体形娇小，背甲宽度为3厘米左右，步足细长，便于攀爬岩壁，蟹螯上有一个臼齿状突起，用以夹碎它们喜爱的食物——淡水螺类。

因长期生活在暗无天日的地下溶洞中，蜡白地狱溪蟹的眼柄高度退化，完全失去视力，是真正意义上的盲蟹。身体也如同诸多洞穴动物一样，体表光滑，缺乏色素，呈蜡白色。它是整个东亚地区首种被发现的完全洞穴型淡水蟹类，在淡水生物多样性演化上具有重大意义。

中文名：蜡白地狱溪蟹
英文名：Waxy-white Blind Cave Potamid Crab（意译，无通用名）
学名：*Diyutamon cereum*
分类：十足目溪蟹科地狱溪蟹属

纳氏臀点脂鲤完全依靠团队作战才有力量

近年来，各种自媒体平台上常常出现“标题党”式的类似“某地惊现凶猛食人鱼”之类的文章。可点开后却发现，这所谓的“食人鱼”怎么并未造成任何人员伤亡？

再翻开资料仔细一查：得，其实说的是来自南美的短盖肥脂鲤，又称“淡水白鲳”，虽然个别情况下它们也会吃肉，但它们的牙齿既平且钝，平时基本以吃素为主。其实，真正的“食人鱼”是另一种南美鱼类，大名纳氏臀点脂鲤。和前者相比，它们上下颌上长满了尖锐的利齿，腹部呈明亮的血红色，平时“拉大群”生活，若有动物受伤落水，俗称“水虎鱼”的它们便寻味而来，一拥而上，轮番攻击，最终把倒霉的猎物咬得皮开肉绽，因失血过多而死。

“食人鱼”太过夸张，
“水虎鱼”形容恰当……

但，纳氏臀点脂鲤是典型的“鱼多力量大”式的“团队选手”，一旦数量处于劣势，南美水域中的凯门鳄、巨獭、巨骨舌鱼、亚马孙河豚，甚至是当地渔民，都能将其轻松“搞定”。

中文名：纳氏臀点脂鲤 / 红腹水虎鱼　　学名：*Pygocentrus nattereri*
英文名：Red-bellied Piranha　　分类：脂鲤目脂鲤科臀点脂鲤属

密刺角鮟鱇两口子有着“最萌身高差”

从浅海到深海，全球海洋中生存着 300 多种各式各样的鮟鱇目鱼类。它们在英语中统称为 anglerfish，意即“钓鱼的鱼”。这个拗口的名字得自这类鱼的共同特点：第一背鳍由数根棘组成，其中第一根棘特化成一根叫作“吻触手”的“钓鱼竿”，其中生有上百万的发光细菌，能够发出亮光，吸引趋光性动物靠近，再瞅准机会将其一口吞入嘴里。

生活在几千米深海中的密刺角鮟鱇，雌鱼体长 75 ～ 120 厘米，而雄鱼往往不超过 15 厘米长——这样的“最萌身高差”如何生儿育女？

原来，雄鱼孵化后，靠灵敏的嗅觉在海中找到雌鱼，咬住对方，释放出令皮肤纤维化的酶并与雌鱼的血管慢慢融合，之后它不吃不喝，全身萎缩，最终彻底变成了雌性的“外挂”，只剩一对用于使卵受精的生殖腺。难怪当年科学家曾误以为一条雌鮟鱇身上长着 8 条寄生虫，其实那是 8 条与之“相伴终生”的雄鮟鱇遗存。

中文名：密刺角鮟鱇 / 霍氏角鮟鱇
学名：*Ceratias holboelli*
英文名：Krøyer's Deep Sea Anglerfish
分类：鮟鱇目角鮟鱇科角鮟鱇属

树鼩的身份至今仍需探讨

树鼩（qú）是一类外形近似松鼠的小型哺乳动物，但吻部比松鼠要长，尾巴没有松鼠那样蓬松而毛发浓密，更不像松鼠一样主要以松果为食，而是一种荤素不忌的杂食动物。福克斯动画大片《冰河世纪》（*Ice Age*）中的角色“鼠奎特”就是以树鼩为原型塑造而成的。

我到底和谁是亲戚，还不好说……

树鼩属下共有10余种，全都生活在亚洲热带和亚热带地区的森林中，而北树鼩则是中国境内唯一分布的树鼩，见于四川、云南、藏南、广西、贵州和海南岛。国外则从喜马拉雅山麓至中南半岛都有分布。树鼩适应性很强，从接近海平面的低海拔地区到海拔3000余米的高原均能生存，幼崽出生48小时后即可独自活动。

树鼩曾被归入刺猬所在的劳亚食虫目，但近年来的科学研究表明，它竟有一些灵长类动物的特征，甚至与人类拥有更多的同源基因。故当今学界主张将其归入单独的树鼩目，认为其是灵长类演化早期的一个分支。

中文名：北树鼩 / 中缅树鼩　　学名：*Tupaia belangeri*

英文名：Northern Tree Shrew　　分类：树鼩目树鼩科树鼩属

北京雨燕每年在北京和非洲之间来回飞翔

常在北京古建筑中栖息的北京雨燕是全世界唯一以“北京”命名的鸟类亚种，“老北京”们亲切地称之为“楼燕儿”。不仅如此，它们还是2008年北京奥运会吉祥物“福娃”之一“妮妮”的原型，真是鸟小名头大啊！

北京雨燕娇小玲珑，体长仅17～18厘米，体重不过40克左右，但它们每年的迁徙路线却令人惊叹：7月中旬，它们飞离北京，越过蒙古，经新疆进入中亚，8月中旬飞越红海，9月初抵达非洲中部，逗留1个月左右后南下，最终于11月初到达越冬地——南非高原。约3个月后，它们于次年2月中旬离开南非，日夜兼程，在4月下旬回到北京。这趟旅程，全程长达3.5万千米，共飞经亚非两洲的20余个国家。

不光飞得高、飞得快、飞得远，北京雨燕还能一边飞一边抓虫吃，甚至连“婚恋”和睡觉都在空中完成，实属飞行界中的“全能高手”了。

中文名：北京雨燕 / 楼燕　　学名：*Apus apus pekinensis*

英文名：Beijing Swift　　分类：雨燕目雨燕科雨燕属

布氏鲸是中国北部湾分布最稳定的鲸

大哲学家庄子（约公元前 369—公元前 286）在《逍遥游》中写道："北冥有鱼，其名为鲲，鲲之大，不知其几千里也。"如今，科学告诉我们，身长"几千里"的鱼虽不存在，但世界各大海洋中确实生活着体形最大的哺乳动物——鲸。而在全球 90 余种鲸豚类中，在我国沿海分布最稳定、出没最频繁的一种须鲸，就是布氏鲸。

布氏鲸是为了纪念在南非获得第一个布氏鲸模式标本的挪威捕鲸家、商人约翰·布鲁德（Johan Bryde，1858—1925）而命名。在鲸家族中，它们不算大块头，体长约 12 米，体重为 15 ～ 40 吨，头顶的三条嵴突是其区别于其他须鲸的重要特征。

身为须鲸，布氏鲸没有牙齿，捕食时会将沙丁鱼、鲭鱼、鲱鱼和鳀（tí）鱼等连鱼带水一口吞下，再通过鲸须板排出海水，留下食物。每头成年鲸每日可进食近 700 千克的食物。

得益于我国多年来对海洋生态环境保护的重视，每年 12 月至次年 4 月，我国广西北部湾涠洲岛、斜阳岛海域会稳定聚集前来觅食的布氏鲸群，目前广西科学院研究团队已识别出个体近 60 头。

中文名：布氏鲸

英文名：Bryde's Whale

学名：*Balaenoptera edeni*

分类：鲸目须鲸科须鲸属

倭河马和自己的大个子兄弟差距甚大

河马科下有两个属，一属是我们熟悉的大河马，而另一属就是鲜为人知的倭河马了。

倭河马虽然挂着“河马”二字，但它与河马的差异堪称天壤之别。

和自己的“大个子兄弟”相比，倭河马头部小而圆，肩高仅 1 米左右，体长不过 1.8 米，体重也只在 250 千克上下。它们的栖息地并不在非洲东部和南部大草原的河流湖泊里，而产于非洲西部的利比里亚、塞拉利昂、几内亚等国的热带森林中，目前估计还有 2500 头左右。

倭河马也需要在丛林中的水塘里保持身体湿润，但总体而言它们的体形更像貘而不是河马。它们也不像河马一样集大群，通常是独来独往或在繁殖期间配对生活。河马爱吃草，倭河马却更偏爱食用蕨类植物和丛林中掉落的果实，一天可以吃上 6 个小时。

中文名：倭河马　　学名：*Choeropsis liberiensis*

英文名：Pygmy Hippo　　分类：偶蹄目河马科倭河马属

非洲象象群的“女首领”是终身任命制

非洲象是当前体形最大的陆地哺乳动物，目前有非洲草原象和非洲森林象两种，通常所说的“非洲象”是指非洲草原象。

非洲象肩高 4 米左右，体重约 4 吨，分布于非洲撒哈拉沙漠以南的科特迪瓦、尼日利亚、乌干达、肯尼亚、坦桑尼亚、博茨瓦纳、津巴布韦等多个国家的稀树草原、林地和湿地等环境中。与亚洲象不同，非洲象无论雌雄，都有着明显露出口外的长牙。

非洲象是社会性极强的群居动物，一个象群的规模为 10 ～ 30 头，主要由头象、年轻雌象、雄象以及若干幼象组成。头象的主要工作是带领象群寻找水源和食物，以及维持象群的合理规模。往往由一头年龄最长且经验丰富的雌象终身担任“女族长”。

成年的雄象一般到了年龄就要离开象群，而留下来的雌象则一直担负抚养幼象以及根据雨季和旱季的交替“逐水草而居”的任务。

中文名：非洲象　　学名：*Loxodonta* spp.

英文名：African Elephant　　分类：长鼻目象科非洲象属

长颈羚是缩小版的长颈鹿

长颈羚是长颈羚属下的唯一物种，分布于非洲东部的索马里、吉布提、厄立特里亚等国家。其英文名 gerenuk 来自索马里当地语言，意思是“长颈鹿一般的脖子”。

羚如其名的长颈羚肩高不过 1.1 米，却长着一条长约 70 厘米的脖子，再配上四条细长的腿，可谓是身材修长，块头高挑，雄性还有一对犄角。

长颈羚的食性和长颈鹿类似，对地上的草没兴趣，只喜欢吃树木的嫩枝、茎叶、花蕾和藤蔓等，就连最喜欢的“菜”都和长颈鹿一样是带刺儿的金合欢树。

“开饭”的时候，只见长颈羚用后腿站起，再用前腿扒住树枝，挺起长脖子，张口就食，大快朵颐。靠这个“高难度动作”，长颈羚能够采食到离地 2 米多高的枝叶。它们几乎不饮水，所吃下的树叶可以为它们提供足够的水分。

中文名：长颈羚
英文名：Gerenuk
学名：*Litocranius walleri*
分类：偶蹄目牛科长颈羚属

猎豹是优秀的短距离冲刺选手但不能持久

猎豹的属名 Acinonyx 是希腊语“不能动的脚爪”的意思，这个词诠释了猎豹与其他猫科动物之间最大的差异：那就是为了增加飞奔时的抓地力，猎豹的脚爪基本不能伸缩，始终暴露在外。

除了脚爪，猎豹流线型的体形，柔软而富有弹性的脊椎骨，细长的尾巴，都是保证它们全速奔跑的“最强外挂”。

在大猫家族成员里，狮靠集体捕猎，虎凭一击制胜，豹擅长伏击……而猎豹既不集群也不够强健，捕杀瞪羚之类的猎物全靠着它那在全世界陆地动物中最快的奔跑速度：猎豹启动时只需 3 秒就可以完成从 0 到 100 千米的加速，全力冲刺时可以跑出 112 千米的时速，但这个速度难以持久，如果在半分钟之内还抓不到猎物，猎豹必须放弃，否则可能会因体温过热而死。

在伊朗中北部还残存着一个当今最为濒危的猎豹亚种——亚洲猎豹。伊朗国家足球队的球衣上曾印有它的形象。

中文名：猎豹　　学名：*Acinonyx jubatus*

英文名：Cheetah　　分类：食肉目猫科猎豹属

黑猩猩是与人类最为接近的灵长类动物

黑猩猩栖息于非洲大陆炎热潮湿、地势不高的热带草原和热带丛林中，共有 3 个亚种，出产于喀麦隆、刚果（金）、坦桑尼亚、加蓬、尼日利亚等十几个国家。

黑猩猩白天在地面活动，分散成若干小群各自行事，晚上则重新整合成大群在大树附近或树干上用树枝和树叶搭成“床铺”睡觉，而且每天都要建一个全新的床铺。它们是杂食动物，既取食种子、野菜、蘑菇、水果、蜂蜜、鸟卵等，也会用树棍插入白蚁穴，等棍上爬满白蚁后再抽出吃掉，还会通过配合猎杀疣猴等体形较小的灵长类动物后全群分而食之。

雌黑猩猩在发情期臀部会变得肿胀发红，这并非外力因素导致，而是为了吸引雄性关注发出的信号，称为“性皮肿”。部分灵长类动物如狒狒也会出现此类现象。

黑猩猩与人类基因的相似度高达 98%，成年黑猩猩具有相当于 2 ～ 4 岁儿童的智力。

中文名：黑猩猩　　学名：*Pan troglodytes*
英文名：Chimpanzee　　分类：灵长目人科黑猩猩属

大猩猩不是凶猛的金刚而是吃素的大猿

大猩猩是最大的类人猿，分为西部大猩猩和东部大猩猩两种，其下分 4 个亚种，分别是西部低地大猩猩、克罗斯河大猩猩、山地大猩猩和东部低地大猩猩。其分布地区从喀麦隆 – 尼日利亚边境到刚果盆地茂密的热带雨林直至海拔 3000 ～ 4000 米的维龙加火山群，横跨刚果（金）、乌干达和卢旺达边境地区。

大猩猩体长 1.5 ～ 1.7 米，体重 80 ～ 170 千克，集 10 个以上成员的家族群生活。群内首领通常是一只年龄较长的成年雄性，以背上浅灰色的毛发为特征，因此又被称为“银背大猩猩”。进入青春期的雌性会“退群”后寻求新群加入以避免近亲繁殖。雌性大猩猩通常 4 年左右才繁殖一次。

大猩猩并不像很多科幻电影里展示的那样凶猛，相反，它们是温和的素食主义者，白天的时间大部分用于觅食，主要吃树叶、嫩芽、野菜、水果等，偶尔会捕食昆虫。和黑猩猩一样，它们也会搭窝睡觉，但由于身体比较笨重，大猩猩的“床铺”一般搭在地面上。

中文名：大猩猩　　学名：*Gorilla* spp.
英文名：Gorilla　　分类：灵长目人科大猩猩属

土豚是画风最混杂的非洲动物

翻开英语词典，出现的第一个动物名词就是一个来自荷兰语的单词 aardvark：aard 转写自 aarde，原意为“地球”，引申为“土”，vark 是猪，合称为“土猪”。

土豚是非洲特有动物，是管齿目下的唯一物种。它们大大的耳朵像兔子，长长的嘴巴像猪，爪子像穿山甲，尾巴又像袋鼠。它们的嘴里有一条又长又黏的舌头，但没有门齿和犬齿，只有两对前臼齿和三对臼齿，牙齿的横截面像是一束金针菇，还没有珐琅质……

不仅外形诡异，土豚的食谱也很“混搭”，虽然它们和食蚁兽一样以蚂蚁和白蚁为主食，一天能舔掉几万只，但在食蚁之外，它们还喜欢觅食一种俗称“土豚黄瓜”（*Cucumis humifructus*）的葫芦科黄瓜属植物。这一荤一素的菜谱也是营养均衡了。

依靠前爪上强大的四个爪趾，土豚能在几分钟内挖出一个深 10 余米的洞穴供自己居住。某个洞穴被它们废弃之后，还会成为其他许多动物的安乐窝。

中文名：土豚　　学名：*Orycteropus afer*

英文名：Aardvark　　分类：管齿目土豚科土豚属

獾㹢狓是压缩版本的长颈鹿

体大如驴的獾㹢狓（huō jiā pī）是长颈鹿科下“唯二”的两种动物之一，又被戏称为“森林长颈鹿”或“斑马长颈鹿”。也难怪，獾㹢狓是个标准的“混搭”动物：身高约 1.5 米，重 150 ～ 200 千克，雌性略高且略重，身体以深红棕色为底色，臀部和大腿处的黑白条纹类似斑马，头顶一对包着皮毛的短角又酷似长颈鹿。不过，长颈鹿雌雄都长角，而獾㹢狓只有雄性才有“鹿由器”。

獾㹢狓仅分布在非洲刚果（金）西北部茂密的热带雨林中，它们天性害羞、行踪隐秘，以嫩枝叶、果实、真菌等为食，紫色的舌头长达 25 厘米，用四脚的趾间腺分泌的黑色沥青状物质标记领地。

虽然早在公元前 5 世纪，当时的波斯第一帝国就获赠了獾㹢狓，其形象还被描绘在首都波斯波利斯的建筑立面浮雕上，但直到 1901 年，西方动物学界才了解到它的存在。它的名字 okapi 来自产地的非洲土语，学名中的 Johnstoni 则是为了纪念首位获得其颅骨的英国探险家哈里·约翰斯顿爵士（Sir Harry Johnston，1858—1927）。

中文名：獾㹢狓
英文名：Okapi
学名：*Okapia johnstoni*
分类：偶蹄目长颈鹿科獾㹢狓属

聊狐是最小最灵活的一种狐狸

聊（guō）狐的名字常被误写为“耳郭狐”，但“聊”字在中文里是“大耳”的意思，不能随意一分为二。

聊狐产于北非至西奈半岛到科威特一带的沙漠地区，西至毛里塔尼亚，东至埃及均有分布（阿拉伯半岛是否分布仍不确定）。它们是体形最小的狐狸，也是体形最小的犬科动物，体长 30 ～ 40 厘米，尾长 25 厘米左右，还长着一对约 10 厘米长的大耳朵。这双耳朵具备敏锐的听觉，能帮助聊狐搜捕地下的昆虫和逃避来犯的敌人。耳上密布的血管令血液流动时热量散发得更快，借此可在炎热的沙漠中降低体温。

聊狐娇小玲珑，行动轻捷，平时在洞穴中躲藏，脚掌上的长毛利于在沙漠中行走。跑动时聊狐一跳可达 1.2 米，原地起跳也能跳 70 厘米高。如此出色的身体素质，难怪阿尔及利亚国家足球队球衣上印着聊狐的头像，并被本国球迷昵称为“聊狐之队”（法语：les fennecs）了。

中文名：聊狐
英文名：Fennec Fox
学名：*Vulpes zelda*
分类：食肉目犬科狐属

斑鬣狗是非洲最优秀的清洁工

在迪士尼动画大片《狮子王》中，小狮王辛巴的坏叔叔刀疤拉拢一群“土狼”簇拥自己杀兄篡位，在辛巴成功复仇后，这群“土狼”又直接结果了刀疤，真是成也“土狼”，败也“土狼”了。

遗憾的是，“土狼”这个翻译错得离谱。片中所谓的“土狼”其实是一种叫作斑鬣狗的食肉动物，也就是鲁迅先生在《狂人日记》中提到的“海乙那”（即鬣狗的英语 hyena）。

斑鬣狗广泛分布于非洲撒哈拉沙漠以南，虽然名中带“狗”，但斑鬣狗并非犬科而属于鬣狗科，甚至与猫科的关系更近。它们前腿长于后腿，身体前高后低，每只脚都只有四个爪趾，一口好牙咬力惊人。

斑鬣狗可集成 80 多只的大群，由一只成年雌性带领，捕杀瞪羚、斑马和角马等食草动物。虽然爱吃活的，但不挑食，一个斑鬣狗群能在一夜之间把一只大中型食草动物的尸体从皮肉到骨头吃干抹净，堪称非洲草原最佳“环卫工人”了。

“有一种东西，叫‘海乙那’的，眼光和样子都很难看；时常吃死肉，连极大的骨头，都细细嚼烂，咽下肚子去……”

——鲁迅《狂人日记》

中文名：斑鬣狗　　学名：*Crocuta crocuta*

英文名：Spotted Hyena　　分类：食肉目鬣狗科斑鬣狗属

土狼不是狼而是最小的鬣狗

土狼的英文名 aardwolf 是由转写自荷兰语 aarde（意为“地球”）的 aard（引申为“土地”）和英语的 wolf（意为“狼”）两个单词组合而成，但产于非洲东部和南部的土狼完全不是属于犬科的狼，而是鬣狗科的成员。土狼体长只有 80 厘米左右，肩高不过 45 厘米上下，可以理解为体形最小的鬣狗。

虽然属于鬣狗家族，但土狼的生活习惯却与鬣狗大相径庭：它们独来独往从不集群，白天躲在土豚等动物废弃的洞穴中睡觉，入夜之后才出洞觅食。它们的“食谱”也和鬣狗迥然有别：鬣狗捕猎食草动物或捡食动物尸体，而土狼虽然偶然也会食用小鸟和鼠类，但绝大多数时候是以舔食爬出白蚁丘外的白蚁为生。即使是出现在动物尸体旁的土狼，也只是为了吃尸体内的蛆虫。

由于自身战斗力太弱，连捕食大型动物的能力都没有，所以土狼的生存高招，就是把自己模拟成“山寨版”斑鬣狗的模样以骗过敌人。

中文名：土狼
英文名：Aardwolf
学名：*Proteles cristatus*
分类：食肉目鬣狗科土狼属

北极熊捕食海豹靠耐心也靠力气

北极熊是全世界 8 种熊科动物中体形最大的一种，也是唯一生活在北极圈范围内的熊，因为全身呈白色，因而又被人称为“白熊”。

但若在显微镜下观察，会发现北极熊身体最外层的针毛其实是透明无色的。每年的 5—8 月，北极熊也要换毛，但它们不像北极的其他动物那样会换上深色的夏毛，而是依然保持纯白色的皮毛——虽然随着年龄的增长，这皮毛会逐渐变黄。

北极熊的嗅觉极其发达，能够嗅到近 1.6 千米外、躲藏在 1 米深的雪下的海豹。它们会在海豹打出的呼吸孔旁埋伏，一旦海豹露头换气，北极熊就挥起巨掌把它们打倒，再一口咬死，随后拖走慢慢食用。当然，如果海豹及时游泳逃脱，那么以北极熊在水中的速度是无法追上它们的。

除了海豹，北极熊也会吃鱼、鸟卵、北极兔或鲸鱼尸体，有时也吃点果实和植物。

中文名：北极熊
英文名：Polar Bear
学名：*Ursus maritimus*
分类：食肉目熊科熊属

环尾狐猴会用尾巴充当化学物质传播器

在 1 亿 6500 万年前，马达加斯加与非洲板块分离，8800 万年前又与印度洋板块分离。化石记录显示，在此期间，狐猴的祖先穿越非洲大陆到达马达加斯加。随着时间的推移，马达加斯加成为全世界 100 多种狐猴的唯一产地，其中最为人所知的一种就是环尾狐猴——动画片《马达加斯加》中“狐猴国王”朱利安的原型。

环尾狐猴有一张秀气的狐狸脸，体毛深银灰色与茶黄色相间，一条长长的大尾巴上那 10 ～ 12 个黑白相间的环形斑纹，是它区别于其他狐猴的最明显特征，它也是狐猴家族中地栖性最强的一种，一般不在树上活动。

环尾狐猴集成 20 ～ 30 只的大群活动，由一只雌性担任“群主”。它们的前肢腕部内侧长有能产生分泌物的腺体，它们会将这味道极臭的分泌物涂抹在尾巴上，再用尾巴摩擦树干和树枝等标记自己的领地。

多多晒太阳，
身体更健康！
中文名：环尾狐猴
英文名：Ring-tailed Lemur
学名：Lemur catta
分类：灵长目狐猴科狐猴属

一角鲸的“角”其实是颗牙

一角鲸又称“独角鲸”，它和同样生活在北冰洋地区的白鲸共同构成了一角鲸科，其学名是希腊语“一颗牙”或“一只角”之意。

一角鲸是所有鲸豚中外貌最为奇特的一种：雄性（以及少数雌性）的左侧犬牙会在它们 2 ～ 3 岁时突出唇外持续生长到 2 米多长。远远看去一角鲸就像插着竹签的巨大烤茄子一般“喜感”。也有极个别的一角鲸会在右侧也长出长牙，变成“两角鲸”。

科学家们一度认为雄性独角鲸会用“角”互相争斗或者戳破冰层，但后来的航拍记录显示，一角鲸们其实只是用“角”互相碰撞来表示“问候”，会在捕猎时用“角”撞晕猎物后再直接吞食——它们是性情温和的群居动物，最爱吃北极鳕、马舌鲽之类的北极鱼类。

中世纪时，欧洲人曾经认为一角鲸的长牙正是神话传说中独角兽头上的独角。

中文名：一角鲸
英文名：Narwhal
学名：*Monodon monoceros*
分类：鲸目一角鲸科一角鲸属

美洲野牛是北美大陆体形最大的食草动物

2016年5月，时任美国总统的贝拉克·奥巴马（Barack Obama，1961—）签署《国家野牛遗产法案》，正式将美洲野牛定为美国官方国兽。

美洲野牛起源于欧亚大陆，后来越过白令海峡，迁徙到北美。它们是美国最大的牛科动物，成年雄牛肩高可达2米，体重约900千克。美洲野牛每年盛夏进入繁殖期，孕期约280天。美洲野牛集大群活动，喜欢在树皮上摩擦犄角，爱在泥塘里打滚，成年后基本没有自然天敌。

历史上，北美大陆的美洲野牛曾一度高达3000万～6000万头，但欧洲殖民者踏足北美后，大量美洲野牛惨遭屠戮，至1889年，全美国只剩下了不到500头野生美洲野牛。

1905年，当时的美国总统老罗斯福（Theodore Roosevelt，1858—1919）终于采取法律行动对美洲野牛进行保护。经过1个多世纪的复育，根据美国鱼类及野生动植物管理局（USFWS）官网数据，如今美洲野牛的野外种群数量回升到2万多头，已无绝种之虞。

中文名：美洲野牛　　学名：*Bison bison*
英文名：Bison　　分类：偶蹄目牛科野牛属

走鹃是个爱走不爱飞的杜鹃鸟

在动画片《乐一通》(*Looney Tunes*)里，棕色的威利狼天天拿着各种“杀器”想追杀蓝紫色的哔哔鸟，但鸟儿总是靠着飞快的速度和超好的运气让威利狼每每无功而返。那这对活宝究竟是什么动物呢?

其实这威利狼，便是北美常见的犬科动物——郊狼；而哔哔鸟，也是北美的一种鸟类——走鹃。

就像动画片里描述的那样，走鹃分布于美国西南部和墨西哥北部的沙漠地区。它是杜鹃科鸟类，但却是个画风清奇的杜鹃鸟：英语中“走鹃”一词有“地面奔跑者”之意，顾名思义，走鹃不擅飞，却很能跑。它们会沿着长有仙人掌和灌木的道路“疾速暴走”，1 分钟可踏着小碎步跑出 500 多米，这个速度，难怪郊狼只能望尘莫及了。

除了爱跑不爱飞，其他杜鹃爱吃虫，走鹃却爱吃响尾蛇和蜥蜴；有些杜鹃在别的鸟窝里下蛋“寄养”娃儿，走鹃却自己筑巢自己带娃……走鹃，真是不走寻常路啊!

中文名：走鹃　　学名：*Geococcyx californianus*
英文名：Greater Roadrunner　　分类：鹃形目杜鹃科走鹃属

河马自带“防晒霜”

在斯瓦希里语中被称为 kiboko 的河马，生活在非洲大陆撒哈拉以南包括南非的广泛区域。

河马最为适宜的生活环境是非洲开阔草原地带的河流湖泊。每天白天基本泡在水里打发时间，夜里再出水上岸开始进食，一头河马一晚上可以吃掉 50 多千克的青草和藤蔓等，实实在在是“白天水包皮，夜晚皮包草”。

河马的鼻孔、耳朵和眼睛全部长在一条平行线上，最小幅度地稍一抬头，三者同时出水：鼻孔自由换气，还顺带着眼观六路、耳听八方地观察敌情。

河马长得五大三粗、皮糙肉厚，但它的皮肤却格外敏感，一旦长时间暴晒便有被灼伤的危险。因此，河马离水活动的时候，它们的皮下腺中会分泌出一种叫作河马汗酸（hipposudoric acid）的红色物质，同时起到反射阳光和消毒杀菌的作用，预防被晒伤。

中文名：河马
英文名：Hippopotamus
学名：*Hippopotamus amphibius*
分类：偶蹄目河马科河马属

鲎的资历比恐龙还要老

我国福建省金门县的居民，喜欢在鲎（hòu）壳上彩绘虎头图案，悬挂镇宅，驱恶辟邪。

鲎，在英语中因其形状被称为 horseshoe crab，即“马蹄铁蟹”之意，中文译为“马蹄蟹”。实际上它虽然有硬壳，但却不属于甲壳类的蟹，反而与陆地上的蜘蛛和蝎子关系更加接近。鲎早在恐龙出现之前的 4 亿多年前就已出现在海洋里，长久以来并没有多大改变，属实是个“活化石”了。

鲎的身体分三部分：马蹄形外壳覆盖下的头胸部、底面有鳃的腹部，以及长而尖的尾部，又称“尾节”。鲎在隆起的壳盖上生有两对眼睛，一对小单眼和一对大复眼。

鲎的血液因富含血青蛋白而呈蓝色。鲎血被抽取后制成的“鲎试剂”（LAL 或 TAL）在医学上可用于监测革兰氏阴性杆菌。

每年大约在 5 到 9 月间，肥大的雌鲎会背着瘦小的雄鲎在清晨和傍晚游上潮间带高潮线附近的沙洲产卵。孵化后的鲎平均需要蜕皮 15～16 次，在 13～14 岁时才能成熟。

中文名：鲎
英文名：Horseshoe Crab
学名：Limulidae
分类：肢口纲剑尾目鲎科

金门我的家……

菲律宾鼯猴能带着小宝宝在空中滑翔

菲律宾鼯猴在英语中被叫作“菲律宾飞狐猴”。但这个名字其实完全不准确，因为它们既不会真正飞翔，也和马达加斯加的狐猴们毫无关系。

菲律宾鼯猴和斑鼯猴是皮翼目下“唯二”的两个物种，都产于东南亚地区。菲律宾鼯猴的大小和家猫差不多，皮毛呈一种相当怪异的灰绿色。

飞翔咱不会，
滑翔咱一流！

从颈部到前肢，再从身体两侧向后延伸到后肢及尾部，菲律宾鼯猴全身都被一层翼膜连在一起，仿佛是一件通体大披风。这一层翼膜，成就了菲律宾鼯猴高超娴熟的滑翔技巧——注意，不是飞翔哦。张开翼膜，它们能滑过长达 60 米的距离，甚至滑翔时还能把幼崽带在腹部。

白天，菲律宾鼯猴通常倒挂在树枝上或趴在树干上休息，太阳落山后，展开翼膜，在树与树之间来回滑翔，寻找自己爱吃的嫩芽、树叶和水果。

中文名：菲律宾鼯猴

英文名：Philippine Flying Lemur / Philippine Colugo

学名：*Cynocephalus volans*

分类：皮翼目鼯猴科鼯猴属

双叉犀金龟其实就是头顶大角的独角仙

“双叉犀金龟”初听令人不解，但一说“独角仙”便恍然大悟。其实独角仙泛指鞘翅目金龟科犀金龟亚科下的多个物种，而双叉犀金龟，正是其中最正牌的一种。

双叉犀金龟是甲虫中的“重量级”选手，成年雄虫全身呈深紫红色，全长可达 7 ～ 8 厘米，头部长有一只标志性的双叉大角，前胸背板正中还有一个弯曲向下的小角，英俊威猛，帅气十足。相比之下，雌性的块头也不小，但头秃无角，看起来更像一只大号的金龟子。

双叉犀金龟的幼虫在土壤中吸收腐殖质过冬，次年 5 月前后，历经三次蜕皮的幼虫化蛹。再经过一段时间，在 6—8 月，羽化成虫的双叉犀金龟破蛹而出，嗡嗡作响地振动翅膀，落到榆树、构树、柳树等多汁树上，一边大吸特吸，一边瞅准机会，一角掀翻其他竞争者，找到意中佳“虫”与之“婚配”，完成传宗接代的“虫生使命”，便撒手归去了。

中文名：双叉犀金龟

英文名：Rhinoceros Beetle

学名：*Trypoxylus dichotomus*

分类：鞘翅目金龟科叉犀金龟属

大额牛是看似野牛的家牛

大额牛体长约 2.5 米，体重 350 ～ 500 千克，整体形态类似印度野牛，但体形较小，肩部隆起不明显，双角弯曲弧度较低，额头更加宽而平。

大额牛是中国的珍稀牛种，1968 年被国家单独定为牛科牛亚科牛属的独立种。2000 年被农业部列入我国《国家级畜禽遗传资源保护名录》，同时也是云南省重点保护的“滇产国宝”畜禽品种之一。

大额牛在国内主要见于藏东南以及云南高黎贡山的独龙江与怒江流域的山区，过去由独龙族所驯养，独龙语叫“阿布”，为体大而有野性之意。因此，大额牛又叫“独龙牛”。大额牛在国外的分布地延伸至缅甸北部和印度东北部以及孟加拉国。

畜牧学家一度认为大额牛可能是普通牛和印度野牛的杂交种。现研究人员通过比较基因组学分析得知大额牛与牦牛、野牛一样，在大约 300 万年前的上新世晚期就从牛属中相继分化，早于家牛 100 多万年。这从物种形成时间和遗传关系分析上，支持了大额牛是独立牛属物种的分类学地位。

大脑门儿，肯定聪明！
中文名：大额牛
英文名：Gayal / Drung Ox
学名：Bos frontalis
分类：偶蹄目牛科牛属

石蛾的幼虫会给自己做小屋子

石蛾是毛翅目昆虫的唯一代表，因为成虫的翅面上覆盖着一层绒毛而得名，全世界有 1.4 万多种，我国记载有 850 余种。石蛾通常在黄昏和夜晚活动，吸食花蜜和露水。

蜉蝣目的蜉蝣稚虫、襀（jì）翅目的石蝇稚虫与毛翅目的石蛾三种昆虫的幼虫，通过外鳃呼吸，对其生存的水体水质要求极高，几乎只能生存在毫无污染的清澈洁净的水体中，遭遇污染便极难成活，且体积大，易于观察，因此被合称为“水质监测 EPT 三巨头”（EPT 是蜉蝣目、襀翅目及毛翅目三个目的拉丁语学名首字母缩写）。

石蛾的幼虫水生，幼虫期叫石蚕。石蚕会吐出带有黏性的丝，将水中的石块、砂砾和贝壳碎片等杂物黏结在一起，做成管状的“卷筒”，藏身其中。聪明的设计师会在水族箱中饲养石蚕，再撒入贵重金属和松石、珍珠等，让石蚕来黏结出水箱里的装饰小景。甚至有艺术家专门利用石蚕制造出奇妙的首饰。

中文名：石蛾　　学名：Trichoptera

英文名：Caddisfly　　分类：昆虫纲毛翅目

气步甲不是斑蝥但比斑蝥更厉害

鲁迅先生在《从百草园到三味书屋》中写道:“翻开断砖来，有时会遇见蜈蚣；还有斑蝥［máo］，倘若用手指按住它的脊梁，便会啪的一声，从后窍喷出一阵烟雾。”

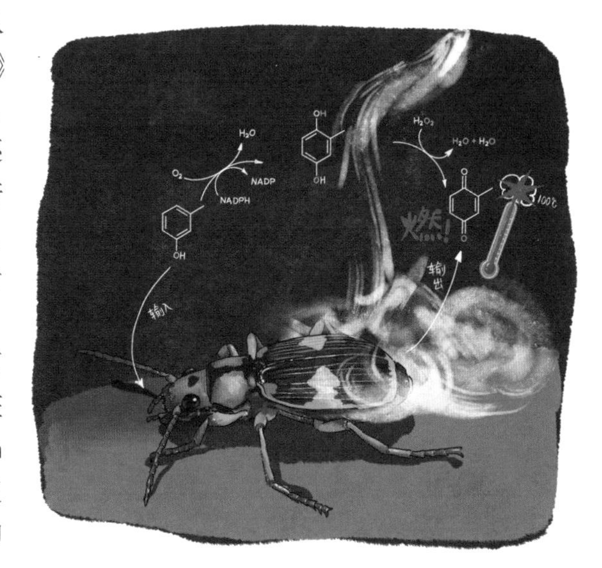

描写很精彩，可惜周先生误会了。斑蝥，大名芫菁（yuán jīng），虽然也是鞘翅目甲虫，但它的防御机制是从身体关节处分泌出刺激性液体，人接触后皮肤会红肿起水泡。而后窍冒烟的是另一种甲虫——气步甲。按的是气步甲，跟我斑蝥有什么关系？！

气步甲是一种自带化学武器的甲虫。它腹部的腺体中存有对苯二酚和过氧化氢，这两种物质在体腔中混合反应后，剧烈放热使混合物沸腾气化，连同氧气的助推作用将混合物喷出体外“一炮打响”，温度可达 100 ℃。

曾有吞下气步甲的蟾蜍和青蛙被它的“热屁”熏得昏头涨脑，恶心欲吐，最后不得不把美餐呕了出来。遇到甲壳上有橘黄警戒色斑块的气步甲，千万摸不得！

中文名：气步甲
学名：Brachininae
英文名：Bombardier Beetle
分类：鞘翅目步甲科气步甲亚科

台湾樱花钩吻鲑在台湾岛上从冰河时期一直待到现在

台湾樱花钩吻鲑又称“台湾鲑”，台湾高山族泰雅语称 bunban，台湾鲑是中国台湾的鲑科鱼类，仅分布于横跨台湾新竹县、苗栗县、台中市三地的雪霸公园海拔 1500 米以上的高山溪流中，目前只在严格保护的武陵地区大甲溪上游的七家湾溪部分流域中才能见到它们的身影。

常年在北美太平洋区域出没的鲑科鱼类，怎么会出现在亚热带的台湾高山上呢？目前最普遍的解释是冰河时期的海平面与海水温度都较低，来自北方寒冷海域的鲑鱼向南洄游到了台湾海域后直接进入了台湾河川。当冰河期结束，加上板块变动和河川变迁，部分无法返回的鲑鱼种群迁徙至大甲溪地区定居，经过漫长的演化，最终形成了如今 2000 元新台币上的物种——台湾樱花钩吻鲑。

台湾樱花钩吻鲑是冰河时期的孑遗物种，对栖息环境异常挑剔，不仅要求水质清洁无污染，连水温也得保持在 15 ～ 18℃。

中文名：台湾樱花钩吻鲑　　学名：*Oncorhynchus formosanus*

英文名：Formosan Landlocked Salmon　　分类：鲑形目鲑科钩吻鲑属

鞭笞鵎鵼的大嘴不但不笨重还能用来散热

鵎鵼（tuǒ kōng）是巨嘴鸟的正式大名，是由这一科鸟类发出的鸣声而来的拟声词。它们生活在中南美洲热带地区，虽然看起来酷似东南亚地区犀鸟的微缩版，但它们在分类上其实与啄木鸟更加接近。

家在拉丁美洲，并非犀鸟亲戚！

鞭笞鵎鵼又称“托哥巨嘴鸟”，是鵎鵼家族中最为常见、分布范围最广的一种，从南美中部到西南部大部分地区都有分布。鞭笞鵎鵼的喙构造很特别，它并不是一个致密的实体，而是一层薄而轻的硬壳中间贯穿着极为纤细的、多孔隙的海绵状骨质组织，间隙里充满了空气，犹如蜂巢一样，所以虽然看来沉甸甸的，实际上却很轻，毫不影响它的活动。

研究发现，鞭笞鵎鵼可以调节流向喙部的血液，使得鸟喙成为散发体热的一种途径，一只鞭笞鵎鵼通过喙部散发 30% ～ 60% 的热量。它们睡觉时会把鸟喙放在翅膀下形成隔热模式，以避免散热过度。

中文名：鞭笞鵎鵼　　学名：*Ramphastos toco*

英文名：Toco Toucan　　分类：鴷形目鵎鵼科鵎鵼属

美洲豹是西半球第一全世界第三的大猫

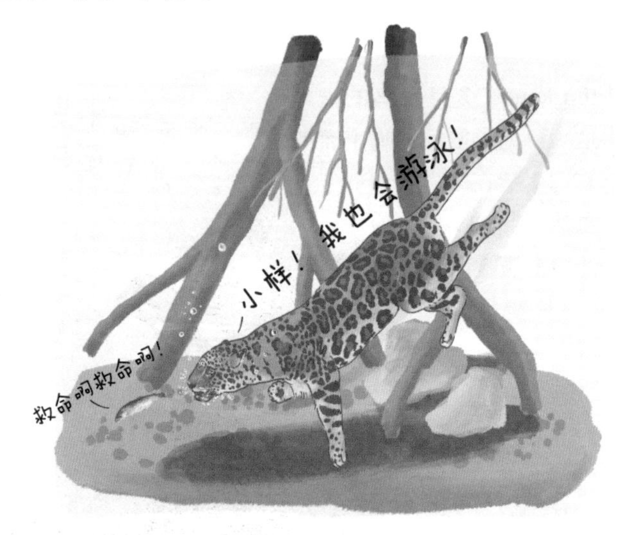

美洲豹也被称为“美洲虎”，是西半球体形最大的猫科动物，也是全世界仅次于狮和虎，体形第三大的猫科动物。生存环境广泛，以中美洲到南美中部的热带雨林、草原湿地、红树林沼泽和常绿林，南达阿根廷北部，北边在美国－墨西哥边境为边缘分布。

美洲豹远看很像非洲和亚洲的豹，但近看就会发现，美洲豹的身体比非洲和亚洲的豹粗壮得多；非洲和亚洲的豹身上的花斑是空心圈，而美洲豹的斑纹则是黑圈中带有一个圆点的梅花状，称为 rosette。

美洲豹是墨西哥阿兹特克神话中的战神，高居中南美洲的食物链顶端，几乎捕食所有的动物。与狮虎不同，美洲豹捕杀猎物时会直接一口咬穿猎物的头盖骨，从犰狳到凯门鳄都不在话下。

美洲豹是水性最好的大猫，它们逐水而居，其生存和水源及湿地息息相关。依靠宽大的脚掌，美洲豹能够游过宽阔的河流，也能把鱼直接拍出水面后一口咬住吃掉。

中文名：美洲豹
英文名：Jaguar
学名：*Panthera onca*
分类：食肉目猫科豹属

美洲狮是擅长跳跃的假狮子

在美洲大陆，除了美洲豹，第二大的猫科动物就是美洲狮。在美洲北部、中部与南部，它们能适应森林、丛林、丘陵、草原、半沙漠和高山等多种生存环境，从太平洋西北部的落叶林到海拔5000多米的安第斯山，美洲狮都能生存。

虽然从名字看起来是“狮”字辈，但美洲狮却不是真正的狮子，反而与猎豹关系更加接近。无论雌雄，它们的颈部都没有狮子一样的鬣毛，也不像狮子那样群居。

美洲狮体形优雅，动作灵巧，拥有现存猫科动物中比例最长的后腿和极强的弹跳力，奋力一跃时，依靠尾部保持平衡，可跳出5米高、10米远。这有助于它们伏击捕杀原驼、骆马和各种鹿类。

美洲狮在英语里的名称很多，其中最为人所知的可能就是运动品牌“PUMA”，即“彪马”。

中文名：美洲狮

英文名：Puma / Cougar / Mountain Lion / Catamount

学名：*Puma concolor*

分类：食肉目猫科美洲金猫属

薮犬是一种非常懂得配合的小狗狗

薮（sǒu）犬又称“南美林犬”，是一种“五短”身材、表情“呆萌”的小型犬科动物。它们是南美的特有物种，在整个南美大陆除了阿根廷、智利和乌拉圭基本都有分布，但绝对数量却并不多。

薮犬和家犬的关系并不近，它们与亚洲的豺和非洲的非洲野犬（杂色狼）在亲属关系上更加接近。薮犬常常集成 12 只左右的小群，生活在半落叶林、低地森林、季节性洪泛林和塞拉多（巴西境内的热带稀树草原），聚集地总是靠近水源。

与多数犬科动物截然不同的是，薮犬的脚趾间有蹼，因此水性极佳。它们会用集体作战的方法围追堵截刺豚鼠之类的啮齿动物。行动时，有几只薮犬先把猎物赶到水边，逼迫它们不得不下水，而此时此刻，早已有几只担任“先遣部队”的薮犬已经埋伏在水中，倒霉的美餐一旦落水，“伏兵”便蜂拥而至，一举捕获，做成“全家桶”分而食之。

中文名：薮犬
英文名：Bush Dog
学名：*Speothos venaticus*
分类：食肉目犬科薮犬属

眼镜熊会根据食物资源选择是否计划生育

眼镜熊又称“安第斯熊”，是全世界8种熊科动物中唯一产于南半球的一种，也是南美洲唯一的熊，它们是与中更新世至晚更新世时期的短面熊关系最近的熊，因为眼睛周围长着一圈像眼镜一样的白毛而得名。每一头眼镜熊的眼镜图案都不完全相同，这是区分不同个体的重要标志。

眼镜熊的全部种群几乎都生活在安第斯山脉中海拔1000米左右的云雾森林中，从阿根廷北部、玻利维亚西部、秘鲁、厄瓜多尔、哥伦比亚到委内瑞拉西部都有分布，还有少量分布于巴拿马东部。它们是半树栖的熊类，尤其喜爱棕榈树，不但特别爱吃棕榈果，还会用棕榈叶在树上给自己做巢。

繁殖季节过后，雌性眼镜熊会根据当年的食物量来选择是否怀孕生产：如果食物充足，它会选择在食物高发期到来前的90天左右生产；如果食物匮乏，则雌熊会通过延迟受精卵着床的方法实现当年不生产的目的。

中文名：眼镜熊　　学名：*Tremarctos ornatus*

英文名：Spectacled Bear　　分类：食肉目熊科眼镜熊属

西猯总是被人错当成小野猪

西猯（tuān）一眼看去就是一头迷你版的小野猪，但它们并不是猪。分类学上西猯自成一科，下分三个属三个种——领西猯、大西猯和白唇西猯，都生活在南美洲、中美洲和美国南部部分地区。

西猯比野猪体形小，最大的白唇西猯肩高也不过60厘米左右。仔细观察，会发现其实西猯和野猪还是有着不少差异：野猪的獠牙从下往上突出口外，西猯的獠牙却自上而下露在唇边；野猪前后脚都是两个脚趾，西猯的后脚却有三个脚趾；野猪的尾巴虽然细但却非常明显，西猯的尾巴却小到很难看见……此外，西猯的背部还有臭腺，可以散发出难闻的臭味熏走敌人，野猪可没有这样的化学武器。

但在生活方式上，野猪和西猯就活像一家子了：它们都爱“拉群”，一个大西猯群可集合50～100头个体，它们也都是从昆虫到植物无所不吃的杂食动物。但和野猪不同的是，西猯爱吃仙人掌，它们会咬掉仙人掌的刺后慢慢食用。

中文名：西猯 学名：Tayassuidae

英文名：Peccary / Javelina 分类：偶蹄目西猯科

中华秋沙鸭长了一张带钩的非典型鸭嘴

中华秋沙鸭的祖先自第三纪冰期就已经出现了，全球现存总数可能不足 4000 只，被世界自然保护联盟定为濒危物种。

成年中华秋沙鸭体长 50 ～ 65 厘米，雄鸭脖颈呈墨绿色，雌鸭头颈为红棕色，雌雄均有一个“长发飘逸”的羽冠，体侧的羽毛布满规则的黑色鱼鳞状斑纹，因而在英语中又被称为“鳞胁秋沙鸭”。

中华秋沙鸭偏爱捕食小鱼小虾和水生昆虫，所以有一张细长带钩的尖嘴，与多数主食水草的鸭科成员那张大扁嘴截然有别。

每年 3 月，中华秋沙鸭从长江以南的越冬地返回中国东北地区、朝鲜北部和西伯利亚，在离地 10 ～ 15 米的大树树洞中筑巢繁殖。当年 4 月末至 5 月，鸭宝宝们孵化出壳。出壳 24 小时左右，鸭妈妈就带着它们直接跳入水中，传授各种生存技能。10 月末至 11 月，全家飞向南方越冬。来年 3 月，它们将再度告别南方，回到北方，又开始新的生命轮回。

中文名：中华秋沙鸭

英文名：Chinese Merganser / Scaly-sided Merganser

学名：*Mergus squamatus*

分类：雁形目鸭科秋沙鸭属

后记

Epilogue

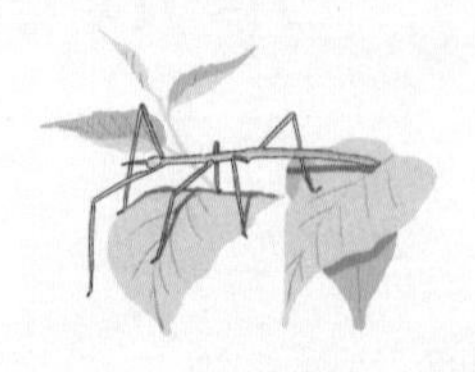

或许是从儿时第一次在家中那台破旧的黑白电视机上看到《动物世界》开始，我和动物们的缘分就已注定。

至今清楚地记得，那时家住城东，当时的南京玄武湖动物园（红山森林动物园的前身）却在城北。虽然周末只休息一天，我也多半是缠着外公外婆，求他们带我坐上一个多小时的公交车，绕过紫金山，走进动物园。外公拉着我的手，指着华南虎，教我说："Tiger..."。

长大了，进了小学，逢年过节，家人送的礼物，多半都是动物类的书籍。

再后来，去了美国，读高中，念大学，吃惊地发现：动物园可以做得这么美！普通人也能为动物园做点儿事！

终是等到18岁的那一天，急不可待地报名做了当地动物园的志愿者。穿上志愿者工作服的那一天，我骄傲得像一只绿孔雀。

毕业回国，进了职场，却还一直想为家乡的动物园和中国的动物做点儿事。

于是做了红山森林动物园的志愿者，开始在网络上时不时地分享一点儿自己觉得有趣的动物知识和拍得不算太丑的动物照片。

家乡的动物园越变越好，认识的老师越来越多，跟朋友们也时不时地跑出去看大山、钻林子、拍自然……突然某一天，出版社的编辑老师在网上问：写书吗？

非专业出身，无科班背景，可是如古道尔奶奶所说："唯有了解，才会关心；唯有关心，才会行动；唯有行动，才有希望。"咱不是专家，但至少可以讲讲故事吧。

查资料、读论文、求专家、请画师、上网站……平时还得“搬砖”，写书只能偷空。好在，一年多过去，终于走到此刻。

忽然想起了鬼才乔布斯对大学毕业生们说的那句话：“你不可能充满预见地将生命的点滴串联起来；只有在你回头看的时候，你才会发现这些点点滴滴之间的联系。”——这些点滴终于串联出了一本书，就请大家多多指教吧！

感谢张瑜老师，向为拙文添彩，今又拨冗赐序。

感谢杨毅、陈江源、葛致远博士三位审读老师，若没有你们，这书就是不可能完成的任务。

感谢张劲硕博士、孙戈博士、顾有容博士、冉浩老师、姚军老师不吝赐教于我。

感谢李依真、王雨晴二位编辑和最棒的画师龙颖，你们始终是那样耐心。

感谢全国所有优秀动物园的团队，向我们展示了生机勃勃的动物们。

感谢阿杜、阿萌、安娜、白菜、宝螺哥、半夏、陈超、陈辉、陈默、陈瑜、谌燕、刺儿、电动车、董子凡、豆豆、二猪、赶尾人、何长欢、何鑫、后湜、胡彦、花蚀、巨厥、开水哥、可可、老徒、李健、李墨谦、李维东、李洋洋、林业杰、刘粟、楼长、卢路、鹿酱、麦麦、猫菇、猫妖、梦帆、咩、明月、齐硕、乔梓宸、青青、扫地僧、沈遂心、瘦驼、甜鱼、豚豚、鲀鲀、王世成、小豺、小狐、小马哥、小贤、徐亮、萱师傅、雅文、杨薇薇、夜来香、一鸣、乙菲、应急哥、圆掌、仔仔、章叔岩、章鱼哥、郑洋、朱倩（以上按音序排列），Cici（王朦晰）、Gracie、Johny（周麟）、Kelly、NJ 水虎鱼、Thomas Jegor、Harry Phinney，以及众多无法一一列出的良师益友。你们，都是这本书的作者。

感谢我的家人们，你们永远陪伴在我身边，你们从不曾反对我的爱好。

特别致谢：六朝青志愿服务社亲如家人的小伙伴们。

再多说一句：学识浅薄，错漏必多，尚祈读者，不吝指正。如有新消息，欢迎各位交流指正，谢谢！

2024 年秋，南京东郊

索引
Index

L

M

N

O

P

Q

R

S

T

W

X

Y

Z

主要参考书目

Biblography

1. 刘少英，吴毅，李晟 . 中国兽类图鉴 [M]. 海峡书局 .3 版 . 福州：海峡书局，2022.

2. 讲谈社 . 少年科学知识文库 [M]. 北京：中国科学普及出版社，1980.

3. 罗杰・托里・彼得森 . 生活自然文库 [M]. 北京：科学出版社，1982.

4. 谭邦杰 . 珍稀野生动物丛谈 [M]. 北京：科学普及出版社，1995.

5.《南京动物园志》编纂委员会 . 南京动物园志 [Z]. 内部资料，2014.

6. 约翰・马敬能 . 中国鸟类野外手册 [M]. 李一凡，译 . 北京：商务印书馆，2022.

7. 熊文，李辰亮 . 图说长江流域珍稀保护动物 [M]. 武汉：长江出版社，2021.

8. 让 – 雅克・彼得 . 人类的表亲 [M]. 殷丽洁，黄彩云，译 . 北京：北京大学出版社，2019.

9. 菊水健史，近藤雄生，泽井圣一 . 犬科动物图鉴 [M]. 徐蓉，译 . 武汉：华中科技大学出版社，2020.

10. 周卓诚，张继灵 . 餐桌上的水产图鉴 [M]. 福州：海峡书局，2023.

11. 冉浩 . 物种入侵 [M]. 北京：中信出版社，2023.

12. 杨毅 . 我是超级饲养员 [M]. 北京：人民邮电出版社，2022.

13. 张瑜 . 那些动物教我的事 [M]. 北京：商务印书馆，2023.

14. 沈志军 . 走进南京红山森林动物园 [M]. 南京：江苏凤凰科学技术出版社，2020.

15. 张巍巍 . 常见昆虫野外识别手册 [M]. 重庆：重庆大学出版社，2007.

16. 齐硕 . 常见爬行动物野外识别手册 [M]. 重庆：重庆大学出版社，2019.

17. 史静耸 . 常见两栖动物野外识别手册 [M]. 重庆：重庆大学出版社，2021.

18. 张志钢，阳正盟，黄凯等 . 中国原生鱼 [M]. 北京：化学工业出版社，2017.

19. 张晓风 . 台湾动物之美 [Z]. 台北市立动物园，2013.

20. 李健 . 动物园中的中国珍稀哺乳动物 [M]. 北京：人民邮电出版社，2018.

21. 小林安雅 . 海水鱼与海中生物完全图鉴 [M]. 李瑷祺，译 . 台北：台湾东贩出版社，2016.

22. 法布尔 . 昆虫记大全集 [M]. 王光波，译 . 北京：中国华侨出版社，2012.

23. 长风，黄建民 . 植物大观 [M]. 南京：江苏少年儿童出版社，2002.

24. 白亚丽 . 小红山生物多样性手册 [Z]. 南京市红山森林动物园内部资料，2022.

25. 李墨谦 . 有趣的鲸豚：图解神秘的鲸豚世界 [M]. 北京：电子工业出版社，2019.

26. 亚里士多德 . 动物志 [M]. 吴寿彭，译 . 北京：商务印书馆，1979.

27. 刘昭明，刘棠瑞 . 中华生物学史 [M]. 台北：台湾商务印书馆，1991.

28.С.И. 奥格涅夫 . 哺乳动物生态学概论 [M]. 李汝祺，郝天和，杨安峰等，译 . 北京：科学出版社，1957.

29. 张劲硕 . 蹄兔非兔，象鼩非鼩 [M]. 北京：中国林业出版社，2023.

30. 吴海峰，张劲硕 . 东非野生动物手册 [M]. 北京：中国大百科全书出版社，2021.

31. 吴鸿，吕建中 . 浙江天目山昆虫实习手册 [M]. 北京：中国林业出版社，2009.

32. 吴孝兵，鲁长虎 . 黄山夏季脊椎动物野外实习指导 [M]. 合肥：安徽人民出版社，2008.

33. 果壳网 . 物种日历 [M]. 北京：北京联合出版公司，2014—2021.

34. 张率 . 那些我生命中的飞羽 [M]. 北京：商务印书馆，2021.

35. 谢弗 . 唐代的外来文明 [M]. 吴玉贵，译 . 北京：中国社会科学出版社，1995.

36. 厉春鹏，徐金生 . 中国的金鱼 [M]. 北京：人民出版社，1985.

37. 林业杰，余锟 . 知蛛 [M]. 福州：海峡书局，2020.

38. 刘明玉 . 中国脊椎动物大全 [M]. 沈阳：辽宁大学出版社，2000.

39. 倪勇，伍汉霖 . 江苏鱼类志 [M]. 北京：中国农业出版社，2006.

40. 中华人民共和国濒危物种进出口管理办公室，中华人民共和国濒危物种科学委员会 . 濒危野生动植物种国际贸易公约 [R/OL].（2023-2-23）[2023-09-19].http://guangzhou.customs.gov.cn/customs/ztzl86/302310/5366122/gjmylyflgf/gjmyzbpgsjdgjtxxdx/5383132/index.html

41. 谭邦杰 . 野兽生活史 [M]. 北京：中华书局，1954.

42. 马克·西德 . 毒生物图鉴：36 种不可思议但你绝不想碰上的剧毒物种 [M]. 陆维浓，译 . 台北：脸谱出版社，2018.

43. 弗・克・阿尔谢尼耶夫 . 在乌苏里的莽林中 [M]. 黑龙江大学俄语系，译 . 北京：商务印书馆，1977.

44. 葛致远，余一鸣 . 寻鸟记 [M]. 上海：上海科技教育出版社，2021.

45. 何径，钱周兴 . 舌尖上的贝类 [M]. Harxheim: ConchBooks,2016.

46. Beolens B,Watkins M,Grayson M.The eponym dictionary of mammals[M].Baltimore: The Johns Hopkins University Press,2009.

47.Hunter L,Barrett P.A Field Guide to the Carnivores of the World[M].Baltimore:Princeton University Press,2018.

48. Hunter L, Barrett P.Wild cats of the world[M].London:Bloomsbury Publishing,2015.

49.Wallace A R.The Malay Archipelago[M].London:Penguin classics ,2014.

50.Burnie D,Wilson D E,Animal[M].New York:DK Publishing,2005.

51.The concise animal encyclopedia[M].Sydney:Australian Geographic,2012.

52.Alderton D.The complete illustrated encyclopedia of birds of the world[M]. London:Lorenz Books,2017.

53.Hellabrunner:Tierpark–F ü hrer[Z].M ü nchener Tierpark Hellabrunn AG, 2018.

54. Bierlein J and the Staff of HistoryLink.Woodland:The story of the animals and people of Woodland Park Zoo[M].Seattle:HistoryLink and Documentary Media,2017.

55. Hearst M.Unusual creatures[M]. San Francisco:Chronicle Books LLC, 2014.

56. Lewis A T.Wildlife of North America[M].London:Beaux Arts Editions, 1998.

57.Dr. Blaszkiewitz B.ZOO BERLIN [M].Berlin:Zoo Berlin, 2004.

58.Dr. Blaszkiewitz B.TIERPARK Berlin–Friedrichsfelde[M].Berlin:Tierpark Berlin–Friedrichsfelde, 2017.

59.Mishra R H, Ottaway Jim Jr.Nepal’s Chitwan National Park[M].Kathmandu:Vajra Books, 2014.

60.Prof Patzelt E.Fauna del Ecuador[M].Quito:IMPREFEPP, 2004.

61. Ebert A D, Dando M,Fowler S.Sharks of the world[M].Princeton:Princeton University Press,2021.